WUSHUI CHULICHANG
JISHU YU GONGYI GUANLI

污水处理厂
技术与工艺管理

◎ 伊学农　付彩霞　王晨　编著

第三版

化学工业出版社
·北京·

内 容 简 介

本书采用问答的形式，从污水处理厂技术与工艺管理角度出发，详细地介绍了污水水质指标与检测、物理处理、活性污泥处理法、生物膜法、厌氧生物处理、化学处理、污泥处理等内容，包括技术工艺的原理和特点、运行方式、工艺参数以及注意事项和存在问题等。

本书工程理论与实践相结合，可以作为污水处理厂运行和管理人员、技术人员和操作人员的自学及培训教材，也可以作为高等学校环境工程和给水排水工程专业师生的学习参考书。

图书在版编目（CIP）数据

污水处理厂技术与工艺管理/伊学农，付彩霞，王晨编著．—3版．—北京：化学工业出版社，2021.3（2024.8重印）
ISBN 978-7-122-38400-3

Ⅰ.①污… Ⅱ.①伊…②付…③王… Ⅲ.①污水处理厂-技术管理②污水处理厂-工艺管理 Ⅳ.①X505

中国版本图书馆CIP数据核字（2021）第017097号

责任编辑：董 琳　　装帧设计：韩 飞
责任校对：刘 颖

出版发行：化学工业出版社（北京市东城区青年湖南街13号 邮政编码100011）
印 装：北京七彩京通数码快印有限公司
787mm×1092mm 1/16 印张16¾ 字数380千字 2024年8月北京第3版第7次印刷

购书咨询：010-64518888　　售后服务：010-64518899
网 址：http://www.cip.com.cn
凡购买本书，如有缺损质量问题，本社销售中心负责调换。

定 价：85.00元

第三版前言

环境的可持续发展是与社会发展相适应的，也是长久的国策。随着国家《水污染防治行动计划》（简称“水十条”）的发布，环境的治理和修复要求越来越高，环保行业对相关人员的需求也越来越迫切，从业人员的环保技术水平需要不断提高，以适应国家环保行业的发展。因此，环境培训类的图书就显得尤为重要。此类书籍涉及的是相关基础知识、工程实践和技术、施工相关的技术内容，着重点在于工程的应用。本书正是如此，符合当前国家的要求和环保行业发展趋势。

本书是在《污水处理厂技术与工艺管理》（第二版）的基础上修订而成。为了更好地满足广大读者的要求，对第二版中的内容进行了审阅，修订了书中不足，增补和充实了一些新的和更加实用的废水处理的技术和内容，使修订后的版本范围更广，涉及的知识内容更宽泛、更深入和丰富。

本书主要更新了国家或部级或地方的相关标准，新增了工业企业废水水质分析与处理方法、处理工艺与技术；增加了目前相对成熟的新技术，已经获得较好效果、运行费用低的高效低耗废水处理技术和实际工程案例；指出了在资源化技术和零排放的思路下，膜和脱盐成熟技术和发展方向；增加了厌氧、缺氧、好氧不同污水处理单元的工程调试方法和技术，运行参数和操作维护与管理方法和技术；增加了污水深度处理的理论、技术和设备，以及污水处理过程中产生的污泥处理与处置的方法，包括污泥干化处理的原理、技术和设备。

本修订版由伊学农、付彩霞、王晨编著，由伊学农统稿。第2、4、9、11章由伊学农编著；第1、3、5、7章由付彩霞编著；第6、8、10章由王晨编著；樊祖辉、李猛、曹锐、李京梅、王新雨、张梦寒、饶梦等收集了本书的相关资料，也参加了部分编撰工作，在此表示感谢，同时也感谢在第一版、第二版中参与编撰和收集资料的同仁，感谢你们为本书付出了辛勤劳动，贡献了你们的聪明才智，也是本书能够再版的荣幸。

由于编著者水平所限，书中不妥之处在所难免，希望广大读者和专家继续对本书给予批评指正。

编著者
2020 年 9 月

目录

1.1 概述

1.1.1 污水的来源有哪些?

根据污水的来源不同，污水可以分成三大类，即生活污水、工业废水、降雨初期部分地表径流。生活污水是来自家庭、机关、商业和城市公用设施及城市径流的污水；工业废水是指工业生产过程中产生的废水和废液，其中含有随水流失的工业生产用料、中间产物、副产品以及生产过程中产生的污染物；地表径流来自受污染的雨水、融化的雪水以及其他含有污染物的地表水等。

1.1.2 污水的水质标准有哪些?

污水的水质标准有两大类，一类是国家有关部门与地方根据人类对水体的使用要求，为保护水环境不受污染而制定的环境质量标准，如《地表水环境质量标准》(GB 3838—2002)，《海水水质标准》(GB 3097—1997)，《地下水质量标准》(GB/T 14848—2017) 等；另一类是为保护水源免受污染，污水需要排入水体时要求处理到允许排入水体的程度，即污水排放标准，有国家标准和地方标准两级，包括综合排放标准与行业排放标准两类，如《污水综合排放标准》(GB 8978—1996)，《城镇污水处理厂污染物排放标准》(GB 18918—2002)，《电镀污染物排放标准》(GB 21900—2008) 等。

1.1.3 地表水水质标准分类和主要水质指标有哪些?

《地表水环境质量标准》(GB 3838—2002) 依据地表水水域环境功能和保护目标，按功能高低依次划分为五类：Ⅰ类主要适用于源头水、国家自然保护区；Ⅱ类主要适用于集中式生活饮用水地表水源地一级保护区、珍稀水生生物栖息地、鱼虾类产场、仔稚幼鱼的索饵场等；Ⅲ类主要适用于集中式生活饮用水地表水源地二级保护区、鱼虾类越冬场、洄游通道、水产养殖区等渔业水域及游泳区；Ⅳ类主要适用于一般工业用水区及人体非直接接触的娱乐用水区；Ⅴ类主要适用于农业用水区及一般景观要求水域。

对应地表水上述五类水域功能，将地表水环境质量标准基本项目标准值分为五类，不同功能类别分别执行相应类别的标准值。水域功能类别高的标准值严于水域功能类别低的标准值。同一水域兼有多类使用功能的，执行最高功能类别对应的标准值。具体指标值见表1-1～表1-3。

表1-1 地表水环境质量标准基本项目标准限值

序号	项目	分类				
		Ⅰ类	Ⅱ类	Ⅲ类	Ⅳ类	Ⅴ类
1	水温/℃	人为造成的环境水温变化应限制在：周平均最大温升≤1℃，周平均最大温降≤2℃				
2	pH值	6～9				
3	溶解氧/(mg/L)≥	饱和率90%（或7.5）	6	5	3	2
4	高锰酸盐指数/(mg/L)≤	2	4	6	10	15
5	化学需氧量(COD)/(mg/L)≤	15	15	20	30	40
6	五日生化需氧量(BOD_5)/(mg/L)≤	3	3	4	6	10
7	氨氮(NH_3-N)/(mg/L)≤	0.15	0.5	1.0	1.5	2.0
8	总磷(以P计)/(mg/L)≤	0.02（湖、库0.01）	0.1（湖、库0.025）	0.2（湖、库0.05）	0.3（湖、库0.1）	0.4（湖、库0.2）
9	总氮(湖、库，以N计)/(mg/L)≤	0.2	0.5	1.0	1.5	2.0
10	铜/(mg/L)≤	0.01	1.0	1.0	1.0	1.0
11	锌/(mg/L)≤	0.05	1.0	1.0	2.0	2.0
12	氟化物(以F^-计)/(mg/L)≤	1.0	1.0	1.0	1.5	1.5
13	硒/(mg/L)≤	0.01	0.01	0.01	0.02	0.02
14	砷/(mg/L)≤	0.05	0.05	0.05	0.1	0.1
15	汞/(mg/L)≤	0.00005	0.00005	0.0001	0.001	0.001
16	镉/(mg/L)≤	0.001	0.005	0.005	0.005	0.01
17	铬(六价)/(mg/L)≤	0.01	0.05	0.05	0.05	0.1
18	铅/(mg/L)≤	0.01	0.01	0.05	0.05	0.1
19	氰化物/(mg/L)≤	0.005	0.05	0.2	0.2	0.2
20	挥发酚/(mg/L)≤	0.002	0.002	0.005	0.01	0.1
21	石油类/(mg/L)≤	0.05	0.05	0.05	0.5	1.0
22	阴离子表面活性剂/(mg/L)≤	0.2	0.2	0.2	0.3	0.3
23	硫化物/(mg/L)≤	0.05	0.1	0.05	0.5	1.0
24	粪大肠菌群/(个/L)≤	200	2000	10000	20000	40000

表1-2 集中式生活饮用水地表水源地补充项目标准限值 单位：mg/L

序号	项目	标准值
1	硫酸盐(以SO_4^{2-}计)	250
2	氯化物(以Cl^-计)	250
3	硝酸盐(以N计)	10
4	铁	0.3
5	锰	0.1

表 1-3　集中式生活饮用水地表水源地特定项目标准限值　　单位：mg/L

序号	项目	标准值	序号	项目	标准值
1	三氯甲烷	0.06	41	丙烯酰胺	0.0005
2	四氯化碳	0.002	42	丙烯腈	0.1
3	三溴甲烷	0.1	43	邻苯二甲酸二丁酯	0.003
4	二氯甲烷	0.02	44	邻苯二甲酸二(2-乙基己基)酯	0.008
5	1,2-二氯乙烷	0.03	45	水合肼	0.01
6	环氧氯丙烷	0.02	46	四乙基铅	0.0001
7	氯乙烯	0.005	47	吡啶	0.2
8	1,1-二氯乙烯	0.03	48	松节油	0.2
9	1,2-二氯乙烯	0.05	49	苦味酸	0.5
10	三氯乙烯	0.07	50	丁基黄原酸	0.005
11	四氯乙烯	0.04	51	活性氯	0.01
12	氯丁二烯	0.002	52	滴滴涕	0.001
13	六氯丁二烯	0.0006	53	林丹	0.002
14	苯乙烯	0.02	54	环氧七氯	0.0002
15	甲醛	0.9	55	对流磷	0.003
16	乙醛	0.05	56	甲基对流磷	0.002
17	丙烯醛	0.1	57	马拉硫磷	0.05
18	三氯乙醛	0.01	58	乐果	0.08
19	苯	0.01	59	敌敌畏	0.05
20	甲苯	0.7	60	敌百虫	0.05
21	乙苯	0.3	61	内吸磷	0.03
22	二甲苯①	0.5	62	百菌清	0.01
23	异丙苯	0.25	63	甲萘威	0.05
24	氯苯	0.3	64	溴清菊酯	0.02
25	1,2-二氯苯	1.0	65	阿特拉津	0.003
26	1,4-二氯苯	0.3	66	苯并[*a*]芘	2.8×10^{-6}
27	三氯苯②	0.02	67	甲基汞	1.0×10^{-6}
28	四氯苯③	0.02	68	多氯联苯⑥	2.0×10^{-5}
29	六氯苯	0.05	69	微囊藻毒素-LR	0.001
30	硝基苯	0.017	70	黄磷	0.003
31	二硝基苯④	0.5	71	钼	0.07
32	2,4-二硝基甲苯	0.0003	72	钴	1.0
33	2,4,6-三硝基甲苯	0.5	73	铍	0.002
34	硝基氯苯⑤	0.05	74	硼	0.5
35	2,4-二硝基氯苯	0.5	75	锑	0.005
36	2,4-二氯苯酚	0.093	76	镍	0.02
37	2,4,6-三氯苯酚	0.2	77	钡	0.7
38	五氯酚	0.009	78	钒	0.05
39	苯胺	0.1	79	钛	0.1
40	联苯胺	0.0002	80	铊	0.0001

① 二甲苯：指对二甲苯、间二甲苯、邻二甲苯。

② 三氯苯：指 1,2,3-三氯苯、1,2,4-三氯苯、1,3,5-三氯苯。

③ 四氯苯：指 1,2,3,4-四氯苯、1,2,3,5-四氯苯、1,2,4,5-四氯苯。

④ 二硝基苯：指对二硝基苯、间硝基氯苯、邻硝基氯苯。

⑤ 硝基氯苯：指对硝基氯苯、间硝基氯苯、邻硝基氯苯。

⑥ 多氯联苯：指 PCB-1016、PCB-1221、PCB-1232、PCB-1242、PCB-1248、PCB-1254、PCB-1260。

1.2 水体污染与自净

1.2.1 水体的无机物污染及其危害有哪些?

无机污染是各种有害的金属、盐类、酸、碱性物质及无机悬浮物等。

污水的一个重要指标是pH值。适宜于生物生存的pH值范围往往非常狭小，并且生物对pH值也是很敏感的。污水的pH值过高或过低，还会影响生化处理的进行，或使受纳水体变质。酸性污水能够腐蚀排水管道及处理设施与设备，如不经中和处理直接排放到水体中，还会对渔业生产带来危害，当pH值小于5时，就能使一般的鱼类死亡。

污水中的氮可分为有机氮和无机氮两大类。有机氮，包括蛋白质、氨基酸、尿素、尿酸、偶氮染料等物质中所含的氮；无机氮，包括氨氮、亚硝酸氮和硝酸氮。亚硝酸氮不稳定，可还原成 NH_3 或氧化成硝酸氮。

污水中的有机氮与无机氮总称为总氮。有机氮可通过氨化作用转化为氨氮，氨氮在氧存在的条件下先氧化成亚硝酸氮，然后再进一步氧化成硝酸氮，与此同时要消耗掉氨氮重量4.57倍的氧，因此水中氨氮浓度较高时极易引起水体黑臭。水体中氨氮超过1mg/L时，会使水生物的血液结合氧的能力降低；超过3mg/L时，可在24～96h内使金鱼、鳊鱼死亡。亚硝酸与氨作用生成的亚硝酸铵有致癌、致畸胎作用。亚硝酸氮对动物的毒性较强，作用机理主要是使血液输送氧气的能力下降，亚硝酸氮能促使血液中的血红蛋白转化为高铁血红蛋白，失去和氧结合的能力，从而造成缺氧死亡。硝酸盐在人体内也可被还原为亚硝酸盐。

磷的化合物对藻类及其他微生物也是非常重要的，过量的磷化合物会促进有害藻类的繁殖。藻类的死亡分解会消耗水中大量的溶解氧。过多的藻类会使水产生臭味，使水质恶化而无法饮用。污水中常见磷的形式为正磷酸、多聚磷酸盐及有机磷等化合物。

硫化合物水体中常含有硫酸盐，它在厌氧菌的作用下还原成硫化物及硫化氢，产生的硫化氢可能在被生物所氧化而成硫酸，造成对水管的腐蚀，当硫化物浓度大于200mg/L时，还会导致生化过程的失败。

其他有毒有害的无机化合物。一般认为，铜、铅、铬、汞、砷、氟、氰等化合物对水体及水生物均有一定毒性。

水中常含有溶解的空气，其中溶解氧浓度越高，表示水质越好。

在一般的污水中，特别是腐化的水中常存在硫化氢及甲烷气体。

1.2.2 水体的有机物污染及其危害有哪些?

有机物污染主要来源于食物、植物、粪便、动物尸体中的有机成分以及其他人工合成的有机物。有机污染物大量消耗水中的溶解氧，危及鱼类的生存。导致水中缺氧而使需氧微生物死亡。这类微生物能够分解有机质，维持水体的自净功能。它们死亡的后果是：水体发黑，变臭，毒素积累，伤害人畜。随着工农业的迅猛发展，产生了大量含有复杂有机物组分的污水，一些高稳定的有机合成化合物，如多氯联苯、有机氯农药等也污染水质，造成很大的危害。这些物质也是经过食物链的富集，最后进入人体，引起慢性中毒。如滴滴涕的慢性中毒能影响神经系统，破坏肝功能，造成生理障碍，甚至可能影响生殖和遗传，产生怪胎和引起癌症等。因此在当前水体污染问题中，以有机物污染的矛盾最为突出。

1.2.3 水体的病原微生物污染及其危害有哪些？

生活污水、医院污水以及屠宰肉类加工等污水，含有各类病毒、细菌、寄生虫等病原微生物，流入水体会传播各种疾病。如受到生活性和病原菌污染而引起霍乱、伤寒、脊髓灰质炎、甲型病毒性肝炎等，它们通过水传播而暴发流行传染病，危害大且持续时间长。在19世纪和20世纪前期发生过几次严重事件。如泰晤士河在1836～1886年间，由于河水被污染，曾给伦敦带来四次霍乱流行，仅1849年一次就死亡14000人。德国汉堡1892年因饮用水中含有传染病菌，使16000人得病，9000人死亡。1970年伏尔加河口的城市阿斯特拉罕暴发霍乱病，其主要原因之一就是伏尔加河水质受到污染。1988年我国上海地区也暴发过因食用受到水污染的毛蚶而得甲型肝炎的事件，传染面积广，受害人多，仅上海一地就有30多万人感染，影响极大。

1.2.4 水中污染物对水体的影响是什么？

（1）消耗水中溶解的氧气，危及鱼类的生存

水中污染物存在时，可导致水中缺氧，致使需要氧气生存的微生物因缺氧而死亡，而正是这些需氧微生物能够分解有机质，维持着河流水体的自我净化能力。需要氧气生存的微生物死亡的后果是：河流、溪流发黑，变臭，毒素积累，伤害人畜。

（2）有机和无机化学药品

化学药品等污染主要存在于化工、造纸、制革、建筑装修、干洗等行业中使用的生产原料和辅料中，这些化学物质在生产过程中直接或间接地排放到水体中，对水体造成污染。在这些化学物品中农用杀虫剂、除草剂等的污染尤其严重。绝大部分有机化学药品有毒性，它们进入江河湖泊会毒害或毒死水中生物，破坏生态环境。一些有机化学药品会积累在水生生物体内，致使人食用后中毒。被有机化学药品污染的水难以得到净化，人类的饮水安全和健康会受到威胁。

（3）磷

含磷洗衣粉、磷氮化肥的大量施用后排出的污水可导致水中藻类疯长。因为磷是所有的生物生长所需的重要元素。人类排放的含磷污水进入湖泊之后，会使湖中的藻类获得丰富的营养而急剧增长（称为水体富营养化），导致湖中细菌大量繁殖。疯长的藻类越长越厚，且有一部分被压在了水面之下，因很难见阳光得不到氧气补充而死亡。湖底的细菌以死亡藻类作为营养，迅速增殖，大量增殖的细菌消耗了水中的氧气，使湖水变得缺氧，致使依赖氧气生存的鱼类死亡，随后细菌也会因缺氧而死亡，最终使湖泊老化、死亡。

（4）石油化工洗涤剂

家庭和餐馆使用的餐具洗涤剂类物质，大多数都是石油化工的产品，此类物质难以生物降解，可生化性较低，排入河流中不仅会严重污染水体，而且会积累在水生生物体内，人食用后会出现中毒现象。

(5) 重金属（汞、铅、镉、镍、硒、砷、钴、铊、铋、钒、金、铂、银等）

采矿和冶炼过程中，工业废弃物、制革废水、纺织厂废水、生活垃圾（如电池，化妆品）废弃物中含有重金属，对人、畜有直接的生理毒性。用含有重金属的水来灌溉农作物，可使作物受到重金属污染，致使农产品有毒性；而沉积在河底、海湾等水体流域的重金属，通过水生植物和水生生物进入食物链，经鱼类等水生生物进入人体，间接地对人体造成危害。

(6) 酸类（如硫酸）

煤矿、其他金属（铜、铅、锌等）矿山开采过程中，会不同程度地排放废弃物和含酸废水，或化工厂在生产过程中向河流中排放酸性废水，会毒害水中植物和生物，引起鱼类和其他水中生物死亡，严重破坏河流、池塘和湖泊的生态系统。

(7) 油类物质

水上机动交通运输工具。油船泄漏等行为会向水体泄漏油类物质，从而破坏水生生物的生态环境，使渔业减产，污染水产食品，危及人的健康。海洋上油船的泄漏会造成大批海洋动物（鱼虾、海鸟、海狮等）死亡。主要危害在于油类物质覆盖在水面上，致使水体无法复氧。

1.2.5 河流中溶解氧变化表征了什么?

溶解氧（Dissoved Oxygen，DO）是表征水体中氧的浓度的参数。水中溶解氧的多少是表征水体自净能力的一个指标，也可间接地表征污染物在水体中的含量，即水体的污染程度。溶解氧高有利于对水体中各类污染物的降解，从而使水体较快地得以净化；反之，溶解氧低，水体中污染物降解较缓慢。

1.2.6 黑臭水体的治理技术有哪些?

目前，国内外针对黑臭水体的治理遵循的思路是"控源—净化—修复"。黑臭水体的治理技术分为 4 种。

(1) 清游疏浚技术

清游疏浚是清除内源、控制水体污染的有效措施之一。其方法主要有 2 种：

① 抽干湖河水后，清除底部淤泥（干式清淤），如上海市丽娃河就用的干床冲挖清游疏浚工艺；

② 用机械直接从水中清除游泥（湿式清淤），常用的工具是挖泥船。

干式清淤是指抽干城市黑臭水，使水体底泥裸露出来，使用水力冲挖的方式对淤泥进行清理。干式清淤具有清淤浓度高、清淤速度快、清淤较为彻底的优点，但也存在破坏水体原有生态，产生二次污染的缺点。在实际施工中，干式清淤一般使用在城市箱涵清淤、明渠清淤、小型湖泊清淤，清淤设备操作简单，转运方便快捷，黑臭水体治理效果明显。

湿式清淤主要是通过水力清淤设备进行黑臭水体治理。水力清淤设备通过利用高压水枪冲刷河床中的淤泥，形成一定浓度的淤泥，然后通过泥浆泵的绞吸、抽吸等作用将悬浮起来的淤泥吸入并通过管道排出。水力式挖泥船主要有绞吸式、耙吸式、斗轮式、吸扬式等。湿法作业的应用范围较广，江河湖库都可应用。

清流疏浚能相对快速地改善水质，但因具有一定的生态风险性，国内外对此多持慎重态度，故在底泥疏浚前应开展环境影响评价，对可能造成的环境影响提出相应对策。

(2) 截污纳管技术

截污纳管是从源头上消减污染物的排放量。通过建设和改造位于河道两侧的截污管道，将污水产生单位产生的污水，就近接入敷设在城镇道路下的污水管道系统中，转输至城镇污水处理厂进行集中处理，阻止污水进入河流。

(3) 曝气增氧技术

缺氧是黑臭水体的普遍特征。恢复水体耗氧复氧平衡、提高水体溶解氧浓度是水环境治理和水生态恢复的首要前提。曝气增氧是水体增氧的主要方法，能快速提高水体溶解氧，并兼有造流、净化抑藻和底泥修复作用。德国萨尔河、英国泰晤士河、中国的苏州河及温瑞塘河等许多河段治理中都使用了曝气增氧的技术。

(4) 清水补水技术

环境调水目的在于改善水体水质，提高水资源的利用价值和水环境的承载力，主要应用于纳污负荷高、水动力不足、环境容量低的城市河湖和水网。上海市开展苏州河环境调水研究和试验已有 20 余年历史，取得了良好的效果；2005 年 7 月 22 日，南京市秦淮河管理处启动了秦淮河环境调水工程，结果表明，在建立的模型指导下，不同水量方案均有利于整个流域的生态环境向好发展，水质质量不断改善。

1.2.7 水体的自净作用是什么?

水体自净的定义有广义与狭义两种：广义的定义指受污染的水体，经过水中物理、化学与生物作用，使污染物浓度降低，并恢复到污染前的水平；狭义的定义指水体中的微生物氧化分解有机物而使得水体得以净化的过程。

污染物投入水体后，使水环境受到污染。污水排入水体后，一方面对水体产生污染，另一方面水体本身有一定的净化污水的能力，即经过水体的物理、化学与生物的作用，使污水中污染物的浓度得以降低，经过一段时间后，水体往往能恢复到受污染前的状态，并在微生物的作用下进行分解，从而使水体由不洁恢复为清洁，这一过程称为水体的自净过程。

有机污染物的自净过程一般分为 3 个阶段。

① 第一阶段是易被氧化的有机物所进行的化学氧化分解。该阶段在污染物进入水体以后数小时之内即可完成。

② 第二阶段是有机物在水中微生物作用下的生物化学氧化分解。该阶段持续时间的长短随水温、有机物浓度、微生物种类与数量等而不同。一般要延续数天，但被生物化学氧化的物质一般在 5d 内可全部完成。

③ 第三阶段是含氮有机物的硝化过程。这个过程最慢，一般要延续 1 个月左右。

1.2.8 河流的氧垂曲线方程是什么?

需氧污染物排入水体后即发生生物化学分解作用，在分解过程中消耗水中的溶解氧。溶解氧的变化状况反映了水体中有机污染物净化的过程，因而可把溶解氧作为水体自净的标志。

如果以河流流程作为横坐标，溶解氧浓度作为纵坐标，在坐标纸上标绘曲线，将得到以下垂形曲线，常称氧垂曲线（见图 1-1），最低点称临界点 C_p。在一维河流和不考虑扩散的情况下，河流中的可生物降解有机物和溶解氧的变化可以用 S-P（Streeter-Phelps）公式模拟。

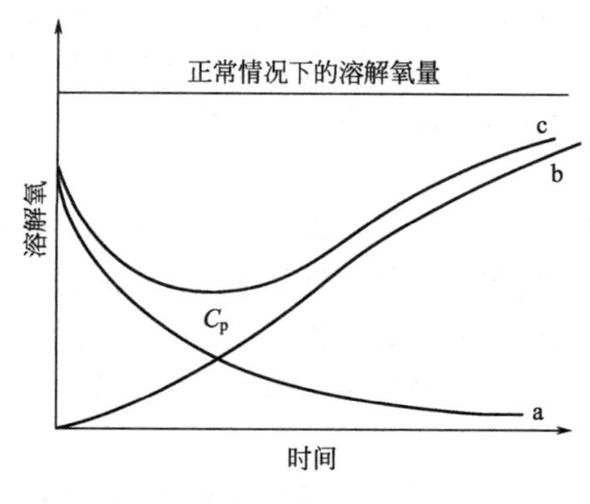

图 1-1　氧垂曲线

图 1-1 反映了耗氧和复氧的关系。图 1-1 中 a 为有机物分解的耗氧曲线，b 为水体复氧曲线，c 为氧垂曲线，最低点 C_p 为最大缺氧点。若 C_p 点的溶解氧量大于有关规定的量，从溶解氧的角度看，说明污水的排放未超过水体的自净能力。若排入有机污染物过多，超过水体的自净能力，则 C_p 点低于规定的最低溶解氧含量，甚至在排放点下的某一段会出现无氧状态，此时氧垂曲线中断，说明水体已经污染。在无氧情况下，水中有机物因厌氧微生物作用进行厌氧分解，产生硫化氢、甲烷等，水质变坏，腐化发臭。

氧垂曲线上，溶解氧变化规律反映河段对有机污染的自净过程。这一问题的研究，对评价水污染程度，了解污染物对水产资源的危害和利用水体自净能力都有重要意义。

1.2.9　水体的热污染是什么?

水体热污染是指水体受人工排放热量影响所致的水体温度升高。大量热能排入水体，使水中溶解氧减少，并促使水生植物繁殖，鱼类的生存条件变坏，生态环境恶化。水温高还会使氰化物、重金属离子等污染物的毒性增强。

热污染主要来源于发电厂和其他工业的冷却水。造成热污染最根本的原因是能源未能被最有效、最合理地利用。如发电厂燃料中只有 1/3 热能转化为电能，其余 2/3 则流失于大气或冷却水中。

水体热污染危害主要表现如下。

(1) 影响水生生物的生长

水温升高，影响鱼类生存。在高温条件时，鱼在热应力的作用下发育受阻，严重时，导致死亡；水温升高，降低了水生动物的抵抗力，破坏了水生动物的正常生存环境。

(2) 导致水中溶解氧降低

水温较高时，由亨利定律可知，水中溶解氧浓度降低，如水温在 0℃、20℃、30℃时，溶解氧分别为 14.62mg/L、9.17mg/L、7.63mg/L；与此同时，鱼及水中动物代谢加快，对溶解氧的需求增加，此时溶解氧的减少，势必对鱼类及其他动物的生存形成更大的威胁。

(3) 藻类和湖草大量繁殖

水温升高时，藻类与湖草大量繁殖，消耗了水中的溶解氧，同时，藻类种群也将发生改变。在具有正常混合藻类种的河流中，在 20℃时硅藻占优势；在 30℃时绿藻占优势；在35～40℃时蓝藻占优势。蓝藻占优势时，则发生水污染，即水华，所以，热污染会加速富营养化进程。蓝藻可引起水体味道异常，并能分泌一种藻毒素，是一种致癌物质。如太湖、巢湖等严重的水污染事件多是蓝藻暴发引起的。

(4) 导致水体中化学反应加快

水温每升高 10℃，化学反应速率可加快一倍。

1.2.10 水体污染对健康的影响是什么?

水体污染的危害是多方面的，对人体健康也具有直接和间接的影响。

(1) 引起急性和慢性中毒

水体受有毒有害化学物质污染后，通过饮水或食物链便可能造成中毒。水俣病、痛痛病是由水体污染引起的。

(2) 致癌作用

某些有致癌作用的化学物质如砷、铬、镍、铍、苯胺、苯并［*a*］芘和其他多环芳烃、卤代烃污染水体后，可被水体中的悬浮物、底泥吸附，也可在水生生物体内积累，长期饮用含有这类物质的水，或食用体内蓄积有这类物质的生物（如鱼类）就可能诱发癌症。

(3) 以水为媒介的传染病

人畜粪便等生物污染物污染水体，可能引起细菌性肠道传染病如伤寒、痢疾、肠炎、霍乱等；肠道内常见病毒如脊髓灰质类病毒、柯萨奇病毒、传染性肝炎病毒等，皆可通过水体污染传播而引起相应的传染病。在发展中国家，每年约有 6000 万人死于腹泻，其中大部分是儿童。

(4) 间接影响

水体污染后，常可引起水的感官性状指标恶化，如某些污染物在一定浓度下，对人的健康虽无直接危害，但可使水发生异臭、异色，呈现泡沫和油膜等现象，妨碍水体的正常利用；铜、锌、镍等物质在一定浓度下能抑制微生物的生长和繁殖，从而影响水中有机物的分解和生物氧化，使水体自净能力下降，生态系统恶化。

1.3 污水处理方法综述

1.3.1 污水的物理处理方法及其特点有哪些?

利用固体颗粒和悬浮物的物理性质将其从污水中分离去除的方法称为物理处理法。主要方法如下。

(1) 重力分离法

其处理单元有沉淀、上浮（气浮）等，使用的处理设备是沉淀池、沉砂池、隔油池、气浮池及其附属装置等。

(2) 离心分离法

其本身是一种处理单元，使用设备有离心分离机、水旋分离器等。

(3) 筛滤截留法

有栅筛截留和过滤两种处理单元，前者使用格栅、筛网，后者使用砂滤池、微孔滤机等。

此外，还有蒸发处理法、气液交换处理法、高梯度磁分离处理法、吸附处理法、膜分离法（超滤、纳滤、反渗透等）等。

物理处理法的优点：设备一般较简单，操作方便，分离效果良好，故使用极为广泛。物理处理法详见第3章。

1.3.2 污水的化学处理方法及其特点有哪些?

利用化学反应作用来分离、回收污水中处于各种形态的污染物质，或使其转化为无害物质。方法有：中和、混凝、电解、氧化还原、汽提、萃取等。

化学处理法的优点是污染物去除效果快、方法简单，缺点是一般需要投加药剂，成本较高。化学处理法详见第7章。

1.3.3 污水的物理化学处理方法及其特点有哪些?

物理化学处理方法有：吸附、离子交换、电渗析、反渗透等。

物理化学处理一般不会向水中引入新的物质，可以去除溶解物、离子等，处理出水水质好，多用于深度处理，但设备能耗高，运行维护比较麻烦。物理化学处理方法相关内容详见第9章。

1.3.4 污水的生物处理方法及其特点有哪些?

利用微生物的新陈代谢功能，使污水中呈溶解和胶体状态的有机污染物质转化为稳定的无害物质。

方法有：好氧生物处理方法（广泛用于处理城市污水和有机性生产污水，包括活性污泥法和生物膜法）和厌氧生物处理方法（用于处理高浓度有机污水与污泥）。常见的好氧处理工艺有普通好氧活性污泥工艺、A^2/O 工艺、间歇式活性污泥工艺（SBR）、曝气生物滤池（BAF）等。

生物膜法有：生物滤池，其中又可分为普通生物滤池、高负荷生物滤池、塔式生物滤池等；生物转盘；生物接触氧化法；好氧生物流化床等。在传统厌氧接触法（AC）技术基础上，出现了厌氧生物滤池（AF）、升流式厌氧污泥床（UASB）、厌氧膨胀床（AEBR）、厌氧流化床（AFBR）、厌氧生物转盘（ARBC）、厌氧挡板反应器（AFR）以及厌氧复合反应器（AHR）等高效厌氧反应器等。

生物处理法的优点是处理污水的范围广泛、费用低廉、运行管理较为方便，缺点是占地面积大，污水停留时间长，容易受气候等因素的影响，处理效果不稳定。生物处理方法详见第4～6章。

1.4 工业污废水来源与性质

1.4.1 养殖废水的来源与性质特点有哪些?

(1) 来源

养殖废水指由畜禽养殖场产生的尿液、全部粪便或残余粪便及饲料残渣、冲洗水及工人生活、生产过程中产生的废水的总称，其中冲洗水占大部分。

(2) 特点

畜禽废水处理难度大，并呈现出以下特点：

① COD、SS、NH_3-N 含量高；

② 可生化性好，沉淀性能好；

③ 水质水量变化大；

④ 含有致病菌并有恶臭。

(3) 处理方法

处理方法按照处理模式可分为 3 种：还田模式、自然处理模式、工业化处理模式。

① 还田模式　即将粪尿及冲洗水施于土壤中，在微生物以及植物的共同作用下，可将其中的有机物分解并吸收利用。

② 自然处理模式　即通过过滤、截流、沉淀、物理和化学吸附、化学分解、生物氧化及吸收等机理，采用氧化塘、土地处理系统或人工湿地等方法对畜禽养殖废水进行处理。

③ 工业化处理模式　包括：物化处理技术与生物处理技术 2 类。

常用的物化处理技术有吸附法、絮凝沉淀、电化学氧化、Fenton 氧化等；生物处理技术有厌氧处理技术、好氧处理技术以及厌氧-好养组合技术。

1.4.2 煤化工废水的来源与性质特点有哪些?

(1) 来源

煤化工废水是在煤化工生产工艺中产生的工业废水。其来源主要有：

① 炼焦用煤水分和煤料受热裂解时析出化合水形成的水蒸气，经初冷凝器形成的冷凝水；

② 煤气净化过程中产生出来的洗涤废水；

③ 回收加工焦油、粗苯等副产品过程中产生的废水，其中以蒸氨过程中产生的含氨氮废水为主要污染来源；

④ 煤加压气化过程中，所含的饱和水分（主要是加压气化过程加入的水蒸气和煤本身所含的水分）会在粗煤气冷凝时逐步冷却下来，这些冷凝水汇入喷淋冷却系统循环使用，此时，需将多余的废水排出以平衡整体的水循环过程，废水中溶解或悬浮有粗煤气中的多种成分。

(2) 特点

① 成分复杂，污染物浓度高　煤化工企业产生的废水水量大，水质复杂，含有大量固体悬浮颗粒，浓度高，含有大量难降解污染物，如多种酚类、氰化物、稠环芳烃、硫氰化物、苯并［*a*］芘、喹啉、吲哚、联苯和油等有毒有害和难降解的有机污染物，还有多种无机污染物如氨氮和硫化物等，废水 COD 和色度都很高，属于处理难度较高的工业废水。

② 危害大，可生化性差　煤化工废水中多种有机污染物都难以降解，所以危害性大。其中氰化物属于剧毒物质，能引起人中枢神经中毒，导致麻痹和窒息；酚属于高毒性的物质，对生物体各种细胞具有直接毒害的作用，会导致头晕失眠，而且对黏膜表皮具有腐蚀作用；煤化工废水中含有的高浓度氨氮进入受纳水体后，会使水体出现恶臭，

极易造成水体的富营养化现象，严重破坏水生态系统。煤化工废水中某些有机物如杂环和芳烃类化合物含量高，而且难生物降解，超过废水中微生物可耐受极限，对微生物有毒害作用，不利其存活，所以废水可生化性差。

(3) 生产工艺

煤化工典型生产工艺如图 1-2 所示。

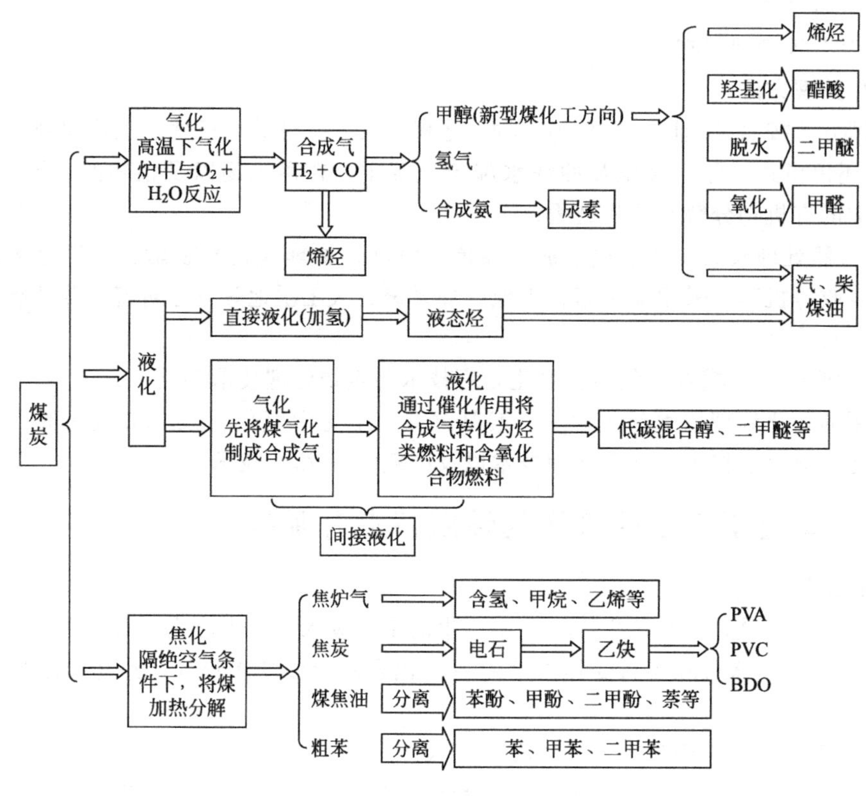

图 1-2　煤化工典型生产工艺

(4) 分类

煤化工废水分为 3 类：焦化废水、煤气化废水、煤液化废水。

① 焦化废水　焦化废水主要来自煤炼焦、煤气净化及化工产品回收精制等过程产生的废水，成分复杂。

有机物组成中，大部分酚类、苯类在好氧条件下易生物降解，吡啶、呋喃、萘、噻吩在厌氧条件下可缓慢生物降解，而联苯类、吲哚、喹啉类难以生物降解。

② 煤气化废水　制煤气或代天然气过程中产生的废水，主要来自洗涤、冷凝、分馏工段，含有大量酚、氰、油、氨氮等有毒有害物质。根据工艺不同，其水质有很大差异。

③ 煤液化废水　煤液化废水主要包括高浓度含酚废水和低浓度含油废水。

高浓度含酚废水：油含量及盐离子浓度低，COD 浓度很高，多环芳烃和苯系物等有毒物质浓度高，可生化性差，较难处理；低浓度含油废水：含油量高，有机物含量少。

(5) 处理方法

生物法是煤化工废水处理的主要方法，其处理流程可以归纳为以下 3 部分：预处理、生化处理、后续处理或深度处理。

① 预处理　主要包括除油、脱酚、蒸氨、去除SS（初沉池、混凝沉淀等）和有毒有害或难降解有机物（脱硫、破氰、高级氧化预处理等）。

② 生化处理　生化处理主要包括A/O、A^2/O、SBR、UASB等及一些新兴工艺。在各工艺中，反应器设计参数和菌种对其处理效果有很大的影响。

③ 后续处理或深度处理　经过生物处理后，废水中仍残留一些生物不能降解的有机物，使废水出水COD或色度难以达标，所以必须进行后续处理。一般有混凝、吸附、高级氧化、膜技术等。

1.4.3　精细化工废水的来源与性质特点有哪些?

(1) 来源

① 工艺废水　生产过程中生成的浓废水，一般有机污染物含量较高，根据工艺的不同，可能还具有其他的特点，如含盐浓度高、有毒、不易生物降解等，对水体污染较重。

② 洗涤废水　包括一些产品或中间产物精制过程中的洗涤水、间歇反应时反应设备的洗涤水。这类废水污染物浓度较低、水量较大。

③ 地面冲洗水　主要含有散落在地面的溶剂、原料、中间体和生成产品。这类废水的水质和水量与企业的管理水平有很大关系。

④ 冷却水　一般是从冷凝器或反应釜夹套中放出的冷却水。一般冷却水水质较好，应尽量设法冷却回用，不宜直接排放。

⑤ 设备泄漏及意外事故造成的污染　操作失误和设备泄漏会使原料、中间产物或产品外溢造成污染，应在废水治理中考虑应急措施。

⑥ 二次污染废水　一般来自废水或废气处理过程中，可能形成新的废水污染源，如从污泥脱水系统中分离出来的废水、从废气处理吸收塔中排出的废水。

⑦ 工厂内的生活污水。

(2) 特点

① 水质成分复杂　精细化工产品生产流程长、反应复杂、副产物多，废水中的污染物质组分繁多复杂、增加了废水处理的难度。

② 废水中污染物含量高　采用老工艺、陈旧设备生产的企业中，产品得率低，这一特点则更加明显。

③ COD值高　制药、农药、染料等行业中，由于原料反应不完全或生产过程中使用的大量溶剂介质进入了废水系统，COD浓度极高的废水是很常见的。

④ 有毒有害物质多　精细化工废水中含有许多对微生物有毒有害的有机污染物。如卤素化合物、硝基化合物、有机氮化合物或表面活性剂等。

⑤ 难生物降解的物质多　其中的有机污染物大部分属于难降解的有机物质。如卤素化合物及醚类化合物、硝基化合物等。

⑥ 部分废水中含盐量高　染料、农药行业的盐析废水和酸析、碱析废水经中和处理后形成的含盐废水盐分含量较高。废水中盐分浓度过高对微生物的生长有明显的抑制作用。

⑦ 有色废水色度非常高　染料、农药等行业废水的色度一般在几千倍甚至数万倍

以上。除了自身作为污染物质，有色污染物还会影响光线在水中的传播，从而影响水生生物的生长。

（3）处理方法

精细化工废水的处理关键是其中所含有的各类有机化合物的去除。精细化工废水中所含的有机化合物种类繁多，包括：烃、卤代烃、醇、醚、醛、酮、酸、酯、酚、醌、酰胺、腈、硝基化合物、有机胺类、有机硫类、杂环化合物、有机元素化合物及水溶性高分子聚合物等。

醇类废水处理方法：

① 蒸馏法　水溶性的醇，其混凝沉降的效果比较差。对一些沸点较低而挥发性高的醇可以采用蒸馏法或汽提法去除或回收利用。

② 氧化法　醇类化合物可以用高级氧化法分解，但生化法是首选的方法和技术。用于含醇废水处理的氧化剂包含臭氧、过氧化氢、氯系氧化剂等。

③ 生化法　工业中常见的醇类大部分可采用生化法降解。一般既可用活性污泥法处理，也可用厌氧处理法处理。

醚类废水的处理方法：醚类化合物的可生化降解性比醇类物质要差，因此，需采用物化或化学方法进行处理或预处理。

① 吸附法　醚类化合物可以利用活性炭和黏土类的吸附剂进行吸附处理。

② 膜分离法　可采用反渗透、超滤、微滤等方法处理醚类废水。

醛-酚废水处理方法：

① 缩合法　利用酸碱催化及加热，使甲醛进一步与酚类物质缩合产生不溶性的物质而去除，是甲醛-酚废水处理的最常用的方法之一。处理过程中还可以加入适量的铝盐或铁盐作混凝剂。

② 空气催化氧化法　加入催化剂，以空气作氧化剂去除废水中的甲醛与苯酚。

含醛不含酚废水处理方法：

① 回收法　可用回收法进行处理，主要用于高浓度甲醛废水的蒸馏或蒸发回收。

② 缩合法　废水中的醛可在催化剂存在下自身缩合或通过其他缩合剂处理之后得到去除。

③ 氧化法　废水中的甲醛可用高级氧化法去除，可用的氧化剂有过氧化氢和氯类氧化剂等。

④ 生化法　常用活性污泥法或生物膜法处理含甲醛的废水。

含酮废水处理方法：

① 对低沸点、挥发性强的酮类化合物，可用汽提或蒸馏方法将其从废水中回收去除。

② 不饱和酮可采用加碱、加热的方法去除。

③ 生化法也是处理含酮废水的重要手段。用生活污水稀释后，可进行生化处理。

有机酸类废水处理方法：在废水中出现的有机酸有甲酸、乙酸、长链脂肪酸、柠檬酸、草酸、芳香族羧酸及二元酸等。

① 蒸馏及蒸发法　加入过量甲醇产生沸点较低的甲酸甲酯，并使其从废水中蒸出，之后再加热回收甲醇。

② 混凝沉降法　调节废水 pH 值并向废水中加入化学混凝剂，可去除废水中的有

机酸。

③ 吸附法　羧酸也可以用大孔吸附树脂进行吸附回收，树脂结构上含有不同的基团，则能够吸附回收不同的化学物质。

④ 萃取法　废水中的醋酸可用丁醇萃取。

⑤ 沉淀法　含芳香酸或其盐的废水可用三价铁盐作沉淀剂，调节废水的 pH 值产生沉淀，然后经过滤去除。去除率与处理后的 pH 值有关，而与污染物的浓度无关。

⑥ 氧化法　大多数羧酸类废水可用氧化法处理。包含批式液相氧化、湿式氧化、臭氧氧化等。

⑦ 生化法　大部分脂肪酸均可采用好氧生物法处理。一般认为直链脂肪酸很易生化降解，在直链结构上引入其他基团可能会对酸的可生化降解性产生影响。

酯类废水的处理方法：酯类废水处理最常用的方法为萃取法。一般用其生产原料的醇作萃取剂，萃取液经脱水后回用于原生产工艺中，萃余水相可做进一步净化，包括生化处理。

1.4.4　乙二醇废水的来源与性质特点有哪些?

(1) 来源

草酸酯法生产乙二醇过程中的工艺废水主要来源于煤气化、变换、净化及生产中酯化及乙二醇精馏工段。

(2) 特点

① 废水中的有机污染物主要是甲醇、草酸和甲酸，COD 浓度约 8000mg/L，这些化合物可以通过生物方法降解。

② 废水偏碱性，有机酸以钠盐形式存在。含有硝酸钠、碳酸钠等无机盐 5%，甚至更高，如果采用生化方法处理，废水必须稀释或预处理除盐。

③ 综合以上分析，乙二醇生产废水是高 COD、高总氮、高含盐废水。

(3) 生产工艺

目前，煤乙二醇主要有三条技术路线：

① 直接法　以煤气化制取合成气（$CO+H_2$），再由合成气一步直接合成乙二醇。此技术的关键是催化剂的选择，在相当长的时期内难以实现工业化。

② 烯烃法　以煤为原料，通过气化、变换、净化后得到合成气，经甲醇合成，甲醇制烯烃（MTO）得到乙烯，再经乙烯环氧化、环氧乙烷水合及产品精制，最终得到乙二醇。该过程将煤制烯烃与传统石油路线制乙二醇相结合，技术较为成熟，但成本相对较高。

③ 草酸酯法　以煤为原料，通过气化、变换、净化及分离提纯后分别得到 CO 和 H_2，其中 CO 通过催化偶联合成及精制生产草酸酯，再与 H_2进行加氢反应，并通过精制获得聚酯级乙二醇。该工艺流程短，成本低，是目前最为理想的煤制乙二醇技术，也是当前乙二醇生产广泛应用的技术。

(4) 处理方法

目前乙二醇生产废水的处理方法主要有生化法、化学氧化法、铁碳微电解法、蒸发浓缩法等。

① 生化法　采用 A/O 工艺，该法首先将废水在调节池稀释至盐含量 8000～

10000mg/L，通过厌氧＋好氧过程，硝态氮被反消化、COD被降解。

② 化学氧化法　向废水中投加化学氧化剂或通入臭氧、二氧化氯，使甲醇等有机物氧化成二氧化碳和水，通过实验，以二氧化氯效果最好。

③ 铁碳微电解法　大多采用铸铁，铸铁中碳化铁比铁的腐蚀趋势低，当铸铁浸入水中就构成了细小的微观微电池。当体系中有活性炭等宏观阴极材料存在时，又可以组成宏观微电池。

④ 蒸发浓缩法　主要是针对该废水含盐量很高，通过蒸发的方法将有机染物与无机盐分离，然后采用生物处理达标排放。

1.4.5　腌制食品废水的来源与性质特点有哪些？

(1) 来源

腌制食品废水主要包括泡菜生产过程中产生的废水和办公排放的生活污水。

(2) 特点

废水有明显的季节性差异和日时段差异，且水质波动较大，废水中悬浮物浓度较高，属于高盐度、高有机物、高氨磷的废水。由于废水的高污染和高含盐量，在处理工艺上限制了生物降解处理技术，可用絮凝沉淀等物化预处理工艺。

(3) 生产工艺

腌制食品生产主要过程：将收取的新鲜蔬菜（萝卜、酱腌菜、莴笋等）首先进行清洗（会产生部分废水），清洗干净后送入盐渍池浸渍（会产生部分废水，即盐渍水），大约浸渍10～20h或盐水浸泡若干天后送入切菜机，根据不同的要求将蔬菜切成块状或丝状，然后送入脱水车间脱水（会产生部分废水，即脱盐水）。脱水后的各种蔬菜搅拌并加入各种调料，分装入袋，然后抽真空封口，清洗外包装（会产生部分含盐废水），即可装箱入库。

(4) 处理方法

① 预处理　设置隔渣隔油池进行预处理，去除腌制和生产过程中排出的碎渣，也可以采用沉淀的方法去除。由于来水水量和水质变化很大，应该设置较大的调节池。

② 生化处理　腌制废水含盐量较高，限制了生化技术的使用，但仍可以在一定条件下，对腌制废水进行生化处理：一是通过对高盐废水的稀释，得到小于1%浓度的废水后，再进行生化处理；二是驯化和培养耐盐微生物实施生化处理。经过实际工程验证，无论是厌氧或好氧技术均可以获得较好的处理效果，但设计参数是最关键的。

在生化处理工艺中，首先，通过较大的调节池，使废水基本均匀，水质稳定，采用较长时间的厌氧处理，再进入生物膜处理，可使废水的COD去除率达到80%左右。

③ 深度处理或其他处理技术　腌制废水的处理技术也可采用其他的技术，如高级氧化技术、电化学技术、膜技术等。

1.4.6　奶制品废水的来源与性质特点有哪些？

(1) 来源

奶制品废水根据其来源通常可以分为3类，即洗涤废水、冷却水和产品加工废水。多数乳品加工厂排放前2种废水。

① 洗涤废水　洗涤废水主要来自奶制品加工和收集过程中的器皿、设备、容器和

管道的洗涤以及加工场地的洗刷。废水中含有较多的污染物质，主要有酪蛋白及其他乳蛋白、乳脂肪、乳糖和无机盐类等，洗涤废水中还含有一定数量的洗涤剂和杀菌剂。这些污染物质在废水中呈溶解状态或胶体悬浮状态。洗涤废水的水量一般为奶制品加工量的1～3倍，COD值常在数千至数万毫克每升。这部分废水的水质和水量因产品品种、加工方法、设备情况及管理水平的不同而有很大的差别。

② 冷却水　冷却水主要来自冷凝器等热交换设备，奶制品加工中排放的冷却水基本为间接冷却水。由于与生产原料及产品不接触或接触很少，因而基本污染较轻，通常经过简单处理就可直接排入受纳水体或经过降温处理后循环使用。

③ 产品加工废水　含有较多的污染物质，主要有酪蛋白及其他乳蛋白、乳脂肪、乳糖和无机盐类等。这些污染物质在废水中呈溶解状态或胶体悬浮状态。这部分废水的水质和水量因产品品种、加工方法、设备情况及管理水平的不同而有很大的差别。

(2) 特点

① 废水量大小不一样。

② 生产随季节变化，废水水质水量也随季节变化。

③ 水中可生物降解成分多。

④ 废水中含各种微生物，包括致病微生物，废水易腐烂发臭。

⑤ 高浓度废水多。

⑥ 废水中氮、磷含量高。

(3) 生产工艺

① 奶粉生产工艺流程

原料乳验收→净化→冷却→贮藏→预热杀菌→真空浓缩→过滤→喷雾干燥→出粉→冷却过筛→卵磷脂喷涂＋包装→产品

② 液态奶生产工艺流程

原料乳验收→净化→贮乳→均质→杀菌→冷却→包装→产品

③ 酸奶生产工艺流程

原料乳验收→净化→贮藏→调整→均质→杀菌→接种→发酵→调配搅拌→无菌灌装密封→贮藏→产品

④ 冷饮生产工艺流程

原辅料接收→原料预处理→混料→预热→均质→杀菌→冷却→老化→凝、冻→注模→插棒→冻结→脱模→包装→成品入库→检验→贮存→运输

(4) 处理方法

目前奶制品废水应用较多的处理方法有单独好氧处理工艺、气浮＋好氧处理工艺、水解酸化＋好氧处理工艺以及厌氧＋好氧处理工艺等。

1.4.7　养牛场废水的来源与性质特点有哪些?

(1) 来源

养牛场废水主要由尿液、残余的粪便、毛发、饲料残渣和冲洗水等组成，有的场区还包括生产过程中产生的生活废水。前者是主要部分，其中冲洗水占了绝大部分。废水水质特征与牛舍结构、清粪方式与冲洗水的使用、饲料营养、猪消化功能和生产管理等有关。

(2) 特点

养牛废水中含有大量的牛粪，固体悬浮物（SS）高。废水夹杂大量的牛尿，氨氮指标高，属于高浓度氨氮废水。养牛废水的整体特征表现在有机物浓度高、氨氮浓度高、色度深，以及含有大量的细菌等物质。

(3) 处理方法

一般采用固液分离预处理＋生物处理＋深度处理的工艺流程。养殖废水处理工艺如图 1-3 所示。

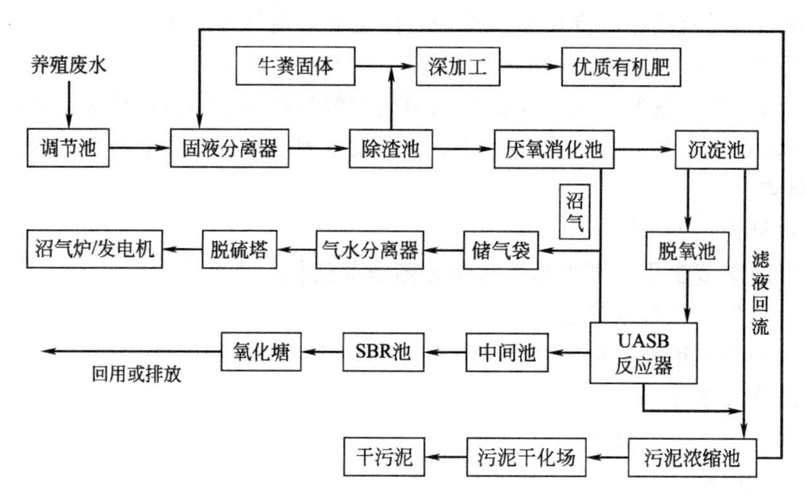

图 1-3　养殖废水处理工艺

养殖废水的处理一般可分为预处理、生物处理、深度处理等。预处理主要是针对养殖废水中的悬浮物质的去除，主要设备与设施有压榨分离机；生物处理针对有机物的去除，降低 COD、氨氮等物质含量，可以采用接触氧化法或多级厌氧好氧工艺，其中水解酸化工艺是必不可少的；深度处理针对总氮和总磷，以及难降解的有机物的去除，工艺各异，采用膜处理工艺是达标的保证技术，但存在膜的维护和运行问题。

1.4.8　农药生产废水的来源与性质特点有哪些?

(1) 来源

农药厂在农药生产过程中排出的废水，不同药品产生的废水不尽相同。

(2) 特点

因农药品种繁多，农药废水水质复杂，其主要特点有：污染物浓度较高，COD 可达每升数万毫克；毒性大，废水中除含有农药和中间体外，还含有酚、砷、汞等有害物质以及许多难以生物降解的物质；有恶臭，对人的呼吸道和黏膜有刺激性；水质、水量不稳定。

(3) 成分

根据废水成分不同，农药生产废水主要分为：

① 含苯废水；

② 含有机磷废水；

③ 高浓度含盐废水；

④ 高浓度含酚废水；

⑤ 含汞废水。

(4) 处理方法

① 物理处理法　物理处理法一般用在农药生产废水的预处理阶段。该方法主要用于回收利用废水中的有用成分，并对废水中的难生物降解的成分进行处理，以提高废水的可生化性，为后续处理做好准备。常用物理处理法有萃取法、沉淀法、吸附法。

② 化学处理法　化学处理法主要是利用化学反应的作用，对废水中的污染物质进行处理的方法。常用于农药生产废水的处理方法有：药剂氧化法、光催化氧化法、湿式氧化法、焚烧法、微电解以及超临界水氧化法等。

③ 生化处理法　生化处理法是利用微生物的新陈代谢作用降解转化废水中有机物的方法。该方法主要用在农药生产废水的末端处理，常用的有活性污泥法、生物膜法、曝气法、厌氧生物处理法、高效降解菌法等方法。在我国的农药类生产企业中，几乎都建有生化处理设施。

1.4.9　垃圾渗滤液的来源与性质特点有哪些?

(1) 来源

垃圾渗滤液的来源主要是垃圾含有的少量水分、垃圾贮存降解产生的少量水分以及自然降水。

(2) 特点

垃圾渗滤液的组分复杂，污染物浓度高、色度大、毒性强，不仅含有大量有机污染物，还含有各类重金属污染物，是一种成分复杂的高浓度有机废水。

(3) 处理方法

垃圾渗滤液处理方法主要有生物处理法、物化处理法及土地处理法三大类及这些方法的综合使用。

① 生物处理法根据供氧的情况又可分为好氧生物处理、厌氧生物处理、好氧-厌氧结合生物处理三类技术。

② 物化处理法可以将渗滤液中难以进行生物降解的有机物进行转换，成为较容易进行生物降解的有机物，使难以进行生物降解的有机物会变得容易去除。物化处理法中较常用的方法主要有化学氧化法和絮凝沉淀法等。

1.4.10　皮革废水的来源与性质特点有哪些?

(1) 来源

① 鞣前准备工段　在该工段中，废水主要来源于水洗、浸水、脱毛、浸灰、脱灰、软化、脱脂。鞣前准备工段的污水排放量约占制革废水总水量的70%以上，污染负荷占总排放量的70%左右，是制革废水的最主要来源。

② 鞣制工段　在该工段中，废水主要来源于水洗、浸酸、鞣制。主要污染物为无机盐、重金属铬等。

③ 鞣后湿整饰工段　在该工段中，废水主要来源于水洗、挤水、染色、加脂、喷涂机的除尘污水等。

(2) 特点

① 皮革在生产加工工段间歇排放废水，因此废水流量及水质在各个时间段内有较

大的波动。

② 由于有机原料、染料、鞣制剂和助剂的使用，皮革废水的浓度和色度很高。

③ 可生化性好，但废水的生化降解速度较慢，生化时间大于 20h 后才有近 75%的去除率。

④ 悬浮物浓度高，易腐败，污泥量大，增加了固液分离的难度，使污泥的处理成为又一大难点。

⑤ 毒性强，废水中含有 S^{2-} 和总铬等无机化合物。

⑥ 在不同的制作工序中，废水的氨氮质量浓度分布不均，如脱灰软化工序可达 4200～5700mg/L，浸水脱毛和浸酸鞣制工序中氨氮质量浓度在 60～180mg/L 之间，加大了氨氮处理的难度。

(3) 生产工艺

制革生产根据原料皮的种类及防腐方法、制革企业的生产条件、产品品质要求的不同，一般有 30～50 道工序不等。为了生产技术管理方便，通常将这些工序分为四大工段：鞣前准备工段、鞣制工段、鞣后湿加工工段、干燥及整饰工段。

(4) 处理方法

目前对制革废水的处理方法主要有预处理、初级处理和二级处理。

① 预处理　高浓度含铬污水单独收集，加碱沉淀回收；高浓度含硫污水单独收集，催化氧化脱硫处理。综合治理其他制革污水（包括预处理后污水）通过综合管道输送至污水处理厂进行生物化学二级处理。

② 初级处理　综合污水经细格栅、曝气沉砂池、调节池和初沉池，均衡水质水量，去除大颗粒无机物、部分 COD 和 BOD。

③ 二级处理　即生物处理，传统活性污泥法，活塞流式反应器，鼓风曝气污水中污染物在此阶段大程度降解或去除。化学处理后污水进入化学池进行化学混凝沉淀，凝聚剂采用碱式氯化铝，斜管沉淀。污水中 SS 和 COD 进一步得到降低。污泥处理污水处理过程中产生的初沉污泥、剩余污泥和化学污泥集中汇集，经重力浓缩、污泥调质后，进入板框压滤机压滤脱水，滤液重返污水处理系统，滤饼由当地环保部门外运集中处理。

1.4.11 电镀废水的来源与性质特点有哪些?

(1) 来源

电镀废水主要来源于电镀漂洗工艺、钝化工艺、镀件酸洗工艺，以及清洗工艺等生产过程中排出的废水。电镀废水主要包括电镀漂洗废水、钝化废水、镀件酸洗废水、刷洗地坪和极板的废水，以及由于操作或管理不善引起的“跑、冒、滴、漏”产生的废水，另外还有废水处理过程中自用水的排放以及化验室的排水等。

(2) 特点

电镀废水的性质主要取决于电镀产品的功能和要求。因镀件或电镀产品的种类和功能要求不同，电镀槽内的电镀液的组分各不相同。

根据生产工艺，电镀废水主要分为以下 3 类。

① 含铬废水　含铬废水主要来自银合金的铬酐酸洗、铜合金的铬酐钝化以及银镀层的出光等工序，废水中主要含有 Cr^{6+} 以及极少量的 Cu^{2+} 、Ag^{+} 等金属离子。

② 含镍废水　含镍废水主要有两个来源：电镀镍废水和化学镀镍废水。其中电镀镍废水主要来自酸性镀镍生产线的漂洗水，废水中主要含有 $NiSO_4$、$NiCl_2$ 等。化学镀镍废水组成较为复杂，通常含有络合剂、稳定剂、pH 值缓冲剂等。

③ 含氰废水　含氰废水由氰化镀铜、氰化镀银及镀金产生，废水中含有 CN^-、Cu^{2+}、Ag^+ 等污染物，镀金废水回收后再排入含氰废水中。

(3) 生产工艺

(磨光→抛光)→上挂→脱脂除油→水洗→(电解抛光或化学抛光)→酸洗活化→(预镀)→电镀→水洗→(后处理)→水洗→干燥→下挂→检验包装

(4) 处理方法

① 化学沉淀法　分为中和沉淀法和硫化物沉淀法。

② 氧化还原处理　分为化学还原法、铁氧体法和电解法。

③ 溶剂萃取分离法。

④ 吸附法。

⑤ 膜分离技术。

⑥ 离子交换法。

⑦ 生物处理技术　分为生物絮凝法、生物吸附法、生物化学法和植物修复法。

1.4.12　保险粉废水的来源与性质特点有哪些?

(1) 来源

保险粉废水来源于保险粉的生产过程中主要含有硫代硫酸钠和中间产物的废水。

(2) 特点

色度高、有机物浓度高、成分复杂、可生化性差等。

(3) 生产工艺

国内保险粉生产工艺主要分为 2 种：锌粉法和甲酸钠法。甲酸钠法被大规模使用，甲酸钠法保险粉生产工艺流程如图 1-4 所示。

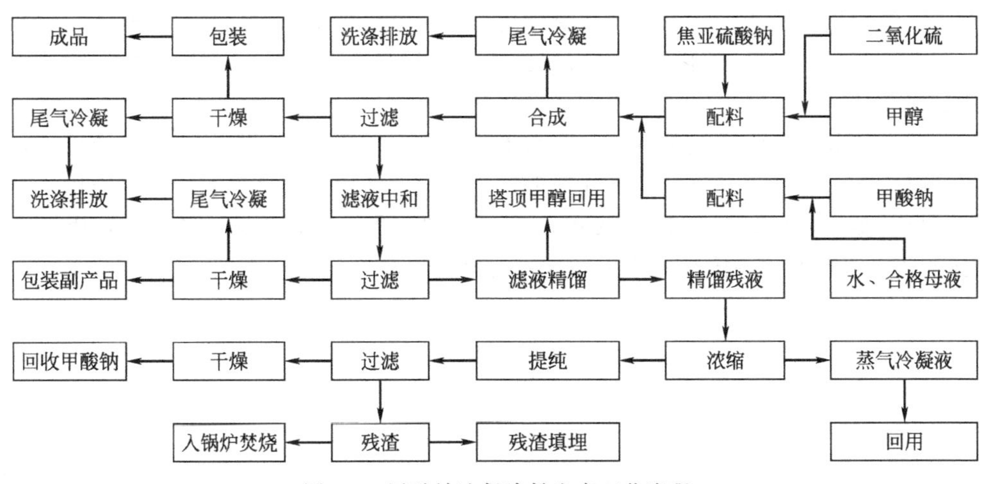

图 1-4　甲酸钠法保险粉生产工艺流程

甲酸钠法可分为焦亚硫酸钠法和碱法，而焦亚硫酸钠法相对先进，其生产工艺如下：将固体甲酸钠与水、母液配成悬浮液，焦亚硫酸钠与液体二氧化硫、甲醇配成悬浮液。在一定温度、压力下，往合成釜内同时加入甲酸钠悬浮液、焦亚硫酸钠悬浮液、液体二氧化硫、环氧乙烷。控制好温度、压力、酸度等工艺指标，得到保险粉悬浮液。反应生成保险粉（悬浮液），生成的保险粉（悬浮液）放入干燥器，在干燥器中经过滤、洗涤后用热水干燥，干燥后的保险粉加入1%～6%的纯碱作为稳定剂，包装为成品。

（4）处理方法

焦亚硫酸钠法产生的废水组分复杂，含有亚硫酸盐、甲酸钠、甲醇、邦特盐等。目前大中型企业普遍采用2种方法：分步回收和先回收后生化处理的方法。

1.4.13 中药制药废水的来源与性质特点有哪些？

（1）来源

中药制药废水主要来源于中药材前处理的清洗、蒸煮，提取工艺中的提炼、浓缩，以及残液倾倒、设备清洗过程等。

（2）特点

中药制药废水具有有机污染物浓度高、悬浮物含量高、色度高、可生化性较好的特点。

（3）生产工艺

传统中药生产工艺如下。

① 药材炮制（炒、炙、煅、煨、烘焙、水飞、洗、淋、泡、漂、浸、润、挑、拣、簸、筛、刮、刷、切等）。

② 提取（水煎煮法、浸渍法、渗漉法、改良明胶法、回流法、溶剂提取法、水蒸气蒸馏法和升华法等）。

③ 分离（离心法、板框过滤法）、精制（澄清剂法、醇沉法）。

④ 浓缩（常温浓缩、减压浓缩）、干燥（减压干燥、烘干）制剂。

（4）处理方法

制药废水的处理方法很多，主要分为物化法、化学法和生化法。物化法主要有混凝沉淀法、气浮法、吸附法、电解法和膜分离法；化学法主要有催化铁内电解法、臭氧氧化法和Fenton试剂法；生化法主要有序批式活性污泥法（SBR）、普通活性污泥法、生物接触氧化法、上流式厌氧污泥床法（UASB）等。

上述单一处理方法的效果不好，出水水质不稳定，通常采用多种工艺联合处理，才能保证稳定的处理效果。目前，多种处理工艺的联合使用在很多工程中得到应用，并取得了很好的效果，例如UASB—CASS工艺、水解酸化—SBR工艺、兼氧—深曝—两级A/O工艺、水解酸化—接触氧化—气浮—氧化工艺等。

第2章 污水水质指标与检测

2.1 污水水质指标

2.1.1 水质指标与分类是什么?

水质指标是表示水中杂质的种类、成分和数量，是判断水质的具体衡量标准。水质指标有若干类，分为物理性水质指标、化学性水质指标和生物学水质指标，其中每一类中又分为若干项。表2-1是常见的水质指标。

表2-1 常见的水质指标

物理性水质指标	感官物理性状指标	温度、色度、嗅和味、浑浊度、透明度等
	其他物理性水质指标	总固体、悬浮固体、溶解固体、可沉固体、电导率等
化学性水质指标	一般化学性水质指标	pH值、碱度、硬度、阳离子、阴离子、总含盐量、一般有机物质等
	有毒化学性水质指标	各种重金属、氰化物、多环芳烃、各种农药等
	氧平衡指标	溶解氧(DO)、化学需氧量(COD)、生化需氧量(BOD)、总需氧量(TOC)等
生物学水质指标		菌落总数、总大肠菌群、各种病原细菌、病毒等

2.1.2 污水的物理性质指标有哪些?

污水的物理性质及指标包括水温、色度、气味和固体含量等。

(1) 水温

水温对污水的物理性质、化学性质及生物性质有直接影响，所以水温是污水水质的重要物理性质指标之一。我国幅员辽阔，但根据统计资料表明，各地生活污水的年平均温度差别不大，均在10～20℃之间。生产废水的水温与生产工艺有关，变化很大。故城市污水的水温与排入城市污水管道系统的生产废水性质、所占比例有关。污水的水温过低（如低于5℃）或过高（如高于40℃）都会影响污水生物处理的效果。

(2) 色度

色度是指含在水中的溶解性物质或胶状物质所呈现的淡黄色乃至黄褐色的程度。水的色度是对天然水或处理后的各种水进行颜色定量测定时的指标。天然水经常显示出浅黄、浅褐或黄绿等不同的颜色。产生颜色的原因是由于溶于水的腐殖质、有机物或无机物质所造成的。另外，当水体受到工业废水的污染时也会呈现不同的颜色。这些颜色分为真色与表色。真色是由水中溶解性物质引起的，也就是除去水中悬浮物后的颜色。而表色是没有除去水中悬浮物时产生的颜色。这些颜色的定量程度就是色度。

(3) 气味

生活污水的臭味主要由有机物腐败产生的气体造成。工业废水的臭味主要由挥发性化合物造成。气味大致有鱼腥臭［胺类 CH_3NH_2，$(CH_3)_3N$］、氨臭（氨 NH_3）、腐肉臭［二元胺类 $NH_2(CH_2)NH_2$］、腐蛋臭（硫化氢 H_2S）、腐甘蓝臭［有机硫化物 $(CH_3)_2S$］、粪臭（甲基吲哚）以及某些生产废水的特殊臭味。臭味给人以感观不悦，甚至会危及人体生理，使人呼吸困难，倒胃胸闷、呕吐等，故气味也是物理性质的主要指标。

(4) 固体含量

① 总固体（TS） TS指单位体积的水样，在103～105℃蒸发烘干后，残留物质的重量。污水经过滤器过滤后即将TS分成两部分，被过滤器截留的固体称为悬浮固体SS；通过过滤器进入滤液中的固体称为溶解性固体DS。

② 悬浮物质（SS）与溶解性固体（DS） 悬浮固体SS，也称悬浮物，是污水的一项重要指标。悬浮物包括漂于水面的漂浮物，多为油脂、木屑、果核等；悬于水中的悬浮物如奶、浮化油等，而沉于底部的沉淀物如砂、泥、石、纸、布、食物质等。悬浮物是将污水过滤，把滞留在过滤材料上的物质，通过103～105℃烘干、称重测得。

③ 挥发性固体（VS）和非挥发性固体（NVSS） 将悬浮物置于马弗炉中，于650℃灼烧1h后，固体中的有机物即成为气体挥发。挥发掉的部分为挥发性固体（VS），残剩的部分即为非挥发性固体（NVSS）。

(5) 透明度

污水中由于含有悬浮及胶体状态的杂质而产生浑浊现象。透明度是指水的澄清程度，水中悬浮物和胶体颗粒越多，透明度越低。透明度是与水的颜色和浊度两者综合影响的水质指标。

2.1.3 污水的化学性质指标有哪些？

污水的化学指标有两大类。无机物指标，主要包括酸碱度（pH值）、植物营养元素（N、P、SO_4^{2-}、Cl^-等）、重金属等；有机物指标，一般采用生物化学需氧量、化学需氧量、总需氧量和总有机碳等指标来反映。

(1) pH值

氢离子浓度指数是指溶液中氢离子的总数和总物质的量的比。它的数值称为“pH值”，表示溶液酸性或碱性程度的数值，即所含氢离子浓度常用对数的负值。城市污水的pH值呈中性，一般为6.5～7.5。pH值的微小降低可能是由于城市污水输送管道中的厌氧发酵。雨季时较大的 pH 值降低往往是城市酸雨造成的，这种情况在合流制系统尤其突出。pH 值突然大幅度变化，通常是由于工业废水的大量排入造成的。

(2) 总氮和氨氮

污水中氮有以下几种形式存在。有机氮，如蛋白质、氨基酸、尿素、尿酸、偶氮染料等物质中所含的氮；氨氮（NH_3-N 及 NH_4^+-N）；亚硝酸氮（NO_2^--N）；硝酸氮（NO_3^--N）。总氮是污水中各类有机氮和无机氮的总和。生活污水中，有机氮可占总氮量的 60%，其余为氨态氮。硝酸氮可以存在于新鲜污水中，但含量极低，处理后浓度可提高。亚硝酸氮不稳定，它可还原成 NH_3 或氧化成 NO_3^--N。凯氏氮（TKN）包括氨氮和在此条件下能转化为铵盐的有机氮化合物。

(3) 磷

磷是生物体中的重要元素之一，在生化处理中，磷同氮一样是微生物的营养，故在污水中对碳氮比有一定的要求。磷在生物处理中化合价不产生变化。在自然界中，磷可在无机磷和有机磷之间、可溶性磷和不溶性磷之间相互转化。在水中磷含量过多可引起水体富营养化，因此它也是污水污染度与净化度的指标之一。

(4) 重金属类

冶金、电镀、陶瓷、玻璃、氯碱、电池、制革、照相器材、颜料等工业废水往往含有各种重金属离子，如汞、镉、铬（六价）、硒（四价）、铜、锌、锰、铁、铅等，它们进入环境后不会被降解，可沉积、吸附于淤泥中或通过食物链富集，并最终危及人体健康。

(5) 生物化学需氧量（BOD）

BOD 是指 1L 污水中的有机污染物在好氧微生物作用下进行氧化分解时所消耗的溶解氧量。在 20℃下，要完全完成有机物的生化降解，需要 100d 以上。为了简便，并考虑到好氧分解速度一般在最开始的几天最快，所以以水样在 20℃下培养 5d 消耗的溶解氧量作为衡量依据，即 BOD_5。

(6) 化学需氧量（COD）

用强氧化剂（我国法定用重铬酸钾）在酸性条件下，将有机物氧化为 CO_2、H_2O 所消耗的强氧化剂量折算成的氧量称为化学需氧量，用 COD_{Cr}表示，一般写成 COD。由于重铬酸钾的氧化性极强，能够较完全地氧化水中各种性质的有机物，因此可代表水中有机物的总量。同一种污水，COD 值与 BOD 值之间常常有一定的比例关系，故可以经过一段时期对 COD 和 BOD 的平行测试后，算得它们之间的比值，然后可从水样的 COD 值来推算 BOD 的近似值。当污水含有毒物质而不能测定 BOD 时，也可通过测定 COD 来弥补不能测定 BOD 的缺陷。BOD_5/COD 值可作为污水是否适宜采用生物法处理的一个衡量标准，所以把 BOD_5/COD 值叫作可生化性指标。比值越大，越容易被生物处理。一般认为 BOD_5/COD 值大于 0.3 的污水才适于采用生物处理。

(7) 电导率

电导率是表示物质传输电流能力强弱的一种测量值。电导率与含盐量成正比，通常所说的水会导电就是因为里面含盐。盐在水中以阴阳离子存在，电通过离子来传导，当水中的离子含量越多，就越容易导电，反之则不容易导电，真正的纯水可以说是不导电。

(8) 阴离子表面活性剂

阴离子型表面活性剂是表面活性剂的一类，其特点是在水中能生成憎水性的阴离子。它是日化产品洗涤剂、化妆品的主要活性组分，在其他诸多工业领域如石油、纺织工业等也有广泛应用。若未经处理排入水体，常会造成水体污染并出现泡沫横飞的现象，同时消耗了水中的溶解氧，影响水体质量。其在水中含量较高时，对水中的动植物的生长也会造成影响。在污水净化处理时，形成的泡沫层隔绝了污水与空气的接触，致使水体曝气困难，大量微生物因缺氧死亡，从而使污水处理效率下降。

(9) 油

油类污染物有石油类和动植物油脂两种。石油及其组分主要来自工业含油污水，动植物油脂主要产生于人们生活过程和食品工业。油膜覆盖水面不仅会阻碍水的蒸发还会阻碍大气中的氧气进入水体，影响水生生物生长，降低水体的自净能力。

(10) 溶解氧（DO）

溶解氧（Dissolved Oxygen，DO）是溶解于水中分子态的氧，用每升水里氧气的毫克数表示。溶解氧跟空气里氧的分压、大气压、水温和水质有密切的关系。溶解氧通常有两个来源：一个是水中溶解氧未饱和时，大气中的氧气向水体渗入；另一个是水中植物通过光合作用释放出的氧。因此水中的溶解氧会由于空气里氧气的溶入及绿色水生植物的光合作用而得到不断补充。但当水体受到有机物污染，耗氧严重，溶解氧得不到及时补充，水体中的厌氧菌就会很快繁殖，有机物因腐败而使水体变黑、发臭。

溶解氧值是研究水自净能力的一种依据。水里的溶解氧被消耗，要恢复到初始状态，所需时间短，说明该水体的自净能力强，或者说水体污染不严重。否则说明水体污染严重，自净能力弱，甚至失去自净能力。

(11) 总有机碳（TOC）

总有机碳（Total Organic Carbon，TOC）是以碳的含量表示水中有机物的总量，结果以碳（C）的质量浓度（mg/L）表示。水的TOC值越高，说明水中有机物含量越高，因此，TOC可以作为评价水质有机污染的指标。

2.1.4 污水的生物性质指标有哪些?

污水的生物性质指标主要有3个。

(1) 总大肠菌群

指每升水样中所含有的大肠菌群的数目，以个/L计。大肠菌群数表明污水被粪便污染的程度。间接表明有肠道病菌存在的可能性。

(2) 病毒

大肠菌群数可以表明肠道病菌的存在，但不能表明是否污水中有病毒。因此，还需检验病毒指标。病毒一般用噬菌体来表示数量。

(3) 菌落总数

菌落是指细菌在固体培养基上生长繁殖而形成的能被肉眼识别的生长物，它是由数以万计相同的细菌集合而成。当样品被稀释到一定程度，与培养基混合，在一定培养条件下，每个能够生长繁殖的细菌细胞都可以在平板上形成一个可见的菌落。因此，菌落总数可代表样品中的细菌数量。水中菌落总数反映了水体受细菌污染的程度，菌落总数不能说明污染的来源，必须结合大肠菌群数来判断水体污染的来源和安全程度。

污水中微生物量因污水性质不同变化较大，对于生活污水，细菌数在 10^5～10^6 个/mL 之间，呈游离或团块状；病毒为 200～700 个/L；此外还有一些寄生虫卵。处理前后微生物数量的变化是评价水质净化度的指标之一，部分生活污水处理厂以及所有医院污水处理系统排放的出水还应予以消毒，以杀灭处理后残存的病原微生物。

2.1.5 污水主要指标范围是什么?

典型的生活污水水质指标如表 2-2 所示。

表 2-2 典型的生活污水水质指标

序号	指标	浓度/(mg/L)		
		高	正常	低
1	总固体(TS)	1200	720	350
2	溶解性总固体	850	500	250
3	非挥发性固体	525	300	145
4	挥发性固体	325	200	105
5	悬浮物(SS)	350	220	200
5-1	非挥发性悬浮物	75	55	20
5-2	挥发性悬浮物	275	165	80
6	可沉降物	20	10	5
7	生化需氧量(BOD_5)	400	200	100
7-1	溶解性生化需氧量	200	100	50
7-2	悬浮性生化需氧量	200	100	50
8	总有机碳(TC)	290	160	80
9	化学需氧量(COD)	1000	400	250
9-1	溶解性化学需氧量	400	150	100
9-2	悬浮性化学需氧量	600	250	150
10	可生物降解部分 COD	750	300	200
10-1	溶解性可生物降解部分	375	150	100
10-2	悬浮性可生物降解部分	375	150	100
11	总氮(TN)	85	40	20
11-1	有机氮	35	15	8
11-2	游离氮	50	25	12
11-3	亚硝酸盐	0	0	0
11-4	硝酸盐	0	0	0
12	总磷(TP)	15	8	4
12-1	有机磷	5	3	4
12-2	无机磷	10	5	3
13	氯化物(Cl^-)	200	100	60
14	碱度($CaCO_3$)	200	100	50
15	油脂	150	100	50

2.2 污水物理指标测定

2.2.1 如何测定污水的水温?

水温的测定方法为：将水温计投入一定深度的水中，感温 5min 后，迅速上提，并立即读数。从水温计离开水面至读数完毕，应不超过 20s。读数要迅速、快捷、准确，以避免气温的影响。必要时重复插入水中，重复读数，取多次测定的平均值。

2.2.2 如何测定污水的色度？

取样时应注意代表性，水样应无树枝枯叶等漂浮杂物。将水样置于清洁无色的玻璃瓶内，尽快测定。否则应在 4℃冰箱保存，在 48h 内测定。色度主要有 2 种测定方法。

（1）铂钴比色法

参照 2006 年发布的《生活饮用水标准检验方法感官性状和物理指标》（GB/T 5750.4—2006）。铂钴比色法适用于清洁水、轻度污染并略带黄色调的水、比较清洁的地面水、地下水和饮用水等。

（2）稀释倍数法

适用于污染较严重的地面水和工业废水。

2 种方法应独立使用，一般没有可比性。色度往往会影响造纸、纺织等工业产品的质量。各种用途的水对于色度都有一定的要求：如生活用水的色度要求小于 15 度；造纸工业用水的色度要求小于 15～30 度；纺织工业的用水色度要求小于 10～12 度；染色用水的色度要求小于 5 度。

工业废水可能使水体产生各种各样的颜色，但水中腐殖质、悬浮泥沙和不溶矿物质的存在，也会使水带有颜色。例如，黏土能使水带黄色，铁的氧化物会使水变褐色，硫化物能使水呈浅蓝色，藻类使水变绿色，腐败的有机物会使水变成黑褐色等。

2.2.3 如何测定污水的臭味？

（1）文字描述法

量取 100mL 水样置于 250mL 锥形瓶内，用温水或者冷水在瓶外调节水温至20℃±2℃，振荡瓶内水样，从瓶口闻水的气味。必要时，可用无臭水对照。用适当文字描述臭特征，并用 6 个等级记录其强度。

（2）臭阈值法

比较准确的定量方法是臭阈值法，即用无臭水将待测水样稀释到接近无臭程度的稀释倍数表示臭的强度。水的臭味与水温有密切关系，在报告测定结果时要注明水温。臭的测定结果会因测定者的年龄、性别、精神状态以及主观倾向等而不同，所以应以一群人测定结果的几何平均值来表示。

2.2.4 如何测定污水中的悬浮物含量？

① 估算污水中悬浮固体大致含量，以便确定量取水样的体积；一般量取 100mL 试样，若总固体含量大于 2.5mg，也可以量取 50mL 试样。

② 称量坩埚重量，将铺好石棉层的坩埚，在 105℃ 干燥 1h 后，于干燥器内冷却 30min 以上，取出后立即称重；并再次烘干、冷却、称重，直至达到恒重（即 2 次称量相差不超过 0.5mg）。

③ 将称量过的坩埚置于吸滤瓶上，用水稍加湿润，将试样的上层清液先行过滤，然后将下层浑浊液倾入坩埚过滤，并用少量水洗涤容器数次，一并过滤。

④ 对坩埚和悬浮固体重量进行称重，并进行计算。可参照 2018 年发布的《城镇污

水水质检验方法》(CJ/T 51—2018)。

2.2.5 如何测定污泥的TS含量?

① 先将洗净灼烧至恒重(600℃条件下大约60min)的坩埚称重G_1;

② 用移液管量取10mL污泥,放入坩埚,将坩埚放入105℃的烘箱中烘烤24h后取出,放在干燥器中冷却至室温,然后称重G_2;

③ 用G_2-G_1除以污泥的体积得到TS值。

2.2.6 如何测定污水的SS含量?

① 先将洗净灼烧的坩埚称重G_1;

② 用移液管取10mL污泥,放入离心管中,放入离心机中以5000r/min离心5min;

③ 倒出上清液,将管中污泥取出放入坩埚,用蒸馏水冲洗,冲洗水倒入坩埚,将坩埚放入105℃的烘箱中烘烤24h后取出,放在干燥器中冷却至室温,然后称重G_2;

④ 用G_2-G_1除以污泥的体积得到污泥的SS。

2.2.7 如何测定污水的VSS含量?

① 先将洗净灼烧的坩埚称重;

② 用移液管取10mL污泥,放入离心管中,5000r/min离心5min;

③ 倒出上清液,将管中污泥取出放入坩埚,用蒸馏水冲洗。冲洗水倒入坩埚,将坩埚放入105℃的烘箱中烘烤24h后取出,放在干燥器中冷却至室温,然后称重G_1;

④ 将坩埚放入600℃的马弗炉中灼烧2h,取出后放入干燥器中冷却至室温后称重G_2;

⑤ 用G_1-G_2除以污泥的体积得到污泥的VSS。

2.2.8 城镇污水处理厂物理指标的排放标准是多少?

表2-3为《城镇污水处理厂污染物排放标准》(GB 18918—2002)规定的一级、二级、三级排放标准的物理指标。

表2-3 基本物理控制项目最高允许排放浓度(日均值)

序号	基本控制项目	一级标准		二级标准	三级标准
		A标准	B标准		
1	色度(稀释倍数)	30	30	40	50
2	悬浮物(SS)/(mg/L)	10	20	30	50

2.3 污水化学指标测定

2.3.1 如何测定污水的pH值?

测定pH值常用的方法是玻璃电极法。此法是以玻璃电极为指示电极,饱和甘汞电极为参比电极，两者组成电极对。用电压表指示水样的电势差。以25℃时电势差改变59.19mV为一个pH单位。测定时能在仪器上直接读出pH。测定不受水样的色度、浑浊度和氧化还原性物质的干扰。测定时必须用有准确pH的标准缓冲溶液作为对照，温度对于pH读数的影响，可用仪器上的温度补偿装置进行调整。

比色法测定pH值是在水样中加入定量指示剂后与pH标准色列进行目视比较。此法不需电源，简便易行，但受到水的色度、浑浊度和各种氧化还原物质的干扰，只能用于概略测定。

2.3.2 如何测定污水的BOD含量?

BOD的测定方法包括标准稀释法、生物传感器法、活性污泥曝气降解法和测压法。

(1) 标准稀释法

这种方法是最经典的也是最常用的方法。简单地说，就是测定在20℃±1℃温度下培养5d前后溶液中溶氧量的差值。求出来的BOD值称为“五日生化需氧量(BOD_5)”。

(2) 生物传感器法

其原理是以一定的流量使水样及空气进入流通量池中与微生物传感器接触，水样中溶解性可生化降解的有机物受菌膜的扩散速度达到恒定时，扩散到氧电极表面上的氧质量也达到恒定并且产生一恒定电流。由于该电流与水样中可生化降解的有机物的差值与氧的减少量有定量关系，据此可算出水样的生化需氧量。通常用BOD_5标准样品对比，以换算出水样的BOD_5的值。

(3) 活性污泥曝气降解法

控制温度为30～35℃，利用活性污泥强制曝气降解样品2h，经重铬酸钾消解生物降解后的样品，测定生物降解前后的化学需氧量，其差值即为BOD。根据与标准方法的对比实验结果，可换算成为BOD_5值。

(4) 测压法

在密闭的培养瓶中，水样中溶解氧被微生物消耗，微生物因呼吸作用产生与耗氧量相当的CO_2，当CO_2被吸收后使密闭系统的压力降低。根据压力测得的压降可求出水样的BOD值。

2.3.3 如何测定污水的COD含量?

化学需氧量(COD)的测定：随着测定水样中还原性物质以及测定方法的不同，其测定值也有不同。目前应用最普遍的是酸性高锰酸钾氧化法与重铬酸钾氧化法。对于污水水样一般采用重铬酸盐法。除此以外还有节能加热法、密封催化消解法、微波消解法等。对于较清洁的地表水可用酸性高锰酸钾氧化法（高锰酸盐指数）来表征。

2.3.4 如何测定水中的氨氮含量?

氨氮是污水和地表水中重要的污染指标之一。氨氮的测定方法通常有纳氏比色法、苯酚-次氯酸盐（或水杨酸-次氯酸盐）比色法和电极法等。纳氏试剂比色法具有操作简便、灵敏等特点，但水中钙、镁和铁等金属离子、硫化物、醛和酮类等会干扰测定，需做相应的预处理；苯酚-次氯酸盐比色法具有灵敏、稳定等优点，干扰情况和消除方法同纳氏试剂比色法；电极法通常不需要对水样进行预处理，具有测量范围宽等优点。氨氮含量较高时，可采用蒸馏-酸滴定法。下面以《纳氏试剂分光光度法》（HJ 535—2009）来说明氨氮的测定方法和步骤。

(1) 纳氏试剂分光光度法原理

碘化汞和碘化钾的碱性溶液与氨反应生成淡红棕色胶态化合物，此颜色在较宽的波长范围内具有强烈吸收。通常测量波长在410～425nm范围内。

(2) 适用范围

本法最低检出浓度为0.025mol/L（光度法），测定上限为2mg/L。采用目视比色法，最低检出浓度为0.02mg/L。水样做适当的预处理后，本法可适用于地表水、地下水、工业废水和生活污水。

(3) 预处理

水样带色或浑浊以及含其他一些干扰物质，影响氨氮的测定。为此，在分析时需做适当的预处理。对较清洁的水，可采用絮凝沉淀法；对污染严重的水或工业废水，则以蒸馏法消除干扰。

(4) 步骤

① 校准曲线的绘制　吸取0.50mL、1.00mL、3.00mL、5.00mL、7.00mL和10.0mL铵标准使用液于50mL比色管中，加水至标线；加1.0mL酒石酸钾钠溶液，混匀；加1.5mL纳氏试剂，混匀；放置10min后，在波长425nm处，用光程20mm比色皿，以水作参比，测量吸光度。由测得得吸光度，减去零浓度空白管的吸光度后，得到校正吸光度，绘制以氨氮含量（mg）对校正吸光度的校准曲线。

② 水样的测定　分取适量经絮凝沉淀预处理后的水样（使氨氮含量不超过0.1mg），加入50mL比色管中，稀释至标线，加1.0mL酒石酸钾钠溶液（经蒸馏预处理过的水样，水样及标准管中均不加此试剂），加1.5mL纳氏试剂，混匀；放置10min后，同校准曲线步骤测量吸光度。

③ 空白试验　以无氨水代替水样，做全程序空白测定。

④ 计算　由水样测得的吸光度减去空白试验的吸光度后，从校准曲线上查得氨氮含量。

2.3.5 如何测定污水的TN含量?

TN常被用来表示水体受营养物质污染的程度。TN有多种测定方法，《碱性过硫酸钾消解紫外分光光度法》（HJ 636—2012）测定步骤如下：

① 取10mL水样（或取适量水样）于25mL比色管中，用无氨水稀释至标线。

② 准确加入5mL碱性过硫酸钾溶液，塞紧磨口塞，摇匀，用纱布及纱绳裹紧管塞，以防迸出。

③ 将比色管置于压力锅中，加热至规定压力后放气使压力表指针回零，再次达到规定温度压力后开始计时，将消解温度控制在120～124℃，使比色管在过热水蒸气中加热30min。

④ 压力锅自然冷却至压力表指针回零后开阀放气，移去外盖，取出比色管，趁热多次摇匀比色管，使气相中的氨气被热的过硫酸钾消解转变为NO_3^-，自然冷却至室温。

⑤ 加入（1+9）盐酸 1mL，用无氨水稀释至 25mL 标线。

⑥ 在已经预先预热 0.5h 以上的紫外分光光度计上，设定为双波长系数法（系数为 2），以无氨水为参比，用 10mm 石英比色皿分别在 220nm 和 275nm 波长处测定吸光度，用校正的吸光度（A220-2A275）绘制校准曲线。

⑦ 按水样的校正吸光度，在校准曲线上查出相应的含氮量，再通过公式进行计算。

2.3.6 如何测定污水的 TKN 含量？

TKN 即凯氏氮，水质监测指标的一项。它包括氨氮和在此条件下能转化为铵盐而被测定的有机氮化合物。此类有机氮化合物主要有蛋白质、氨基酸、肽、胨、核酸、尿素以及合成的氮为负三价形态的有机氮化合物。通常可以简单地理解为水中氨氮和有机氮的总和。

测定步骤为：水中加入硫酸并加热消解，使有机物中的氨基氮转变为硫酸氢铵，游离氨和铵盐也转为硫酸氢铵。消解时加入适量硫酸钾提高沸腾温度，以增加消解速率，并以汞盐为催化剂，以缩短消解时间。消解后液体，使成碱性并蒸馏出氨，吸收于硼酸溶液中。然后以滴定法或光度法测定氨含量。汞盐在消解时形成汞铵络合物，因此，在碱性蒸馏时，应同时加入适量硫代硫酸钠，使络合物分解。具体测定方法可参照《水质 凯氏氮的测定》（GB 11891—1989）。

2.3.7 如何测定污水的 TP 含量？

TP 是水样经消解后将各种形态的磷转变成正磷酸盐后测定的结果，以每升水样含磷毫克数计量。采集的水样立即经 0.45μm 微孔滤膜过滤，其滤液用于可溶性正磷酸盐的测定。滤液经强氧化剂的氧化分解（消解），测得可溶性总磷。消解方法有过硫酸钾消解法、硝酸-硫酸消解法、硝酸高氯酸消解法。消解后的水样用钼酸铵分光光度法（GB 11893—1989）测定。

2.3.8 城镇污水处理厂化学指标的排放标准是多少？

表 2-4 为城镇污水处理厂污染物排放标准（GB 18918—2002）规定的三级排放标准的化学指标。

表 2-4 基本化学指标控制项目最高允许排放浓度（日均值）

单位：mg/L（pH 值除外）

序号	基本控制项目	一级标准		二级标准	三级标准
		A 标准	B 标准		
1	化学需氧量(COD)	50	60	100	120①
2	生化需氧量(BOD_5)	10	20	30	60①
3	pH 值	6～9	6～9	6～9	6～9
4	动植物油	1	3	5	20
5	石油类	1	3	5	15
6	阴离子表面活性剂	0.5	1	2	5
7	总氮(以 N 计)	15	20	—	—

续表

序号	基本控制项目		一级标准		二级标准	三级标准
			A标准	B标准		
8	氨氮(以N计)②		5(8)	8(15)	25(30)	—
9	总磷(以P计)	2005年12月31日前建设的	1	1.5	3	5
		2006年1月1日起建设的	0.5	1	3	5

① 下列情况下按去除率指标执行：当进水COD大于350mg/L时，去除率应大于60%；BOD大于160mg/L时，去除率应大于50%。

② 括号外数值为水温>12℃时的控制指标，括号内数值为水温≤12℃时的控制指标。

2.4 污水生物指标测定

2.4.1 如何测定污水的大肠菌群数?

(1) 稀释

① 以无菌操作将检样25g（mL）放于含有225mL灭菌生理盐水或其他稀释液的灭菌玻璃瓶内或灭菌乳钵内，经充分振摇或研磨做成1∶10的均匀稀释液。

② 用1mL灭菌吸管吸取1∶10稀释液1mL，注入含有9mL灭菌生理盐水或其他稀释液的试管内，振摇试管混匀，做成1∶100的稀释液。

③ 另取1mL灭菌吸管，按上条操作依次做10倍递增稀释液，每递增稀释1次，换用1支1mL灭菌吸管。

④ 根据对检样污染情况的估计，一般选择3个稀释度，每个稀释度接种3管。

⑤ 乳糖发酵试验　将待检样品接种于乳糖胆盐发酵管内，每一稀释度接种3管，置36℃±1℃培养箱内，培养24h±2h，如所有乳糖胆盐发酵管都不产气，则可报告大肠菌群阴性，如有产气者则继续做以下实验。

(2) 分离培养

将产气的发酵管分别转种在伊红美蓝琼脂平板上，置36℃±1℃培养箱内培养18～24h，然后取出，观察菌落形态，并做革兰染色和证实试验。

(3) 证实试验

在上述平板上，挑取可疑大肠菌群菌落1～2个进行革兰染色，同时接种乳糖发酵管，置36℃±1℃培养箱内培养24h±2h，观察产气情况。凡乳糖管产气、革兰染色为阴性的无芽孢杆菌，即可报告为大肠菌群阳性。

(4) 报告

根据证实为大肠菌群阳性的管数，查MPN检索表，报告每100mL（g）大肠菌群的MPN值。

2.4.2 如何测定污水的病毒数?

有很多名词都用来描述病毒溶液的滴度：VP（病毒颗粒）或OPV（光学颗粒单位）；GTU（基因转移单位）或转导颗粒（BFU即蓝点形成单位，与GTU类似）；PFU（空斑形成单位）；TCID50（50%组织培养感染剂量）。

不同的概念缘于不同的滴度测定方法，这些方法包括 2 类：物理方法（VP）和生物学方法（GTU、PFU、TCID50）。

① 测定 VP 的方法是测定病毒颗粒在 260nm 处的吸光度（病毒 DNA 和蛋白的总吸光度中主要为 DNA），1 个 OD 值相当于 1.1×10^{12} 个病毒颗粒。用这种方法进行测定在各个实验室中都较为稳定，但它不能区分感染性和缺陷性病毒颗粒。因此这种方法只能提供病毒的量，至于质，比如是否含有缺陷性颗粒则没有考虑在内。

② GTU 则测定感染后能表达报告基因的细胞数量。这个过程中，病毒将 DNA 转入细胞，在一个感染周期结束前立即测定表达报告基因的细胞。如果重组腺病毒含有报告基因如 GFP 或 LacZ 等则可以用这种方法进行测定，病毒保存液通常不用这种方法来进行描述。

③ PFU 是测定腺病毒滴度最早的标准方法，主要测定单层细胞培养中病毒裂解空斑的形成。空斑形成需要许多个感染周期，得到最终结果通常需要三个星期。一般来说，这种方法得到的结果很少能在其他实验室重复，即使在同一实验室内，不同技术员操作也很少能得到相同的结果。

④ TCID50 已被用于测定许多种病毒的滴度，但以前并不用于腺病毒。病毒稀释液与细胞在 96 孔板进行培养，然后监测每孔是否 CPE。TCID50 方法相对 PFU 方法而言有几个优点，如速度是 PFU 的 2 倍，结果更具预料性，在不同操作个体间也更稳定。

所有生物学方法所得到的结果在不同实验室之间往往有所差异，它主要与病毒感染方法有关。许多因素如加入的病毒储存液的量、管子的类型、培养的时间、细胞和培养液的量等都会影响结果。

2.4.3 如何测定污水的菌落总数?

菌落总数计数的研究已有很多，目前国标规定的方法为平板计数法，其检验方法是：在玻璃平皿内，接种 1mL 水样或稀释水样于加热液化的培养基中，冷却凝固后在 37℃培养 24h，培养基上的菌落数或乘以水样的稀释倍数即为菌落总数。有的国家把培养温度定为 35℃或其他温度，也有把培养时间定为 48h 的。这种方法精度高，但耗时长，难以满足实际工作需要。为了简化检测程序、缩短检测时间，国内外学者进行了大量的快速检测方法的研究，提出了阻抗检测法、Simplate TM 全平器计数法、微菌落技术、纸片法等检测方法，取得了一定的成果，但检测时间仍在 4h 以上。

2.4.4 城镇污水处理厂生物指标排放标准是多少?

表 2-5 为城镇污水处理厂污染物排放标准（GB 18918—2002）规定的三级排放标准的生物指标。

表 2-5 基本生物控制项目最高允许排放浓度（日均值）

基本控制项目	一级标准		二级标准	三级标准
	A 标准	B 标准		
粪大肠菌群数/(个/L)	10^3	10^4	10^4	—

3.1 格栅与筛网

3.1.1 格栅去除污物的原理是什么?

格栅通常由一组或多组平行金属栅条制成的框架组成，倾斜或直立地设置在进水渠道中，污水从间隙中流过，固体颗粒被截留。格栅在污水处理前部工序中，拦截、清除各种固体颗粒物、漂浮物等，使后续处理工序得以顺利进行。格栅是市政污水、工业污水，如纺织、造纸等处理过程中拦污、除渣的关键设备。

3.1.2 格栅是如何分类的?

(1) 按栅条形式分类

按栅条形式分为直棒式栅条格栅、弧形格栅、转筒式格栅和活动栅条格栅。直棒式栅条格栅外观为普通的直条形，布局简洁，运行可靠，易安装维护，应用范围较为广泛。弧形格栅主要由驱动装置、栅条组、传动轴、耙板、旋转耙臂、副耙装置等部件组成。其结构紧凑，占地少，土建费用低，自动控制，运行平稳，可靠，噪声低。工作时，齿耙缓慢地绕着安装在弧形格栅曲率中心处的水平轴转动，去除格栅条上被拦截的污物。转筒式格栅由栅齿、栅齿轴、链板等组成栅网，以替代传统格栅的栅条。栅网在机架内做回转运动，从而将污水中的悬浮物拦截并不断分离水中的悬浮物，因而工作效率高、运行平稳、格栅前后水位差小，并且不易堵塞。栅网中的栅齿可用工程塑料或不锈钢两种材料制造，栅齿轴和链板等由不锈钢制造，大大提高了格栅整体的耐腐蚀性能，较小间隙的格栅一般宜用不锈钢栅齿。活动栅条格栅由固定栅条和活动栅条间隔组合，定栅条固定在机架上，并将拦截在固定栅条的污物由下至上逐级提升到格栅顶部的排渣口卸料，便于栅条的组合和更换。

(2) 按栅条间距分类

按栅条间距分为粗格栅（间距为 40～100mm）、中格栅（间距为 10～40mm）、细格栅（间距为 3～10mm）。

(3) 按栅渣清除方式分类

根据格栅上截留物的清除方法不同，可将格栅分为人工清除格栅和机械清除格栅。

人工清除格栅只适用于处理水量不大或所截留的污染物量较少的场合。此类格栅用直钢条制成，与水平面成 45°～60°倾角放置。栅条间距视污水中固体颗粒大小而定，污水从间隙中流过，固体颗粒被截留，然后用人工定期清除。

3.1.3 格栅的作用是什么?

格栅的作用是去除污水中较大的漂浮物和悬浮物，以保证泵、管道以及其他污水设施的正常运行。

3.1.4 筛网的作用和分类是什么?

筛网的作用是截留、去除污水中的纤维、纸浆等较细小的漂浮物和悬浮物。

筛网的规格常以单位长度的孔数（目数）表示，也有用每个孔的宽度来表示的。我国的国家标准以每厘米的孔数表示，如 20 孔/cm。筛网按所用原料分为蚕丝筛网、金属丝筛网和合成纤维筛网三类。也可以按孔的形状分类，孔型主要有圆孔、长圆孔、方孔、三角孔、凸孔（鱼鳞孔）、菱形孔、六角孔、十字孔、梅花孔，树叶孔等。用污水处理的筛网一般用薄铁皮钻孔制成，或用金属丝编制而成，孔眼直径为 0.5～1.0mm。筛网的型式有很多种，如转鼓式筛网、水力驱动转鼓式筛网等。

3.1.5 水力筛网的构成是怎样的?

水力筛网是一种构造较为简单，较为古老的液固分离装置。水力筛网处理效果好，运行稳定，适用场合广，尤其在处理废水中含有细小纤维状物质时特别适用，如造纸行业的废液回收、化纤和纺织企业的纤维回收等。

固定式水力筛网主体为由楔形钢棒经精密制成的不锈钢弧形或平面过滤筛面，待处理废水通过溢流堰均匀分布到倾斜筛面上，筛网表面间隙小、平滑，背面间隙大，排水顺畅，不易阻塞。颗粒或纤维等物质被截留，过滤后的水从筛板缝隙中流出，同时在水力作用下，被截留的固态物质被推到筛网下端排出，从而达到固液分离目的。

水力回转筛是由运动筛和固定筛组成。运动筛水平放置，呈截顶圆锥形。进水端在运动筛小端，废水在从小端到大端流动过程中，纤维等杂质被筛网截留，并在动筛旋转力的作用下，沿倾斜面被推送到固定筛以进一步脱水。

水力回转筛中运动筛的动力来自进水水流的冲击力和重力作用。因此水力回转筛的进水要保持一定压力。

3.1.6 水力筛网的特点是什么?

水力筛网主要用于去除或有效地降低水中悬浮物浓度，减轻后续工序的处理负荷，同时也用于工业生产中进行固液分离和回收有用物质，是一种物美价廉的过滤或回收悬浮物、漂浮物、沉淀物等固态或胶体物质的无动力设备。水力筛网主要特点：

① 重力流工作，无能耗；

② 单机处理水量大；

③ 不易阻塞，清洗方便；

④ 整机材质采用不锈钢制造，机械强度高、寿命长。

3.1.7 转鼓式筛网格栅的构成是什么?

转鼓式格栅除污机由旋转楔形转筒、压榨动转螺杆和压榨脱水装置组成。栅渣螺旋输送装置和压榨脱水装置安装在滤栅中央。旋转楔形转筒多由楔形不锈钢条制作的孔径相等的筒状筛鼓构成。转鼓筛网格栅构成如图 3-1 所示。

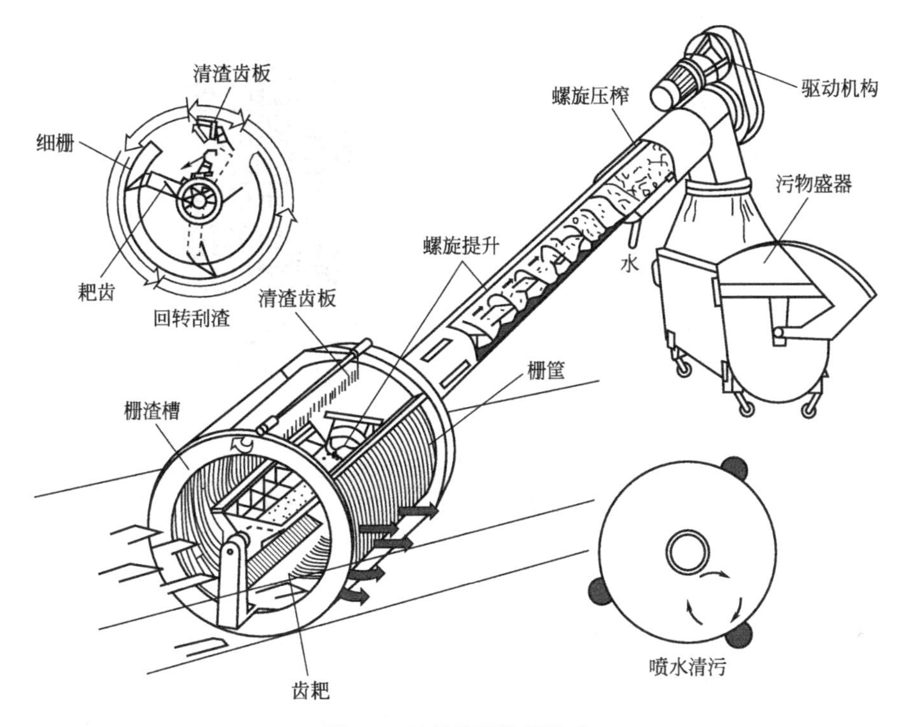

图 3-1　转鼓筛网格栅构成

转鼓式格栅除污机一般与水平面呈 35°安装在进水渠道中，污水从转鼓的端头流入转鼓中，水通过转鼓侧面的栅缝流出，格栅将水中的悬浮物、漂浮物等留在转鼓中。

运行时带有耙齿的回转刮渣板在做圆周运动时清理格栅缝隙，耙齿伸入栅网中，将固体取出，当转至最高点时，通过安装在转筒上部的高压冲洗装置，将栅渣强力喷射，在挡渣板的作用下，将垃圾从耙齿上清除下来，并将滤渣喷入位于栅筐中央的螺旋传输装置，被传输出栅筒。在传输的同时，栅渣被进一步脱水直至排出格栅出口。栅渣的传输、压榨是在全密封状态下完成的。

转鼓式格栅除污机的工作方式分为人工手动操作和自动操作 2 种。自动工作方式多依据进水液位的高低进行启停工作。

3.1.8 旋转式格栅原理与特点是什么?

旋转式格栅工作时，机架下端格栅浸没于进水渠，拦截污水中的细小漂浮夹杂物，旋转耙齿链排在驱动机构的带动下，沿机体导轨上行并绕机体回转运行，携带被截存在耙齿上的夹杂物脱离水面。当耙齿链转过格栅顶部时，耙齿翻下，杂物在自重与卸料机构的共同作用下，将黏附在耙齿上的杂物去除，从而达到固液分离的目的。旋转式格栅安装示意如图 3-2 所示。

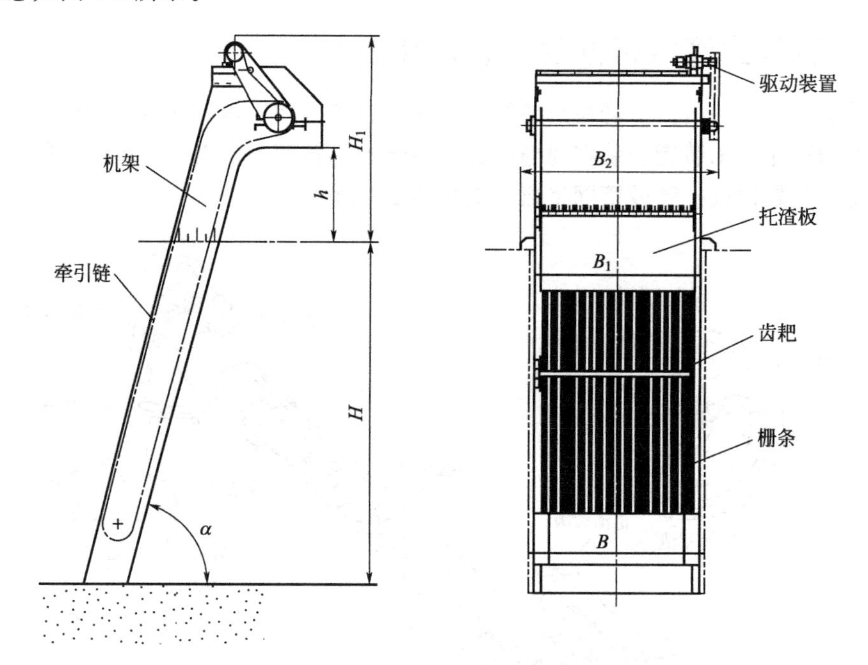

图 3-2　旋转式格栅安装示意

H—渠道深度；H_1—设备高出地面高度；h—格栅净空高度；α—安装角度；B—渠道宽度；B_1—格栅宽度；B_2—格栅上部总宽度

旋转式格栅特点：

① 结构先进，刚性好，安装维护简单方便，可连续运行。

② 采用电气和机械双重过载保护。

③ 耙齿材料可选用不锈钢、尼龙或 ABS 工程塑料等，耐腐蚀，使用寿命长。

④ 独特设计的转刷卸料装置，排渣干净，自清洁能力强。

3.1.9　破碎机的作用是什么?

在污水处理行业，破碎机可用于水中漂浮物和悬浮物的破碎、栅渣的破碎，以避免污水泵的堵塞和损坏。破碎机用于污泥的大量细碎，可提高消化车间的处理效率。

3.1.10　螺旋压榨机的作用是什么?

螺旋压榨机为格栅机配套设备，作用是把格栅机捞取的污物通过压榨以减少其水分和体积，便于运输、焚烧或其他后续处理。

3.1.11　螺旋压榨机的工作原理是什么?

螺旋压榨机由挤压螺旋、螺旋管、传动部件、进料斗及卸料斗等组成。污物由进料斗进入螺旋管，在挤压螺旋的作用下，压缩、脱水后输送至出渣口。

3.1.12 格栅的工艺设计参数有哪些?

格栅的设计参数主要有格栅栅条间隙宽度、过栅流速、格栅的安装角度等。

(1) 格栅栅条间隙宽度

① 粗格栅　机械清除时宜为 16～25mm，人工清除时宜为 25～40mm。特殊情况下，最大间隙可为 100mm；

② 细格栅　宜为 1.5～10mm。

(2) 过栅流速

过栅流速 v 为 0.6～1.0m/s。

(3) 格栅的安装角度 α

机械清除格栅的安装角度宜为 60°～90°。人工清除格栅的安装角度宜为 30°～60°。

格栅计算图如图 3-3 所示。

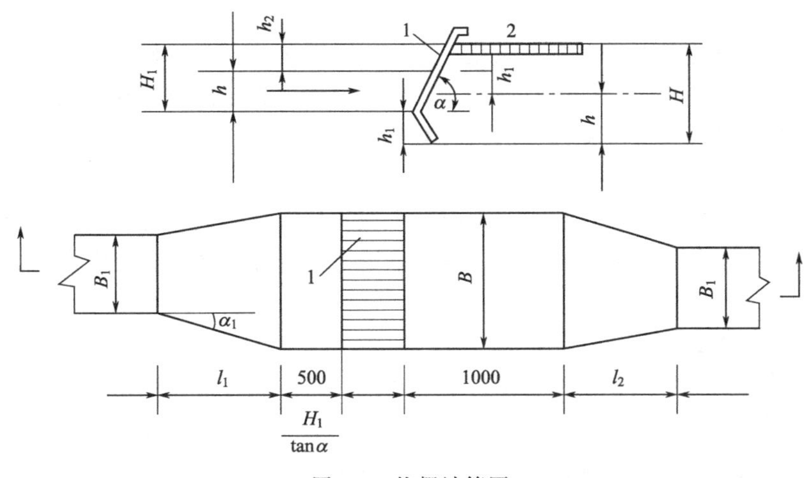

图 3-3　格栅计算图

1—栅条；2—工作平台

3.1.13 如何进行格栅的维护?

① 为使水流通过格栅时，水流横断面积不减少，应及时清除格栅上截留的污物。

② 为了防止栅前产生壅水现象，把格栅后渠底降低一定高度，应不小于 h_1。h_1 为水流通过格栅的水头损失。

③ 间歇式操作的机械格栅，其运行方式可用定时控制操作，或按格栅前后渠道的水位差的随动装置来控制格栅。有时也采用上述两种方式结合的运行方式。

3.1.14 如何进行螺旋压榨机的维护?

① 如较长时间不使用，必须将机体内的残渣全部清理干净，易锈部件涂油脂保护；并置于通风干燥处。

② 柱塞油泵内的液面应保持浸过油泵体，以防止空气进入液压系统内。

③ 液压系统的油液应保持清洁，加油或换油时应将泵壳内清洗干净，油液应用 120 目滤网过滤。

④ 传动系统各轴承应定期注入润滑脂，齿轮箱应定期注入润滑油，主轴尾端转动部分可通过油杯加润滑脂润滑。

⑤ 液压系统油温不能超过 60℃。传动系统中各轴承温升不得超过 40℃。

3.1.15 输送机的形式与分类有哪几种?

输送机一般按有无牵引件来进行分类。

(1) 牵引输送机

具有牵引件的输送机一般包括牵引件、承载构件、驱动装置、张紧装置、改向装置和支承件等。牵引件用以传递牵引力，可采用输送带、牵引链或钢丝绳；承载构件用以承放物料，有料斗、托架或吊具等；驱动装置给输送机以动力，一般由电动机、减速器和制动器等组成；张紧装置一般有螺杆式和重锤式 2 种，可使牵引件保持一定的张力和垂度，以保证输送机正常运转；支承件用以承托牵引件或承载构件，可采用托辊、滚轮等。

具有牵引件的输送机的结构特点是：被运送物料装在与牵引件连接在一起的承载构件内，或直接装在牵引件（如输送带）上，牵引件绕过各滚筒或链轮首尾相连，形成包括运送物料的有载分支和不运送物料的无载分支的闭合环路，利用牵引件的连续运动输送物料。

牵引输送机种类繁多，结构较为复杂，但应用广泛。带式输送机、板式输送机、小车式输送机、自动扶梯、刮板输送机、斗式输送机、悬挂输送机和架空索道等均属于牵引输送机。

(2) 无牵引输送机

无牵引输送机一般是指没有牵引件的输送机，其构成各不相同，用来输送物料的工作构件亦不同。它们的结构特点是：利用工作构件的旋转运动或往复运动，或利用介质在管道中的流动使物料向前输送。如：辊子输送机的工作构件为一系列辊子，辊子作旋转运动以输送物料；螺旋输送机的工作构件为螺旋，螺旋在料槽中作旋转运动以沿料槽推送物料；振动输送机的工作构件为料槽，料槽作往复运动以输送物料等。

3.1.16 带式输送机的构成是什么?

带式输送机属于牵引类输送机，结构较为复杂，运行管理要求高。带式输送机是一种靠摩擦驱动以连续方式运输物料的机械。带式输送机的作用：

① 在一定的输送线上，将物料从最初的供料点输送到最终的用料点；

② 既可以输送碎散物料，也可输送成件物品。除进行纯粹的物料输送外，还可以与各工业企业生产流程中的工艺过程的要求相配合，形成有节奏的流水作业运输线。

带式输送机广泛应用于现代化的各种工业企业中。如在矿山的井下巷道、矿井地面运输系统、露天采矿场及选矿厂中，广泛应用带式输送机。

通用带式输送机由输送带、托辊、滚筒及驱动、制动、张紧、改向、装载、卸载、清扫等装置组成。带式输送机构成示意如图 3-4 所示。

① 输送带　常用的有橡胶带和塑料带 2 种。橡胶带适用工作环境温度为－15～40℃。物料温度不超过 50℃。向上输送散粒料的倾角为 12°～24°。对于大倾角输送可用花纹橡胶带。塑料带具有耐油、酸、碱等优点，但对于气候的适应性差，易打滑和老

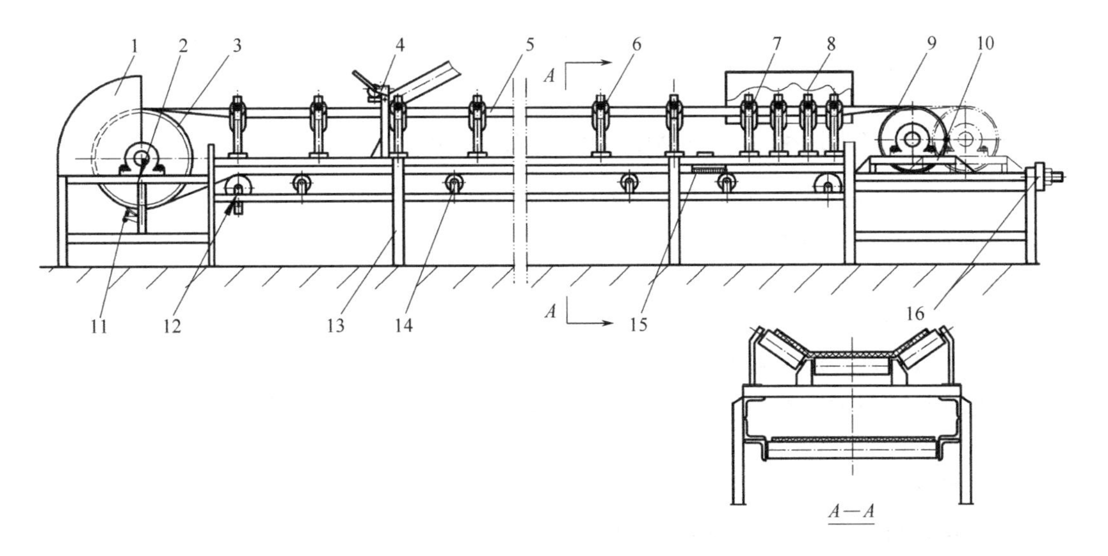

图 3-4 带式输送机构成示意

1—头罩；2—头架；3—传动滚筒；4—卸料装置；5—输送带；6—上轧辊；7—缓冲轧辊；8—导料箱；9—改向滚筒；10—尾架；11—清扫器；12—改向滚筒；13—中间支架；14—下轧辊；15—空段清扫器；16—带拉紧装置

化。带宽是带式输送机的主要技术参数。

② 托辊 有槽形托辊、平形托辊、调心托辊、缓冲托辊。槽形托辊（由 2～5 个辊子组成）支承承载分支，用以输送散粒物料；调心托辊用以调整带的横向位置，避免跑偏；缓冲托辊装在受料处，以减小物料对带的冲击。

③ 滚筒 分驱动滚筒和改向滚筒。驱动滚筒是传递动力的主要部件，分单滚筒（胶带对滚筒的包角为 210°～230°）、双滚筒（包角达 350°）和多滚筒（用于大功率）等。

④ 张紧装置 其作用是使输送带达到必要的张力，以免在驱动滚筒上打滑，并使输送带在托辊间的挠度保证在规定范围内。

带式输送机的主要作用：

① 运行可靠 在许多需要连续运行的重要生产单位，如发电厂煤的输送，钢铁厂和水泥厂散状物料的输送，以及港口内船舶装卸等均采用带式输送机，此类工作场合要求不得停机，必要时，需要一班接一班地连续工作。

② 动力消耗低 由于物料与输送带几乎无相对移动，不仅使运行阻力小，而且对货载的磨损和破碎均小，生产率高，从而有利于降低生产成本。

③ 输送线路和安装位置适应性强且灵活 线路长度根据需要而定，短则几米，长可达数千米以上；可以安装在小型隧道内，也可以架设在地面交通混乱和危险地区的上空。

④ 灵活的给料、受料和卸料方式 根据工艺流程的要求，带式输送机能非常灵活地从一点或多点受料，也可以向多点或几个区段卸料。当同时在几个点向输送带上加料（如选煤厂煤仓下的输送机）或沿带式输送机长度方向上的任一点通过均匀给料设备向输送带给料时，带式输送机就成为一条主要输送干线。

带式输送机在污水处理中主要用于脱水后污泥的输送，根据不同场合，分为水平式和斜向式输送方式；水平式输送机既可以接收脱水机脱水后的污泥，又同时起到输送作用；斜向式输送机多是用于直接输送。

3.1.17 螺旋输送机的构成与原理是什么？

螺旋输送机可以分为有轴螺旋输送机和无轴螺旋输送机。从输送物料位移方向划分，螺旋输送机可分为水平式螺旋输送机和垂直式螺旋输送机 2 种类型。螺旋输送机可用于颗粒或粉状物料的水平输送、倾斜输送、垂直输送等形式。

(1) 输送原理

旋转的螺旋叶片将物料推移而进行螺旋推移输送，其推动力是物料自身重量和螺旋输送机机壳对物料的摩擦阻力，此力使物料不与螺旋输送机叶片一起旋转，从而保证物料的输送。

(2) 结构特点

螺旋输送机一般由输送机本体、进出料口及驱动装置 3 部分组成。螺旋叶片有实体螺旋面、带式螺旋面和叶片螺旋面 3 种形式。螺旋轴的前端和后端分别由止推轴承和径向轴承所支承。止推轴承一般均采用圆锥滚子轴承，用以承受螺旋轴输送物料时的轴向力，当螺旋输送机的长度超过 3～4m 时，除在两端设轴承外，宜在中间安装悬挂轴承(亦称吊轴承)，以承受螺旋轴的一部分重力和旋转时所产生的力。悬挂轴承不能装得太密，因为螺旋叶片在悬挂轴承处要中断，这样将造成物料在此处堆积，增加旋转推送物料的阻力。

双螺旋输送机就是有 2 根分别焊有旋转叶片的旋转轴的螺旋输送机。实际上，就是把 2 个螺旋输送机有机地结合在一起，组成一台螺旋输送机。

3.1.18 无轴螺旋输送机的特点是什么？

无轴螺旋输送机主要由无轴螺旋、U 形螺旋槽、盖板、衬板、进料口、出料口、排放口和驱动装置组成。物料由进料口输入，经无轴螺旋推动后，由出料口输出。无轴螺旋输送机构成示意如图 3-5 所示。

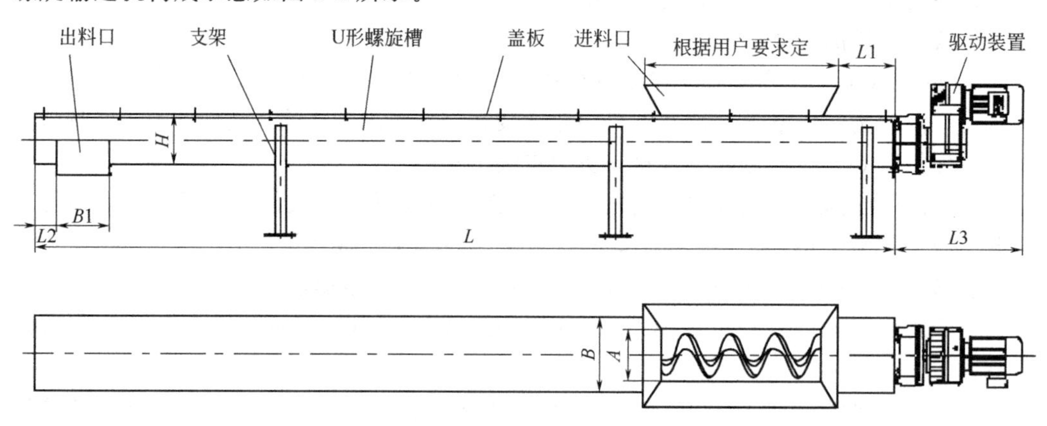

图 3-5　无轴螺旋输送机构成示意

无轴螺旋输送机的特点：

① 驱动装置置于螺旋输送机一端，多采用电机减速机和螺旋驱动轴直连形式，无需联轴器，拆卸、维修方便，驱动轴能承受弯矩和轴向挤压力同时作用的负荷。

② 无轴螺旋输送机的螺旋叶片一般采用不锈钢材料制作，要求具有足够的强度和刚度并且叶片表面光洁、无毛刺，同时又具有合适的旋转速度，有效保证在输送栅渣的过程中不会发生污物缠绕、阻塞现象，在输送量较大的情况下螺旋叶片也不会变形。

③ 螺旋输送槽采用U形或O形结构，螺旋输送槽内耐磨衬里设置成半圆状，其圆弧设置成与无轴螺旋体半径相吻合，以减少过量间隙，提高输送效果；耐磨衬里采用耐磨性能高的尼龙材料制作，便于安装及更换，使用寿命长；螺旋输送槽也可以采用不锈钢板卷制而成。

④ 无轴螺旋输送机没有高速运转的零件，螺旋磨损低，设备能耗省、噪声低。

⑤ 无轴螺旋输送机结构形式能保证所处理的物料流通，无堵塞。

⑥ 无轴螺旋输送机安装方便、操作简单，运行管理方便。

3.2 沉淀

3.2.1 沉淀的基本理论是什么?

沉淀是利用水中悬浮颗粒与水的密度差进行分离的基本方法。当悬浮物的密度大于水时，在重力作用下，悬浮物下沉形成沉淀物。沉淀法可以去除水中的砂粒、化学沉淀物、混凝处理所形成的絮体和生物处理的污泥，也可用于沉淀污泥的浓缩。

3.2.2 沉淀有哪几种类型?

根据水中悬浮物的密度、浓度及凝聚性，沉淀可分为4种基本类型。

(1) 自由沉淀

颗粒在沉淀过程中呈离散状态，互不干扰，其形状、尺寸、密度等均不改变，下沉速度恒定。悬浮物浓度不高且无絮凝性时常发生这类沉淀。

(2) 絮凝沉淀

当水中悬浮物浓度不高，但有絮凝性时，在沉淀过程中，颗粒互相凝聚，其粒径和质量增大，沉淀速度加快。

(3) 成层沉淀

当悬浮物浓度较高时，每个颗粒下沉都受到周围其他颗粒的干扰，颗粒互相牵扯形成网状的“絮毯”整体下沉，在颗粒群与澄清水层之间存在明显的界面。沉淀速度就是界面下移的速度。

(4) 压缩沉淀

当悬浮物浓度很高，颗粒互相接触，互相支承时，在上层颗粒的重力作用下，下层颗粒间的水被挤出，污泥层被压缩。

3.2.3 自由沉淀与絮凝沉淀的理论基础是什么?

(1) 自由沉淀

水中的悬浮颗粒，都因两种力的作用而发生运动：悬浮颗粒受到的重力，水对悬浮颗粒的浮力。重力大于浮力时，下沉；两力相等时，相对静止；重力小于浮力时，上浮。为分析简便起见，假定：

① 颗粒为球形；

② 沉淀过程中颗粒的大小、形状、重量等不变；

③ 颗粒只在重力作用下沉淀，不受器壁和其他颗粒影响。

静水中悬浮颗粒开始沉淀时，因受重力作用产生加速运动，经过很短的时间后，颗粒的重力与水对其产生的阻力平衡时（即颗粒在静水中所受到的重力 F_g 与水对颗粒产生的阻力 F_d 相平衡），颗粒即呈等速下沉。

当颗粒粒径较小、沉速小、颗粒沉降过程中其周围的绕流速度也小时，颗粒主要受水的黏滞阻力作用，惯性力可以忽略不计，颗粒运动是处于层流状态。颗粒的沉速见式(3-1)。

$$u=\frac{g(\rho_s-\rho)}{18\mu}d^2 \tag{3-1}$$

式中，μ 为水的黏度。这就是 Stokes 公式，该式表明：

① 颗粒与水的密度差（$\rho_s-\rho$）越大，沉速越快，成正比关系。当 $\rho_s>\rho$ 时，$u>0$，颗粒下沉；当 $\rho_s<\rho$ 时，$u<0$，颗粒上浮；当 $\rho_s=\rho$ 时，$u=0$，颗粒既不下沉又不上浮；

② 颗粒直径越大，沉速越快，成平方关系。一般地，沉淀只能去除 $d>20\mu m$ 的颗粒。通过混凝处理可以增大颗粒粒径；

③ 水的黏度 μ 越小，沉速越快，成反比关系。因黏度与水温成反比，故提高水温有利于加速沉淀。

在实际应用中，由于悬浮颗粒在形状、大小以及密度等有很大差异，因此不能直接用公式进行工艺设计，但公式有助于理解沉淀的规律。

(2) 絮凝沉淀

由于原水中含絮凝性悬浮物（如投加混凝剂后形成的矾花、活性污泥等），在沉淀过程中大颗粒将会赶上小颗粒，互相碰撞凝聚，形成更大的絮凝体，因此沉速将随深度而增加。悬浮物浓度越高，碰撞概率越大，絮凝的可能性就越大。

絮凝沉淀的效率通常由试验确定。在直径约 0.1m，高约 1.5～2.0m，且沿高度方向设有约 5 个取样品的沉淀管中倒入浓度均匀的原水静置沉淀，每隔一定时间，分别从各个取样口采样，测定水样的悬浮物浓度，计算表观去除率；作出每一沉淀时间 t 的表观去除率 E 与取样口水深 h 的关系曲线或每一取样口的 E-t 关系曲线；选取一组表观去除率，如 10%、20%、30%…对每一去除率值，从图中读出对应的 t_1、t_2、t_3…据此在水深-时间坐标图中点绘出等去除率曲线。

对指定的沉淀时间和沉淀高度，沉淀效率 η 可用式（3-2）或式（3-3）计算。

$$\eta=\frac{\Delta h_1}{h_5}\times\frac{E_1+E_2}{2}+\frac{\Delta h_2}{h_5}\times\frac{E_2+E_3}{2}+\frac{\Delta h_3}{h_5}\times\frac{E_3+E_4}{2}+\frac{\Delta h_4}{h_5}\times\frac{E_4+E_5}{2} \tag{3-2}$$

或 $$\eta=\frac{h_1}{h_5}(E_1-E_2)+\frac{h_2}{h_5}(E_2-E_3)+\frac{h_3}{h_5}(E_3-E_4)+\frac{h_4}{h_5}(E_4-E_5)+E_5 \tag{3-3}$$

式中，h_5 为所选定的沉淀高度。

从选定的沉淀时间处作垂直线，与等去除率线相交时，相邻两等去除率线间的距离为 Δh_i，平均沉淀深度为 $\overline{h}_i$。

3.2.4 沉淀池原理是什么?

为便于说明沉淀池的工作原理以及分析水中悬浮颗粒在沉淀池内运动规律，Haen和Camp提出了理想沉淀池这一概念。理想沉淀池划分为四个区，即进口区、沉淀区、出口区及污泥区，并做下述假定：

① 沉淀区过水断面上各点的水流速度均相同，水平流速为 v；

② 悬浮颗粒在沉淀区等速下沉，下沉速度为 u；

③ 在沉淀池的进口区，水流中的悬浮颗粒均匀分布在整个过水断面上；

④ 颗粒一经沉到池底，即认为已被去除。

根据上述的假定，悬浮颗粒理想沉淀池的沉淀过程可用图 3-6 表示。

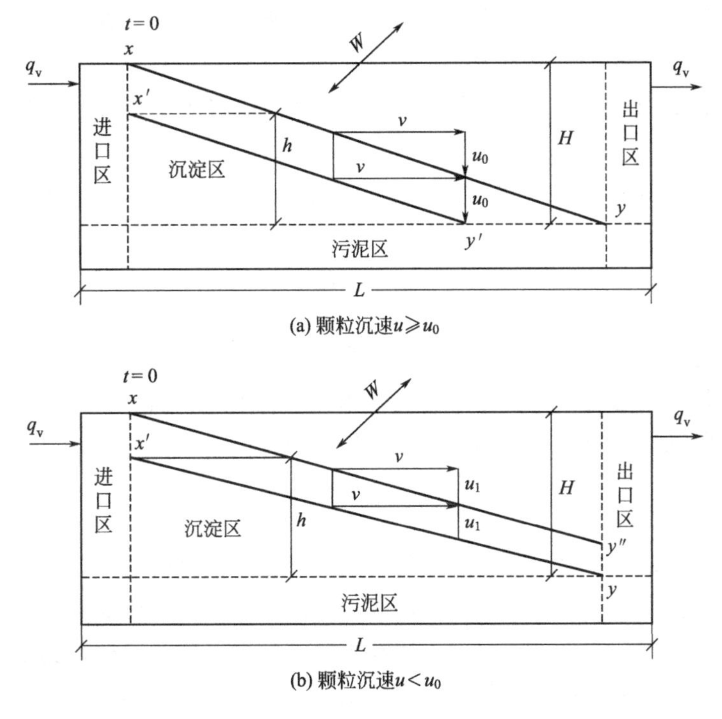

图 3-6 理想沉淀池的沉淀过程

当某一颗粒进入沉淀池后，一方面随着水流在水平方向流动，其水平流速 v 等于水流速度。

另一方面，颗粒在重力作用下沿垂直方向下沉，其沉速即是颗粒的自由沉降速度 u_0。颗粒运动的轨迹为其水平分速 v 和沉速 u 的矢量和。在沉淀过程中，q_v/A 为反映沉淀池效力的参数，一般称为沉淀池的表面负荷率，或称沉淀池的过流率，用符号 q 表示，见式(3-4) 和式(3-5)。

$$u_0=q_v/A \tag{3-4}$$

$$q=q_v/A \tag{3-5}$$

可以看出，理想沉淀池中，u_0 与 q 在数值上相同，但它们的物理概念不同：u_0 的单位是 m/h；q 表示单位面积的沉淀池在单位时间内通过的流量，单位是 $m^3/(m^2 \cdot h)$。可见，只要确定颗粒的最小沉速 u_0，就可以求得理想沉淀池的过流率或表面负荷率。

此外，上式还表明，理想沉淀池的沉淀效率与池的水面面积 A 有关，与池深 H 无关，也与池体积 V 无关。

3.2.5 实际沉淀池与理想沉淀池的区别是什么?

实际运行的沉淀池与理想沉淀池是有区别的，主要是由于池进口及出口构造的局限，使水流在整个横断面上分布不均匀，横向速度分布不匀比竖向速度分布不匀更降低沉淀效率。存在着紊流、短流、偏流、回流等各种有害流态，悬浮物的沉降是属不同程度的非理想沉淀。一些沉淀池还存在死水区，由于水温变化及悬浮物浓度的变化，进入的水可能在池内形成股流。如当进水温度比池内低，进水密度比池内大，则形成潜流；相反，则出现浮流。潜流和浮流都使池内容积未能被充分利用。此外，池内水流往往达不到层流状态，由于紊流扩散与脉动，使颗粒的沉淀受到干扰。

衡量水流状态常常采用雷诺数（Re）、弗劳德数（F_r）及容积利用系数这几种指标。

雷诺数是水流紊乱状态的指标，控制雷诺数在500以下，水流处于层流状态。雷诺数的计算见式（3-6）。

$$Re=\frac{\mu R}{v} \tag{3-6}$$

式中，R 为水力半径，μ 为水的运动黏滞系数。

弗劳德数是水流稳定性的指标，它表示水流动能与重力能的比值。增大弗劳德数，可以克服密度股流的影响。弗劳德数的计算见式(3-7)。

$$F_r=\frac{v^2}{gR} \tag{3-7}$$

容积利用系数是水在池内的实际停留时间与理论停留时间的比值。如有股流或偏流存在，或者池内存在死水区，实际的池内停留时间将大大小于用池容积和流量相除所得的理论停留时间。实际池内停留时间可用在进口处脉冲投加示踪剂，测定出口的响应曲线的方法求得。容积利用系数可作为考察沉淀池设计及运行好坏的指标。

由于实际沉淀池受各种因素的影响，采用沉淀试验数据时，应考虑相应的放大系数。设计的表面负荷应为试验值的1/1.25～1/1.7倍，平均为1/1.5倍；沉淀时间应为试验值的1.5～2.0倍，平均为1.75倍。

3.2.6 沉淀池是如何分类的?

按池内水流方向分类：平流式沉淀池、竖流式沉淀池、辐流式沉淀池、斜板（管）式沉淀池。

按沉淀池的用途和工艺布置不同分类：初次沉淀池、二次沉淀池、污泥浓缩池。

按工作方式分类：间歇式沉淀池和连续式沉淀池。

3.2.7 辐流式沉淀池的原理是什么?

辐流式沉淀池一般为直径较大（20～30m）的圆池，最大直径达100m。中心深度为 2.5～5.0m，周边深度为 1.5～3.0m。污水从池中心进入，由于直径比深度大得多，水流呈辐射状向四周周边流动，沉淀后污水往四周集水槽排出。由于是辐射状流动，水流过水断面逐渐增大，水流速度逐步减小。池中心处设中心管，污水从池底进入中心管，或用明槽自池的上部进入中心管，在中心管的周围常有穿孔障板围成的流入区，使污水能沿圆周方向均匀分布。为阻挡漂浮物质，出水槽堰口前端宜加设挡板及浮渣收集与排出装置。

辐流式沉淀池大多采用机械刮泥（尤其在池直径大于 20m 时，几乎都用机械刮泥），将全池的沉积污泥收集到中心泥斗，再借静压力或污泥泵排除。刮泥机一般是一种桁架结构，绕中心旋转，刮泥刀安装在桁架上，可中心驱动或周边驱动。此时，池底坡度为 0.05，坡向中心泥斗，中心泥斗的坡度为 0.12～0.16。除了常用的中心进水、周边出水的辐流池（见图 3-7）外，还有周边进水、中心出水的辐流池（见图 3-8）和外周边进水、内周边出水的辐流池（见图 3-9）。

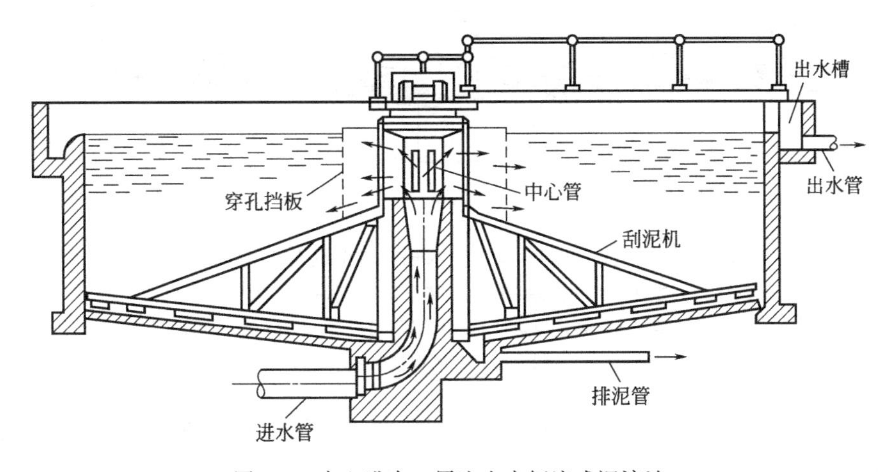

图 3-7　中心进水、周边出水辐流式沉淀池

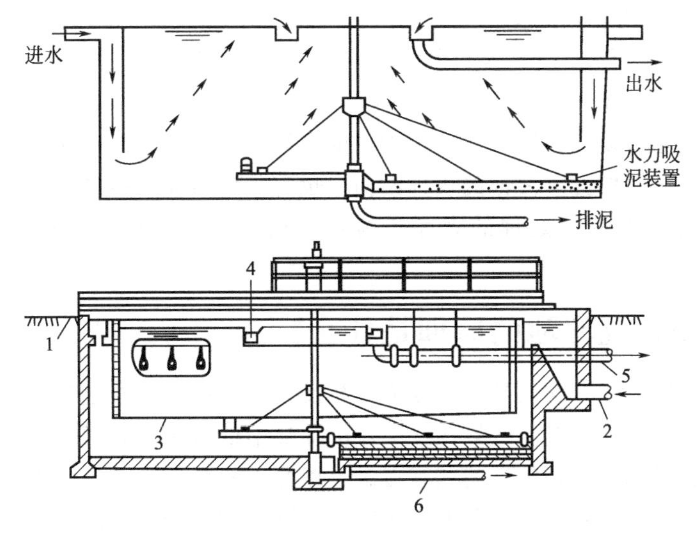

图 3-8　周边进水、中心出水辐流式沉淀池

1—进水槽；2—进水管；3—挡板；4—出水槽；5—出水管；6—排泥管

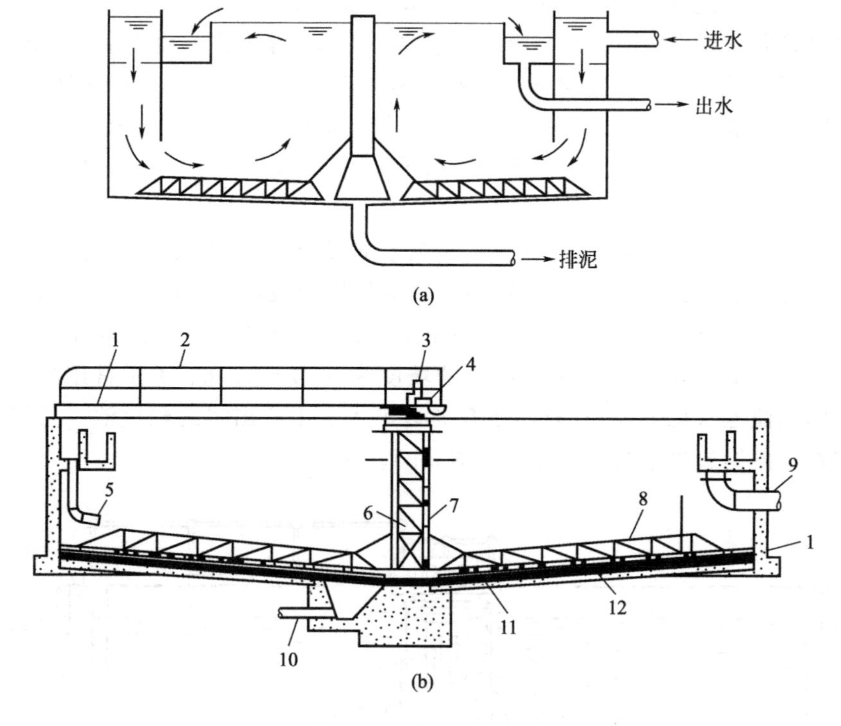

图 3-9　外周边进水、内周边出水辐流式沉淀池（型式Ⅰ和Ⅱ）

1—过桥；2—栏杆；3—传动装置；4—转盘；5—进水下降管；6—中心支架；7—传动器罩；8—架式耙架；9—出水管；10—排泥管；11—刮泥板；12—可调节的橡皮刮板

除了机械刮泥的辐流式沉淀池外，也可以将辐流沉淀池建成方形，污水沿中心管流入，池底设多个泥斗，使污泥自动滑进泥斗，形成斗式排泥。这种情况大多用于直径小于 20m 的小型池。

辐流式沉淀池的有效水深一般不大于 4m，池直径（或正方形的一边）与有效水深之比不小于 6，一般为 6～10。采用机械刮泥时，沉淀池的缓冲层上缘应高出刮泥板 0.3m，刮泥机械活动桁架的转数为 2～3 次/h。

辐流式沉淀池的设计方法很多，国内目前多采用与平流沉淀池相似的方法，取池半径 1/2 处的水流断面作为沉淀池的设计断面。也有采用表面负荷进行计算的。对生活污水或与之相似的污水进行处理的表面负荷可采用 2～3.6$m^3/(m^2 \cdot h)$，沉淀时间为 1.5～2.0h。

3.2.8　竖流式沉淀池的原理是什么?

竖流式沉淀池水流方向与颗粒沉淀方向相反，其截留速度与水流上升速度相等。当颗粒发生自由沉淀时，其沉淀效果比在平流沉淀池中低得多。当颗粒具有絮凝性时，则上升的小颗粒和下沉的大颗粒之间相互接触、碰撞而絮凝，使粒径增大，沉速加快。沉速等于水流上升速度的颗粒将在池中形成一悬浮层，对上升的小颗粒起拦截和过滤作用，因而沉淀效率有可能比平流沉淀池更高。

竖流沉淀池多为圆形、方形或多角形，但大多数为圆形，直径（或边长）一般在

8m以下，常在4～7m之间。沉淀池的上部为圆筒形的沉淀区，下部为截头圆锥状的污泥区，两层之间为缓冲层，约0.3m。污水从进水槽进入池中心管，并从中心管的下部流出，经过反射板的阻拦向四周均匀分布，沿沉淀区的整个断面上升，处理后的污水由四周集水槽收集。集水槽大多采用平顶堰或三角形锯齿堰，堰口最大负荷为1.5L/(m·s)。当池的直径大于7m时，为集水均匀，还可设置辐射式的集水槽与池边环形集水槽相通。竖流式沉淀池如图3-10所示。

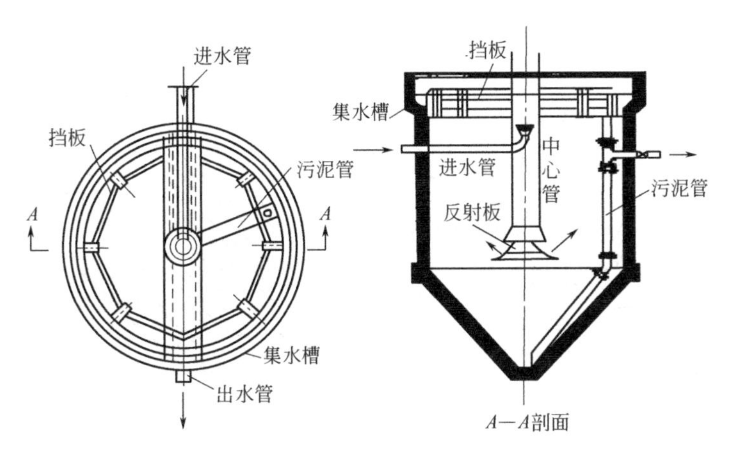

图3-10　竖流式沉淀池示意

沉淀池贮泥斗倾角为45°～60°。污泥可借静水压力由排泥管排出，排泥管直径应不小于200mm，静水压力为1.5～2.0m。排泥管下端距离池底不大于2.0m，管上端超出水面不少于0.4m。为了防止漂浮物外溢，在水面距池壁0.4～0.5m处可设挡板，挡板伸入水面以下0.25～0.3m，伸出水面以上0.1～0.2m。

为了保证水能均匀地自下而上垂直流动，要求池直径（D）与沉淀区深度（h_2）的比值不超过3∶1。在这种尺寸比例范围内，悬浮物颗粒能在下沉过程中相互碰撞、絮凝，提高表面负荷。但是由于采用中心管布水，难以使水流分布均匀，所以竖流沉淀池一般应限制池直径。

竖流沉淀池中心管内流速对悬浮物的去除有很大影响，在无反射板时，中心管流速应不大于30mm/s，有反射板时，可提高到100mm/s，污水从反射板到喇叭口之间流出的速度不应大于40mm/s。反射板底距污泥表面（缓冲区）为0.3m，池的超高为0.3～0.5m。

3.2.9　斜板沉淀池的原理是什么?

从理想沉淀池的特性分析可知，沉淀池的处理效率仅与颗粒沉淀速度和表面负荷有关，与池的深度无关。

对一深度为H，体积为V的平流式理想沉淀池，$Q=u_0V/H$。即在V及H给定的条件下，若欲获得要求的去除率（由u_0决定），处理水量就不能随意变化；同样，在水量给定时，只能得到固定的去除率。或者说，增大Q，则u_0就随之增大，从而降低去除率，反之，若提高去除率（亦即减小u_0），处理的流量就必须减小，两者不可兼得。但是若将该池分为n层浅池，每池深度为$h=H/n$，当进入每个浅池的流量为$q=Q/n$（即水平流速不变）时，浅池沉速$u'_0=q/A=Q/nA=u_0/n$，即沉速减小了n倍，从而使效率大大提高。当每个浅池保持原有的沉速u_0不变时，每个浅池处理的流量为

$q'=u_0A=Q$，则 n 个浅池的总处理能力提高至原来的 n 倍。

沉淀池分层和分格还将改善水力条件。在同一个过水断面上进行分层或分格，使断面的湿周增大，水力半径 R（=面积/湿周）减小，从而降低雷诺数（Re），增大弗劳德数（Fr），降低水的紊乱程度，提高水流稳定性，增大池的容积利用系数，在工程实际应用上，采用分层沉淀池，排泥十分困难，所以，一般将分层的隔板倾斜一个角度，以便能自行排泥，这种形式即为斜板沉淀池。如各斜隔板之间还进行分格，即成为斜管沉淀池。斜管沉淀池如图 3-11 所示。

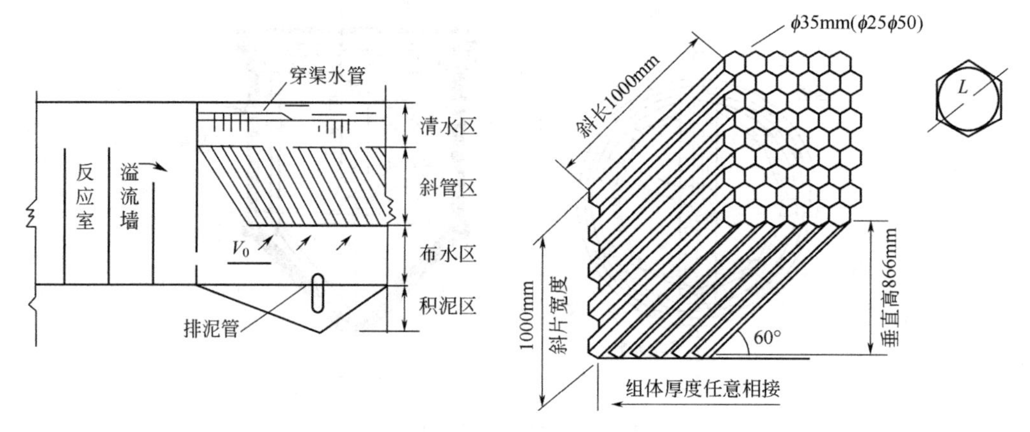

图 3-11　斜管沉淀池示意

斜板（管）与水平面间的倾角一般采用 50°～60°，此时总沉降面积为所有斜板在水平方向的投影面积之和，即式（3-8）。

$$A=\sum_{i=1}^{n}A_i\cos\alpha \tag{3-8}$$

式中，A_i 为第 i 块斜板的表面积；α 为斜板与水平面的夹角。

沉淀池加设斜板（管）后，水流雷诺数可降至 500 以下，弗劳德数可达 10^{-3}～10^{-4} 数量级，处理能力比一般沉淀池大得多（3～7 倍），过流率可达 $36m^3/(m^2 \cdot h)$，停留时间大大缩短，节省占地面积。

斜板（管）沉淀池大多采用异向流形式，即水流在斜板（管）内的流动方向与颗粒沉淀和滑行方向相反，也有采用同向流及横向流形式。

斜板（管）之间间距一般不小于 50mm，污水在斜管内流速视不同污水而定，如处理生活污水，流速为 0.5～0.7mm/s。斜板大多采用聚氯乙烯平板或波纹板，斜管多为黏合塑料蜂窝管，常以一种组装形式安装。斜板（管）长一般在 1.0～1.2m。

斜板（管）的上层应有 0.5～1.0m 的水深，斜板（管）下为污水分布区，一般高度不小于 0.5m，布水区下部为污泥区。

斜板（管）沉淀池可采用多斗排泥，也可采用钢丝绳牵引的刮泥车，刮泥车在斜板（管）组下来回运动，将池底的污泥汇集至污泥斗。污泥斗及池底构造与一般平流沉淀池相同。池出水一般采用多排孔管集水，孔眼应在水面以下 2cm 处，防止漂浮物被带走。如漂浮物较多应附设漂浮物收集及排泥装置。

3.2.10　各种沉淀池之间的区别及适用场合是什么?

平流式沉淀池的池型呈长方形，污水从池的一端流入，水平方向流过池子，从池的另一端流出。在池的进口处底部设贮泥斗，其他部位池底有坡度，倾向贮泥斗。适用于地下水位较高及地质较差的地区；适用于大、中、小型污水处理厂。

辐流沉淀池的池形多呈圆形，小型池子有时亦采用正方形或多角形。池的进口在中央，出口在周围。水流在池中呈水平方向向四周辐流，泥斗设在池中央，池底向中心倾斜，污泥通常用刮泥（或吸泥）机械排除。适用于地下水位较高的地区，适用于大、中、小型污水处理厂。

竖流式沉淀池又称立式沉淀池，是池中污水竖向流动的沉淀池。池体平面图形为圆形或方形，水由设在池中心的进水管自上而下进入池内，管下设伞形挡板使污水在池中均匀分布后沿整个过水断面缓慢上升，悬浮物沉降进入池底锥形沉泥斗中，澄清水从池四周沿周边溢流堰流出。堰前设挡板及浮渣槽以截留浮渣保证出水水质。池的一边靠池壁设排泥管，靠静水压将泥定期排出。常用于处理水量小于 20000m^3/d 的污水处理厂。

斜板（管）沉淀池是指在沉淀区内设有斜板（管）的沉淀池。在平流式或竖流式沉淀池的沉淀区内利用倾斜的平行管或平行管道（有时可利用蜂窝填料）分割成一系列浅层沉淀层，被处理的和沉降的沉泥在各沉淀浅层中相互运动并分离。根据其相互运动方向分为逆（异）向流、同向流和逆向流三种不同分离方式。每两块平行斜板（管）间相当于一个很浅的沉淀池。由于污水的黏性等因素，斜板（管）沉淀池在污水处理中的应用不多，仅适合用于占地面积紧张的场合。

3.2.11 沉淀池的工艺设计参数有哪些?

(1) 设计流量

沉淀池的设计流量与沉砂池的设计流量相同。在合流制的污水处理系统中，当污水是自流进入沉淀池时，应按最大流量作为设计流量；当用水泵提升时，应按水泵的最大组合流量作为设计流量。在合流制系统中应按降雨时的设计流量校核，但沉淀时间应不小于 30min。

(2) 沉淀池的个数

对于城市污水处理厂，沉淀池的个数应不少于 2 个。

(3) 沉淀池的经验设计参数

对于城市污水处理厂，如无污水沉淀性能的实测资料时，可参照表 3-1 经验参数选用。

表 3-1 城市污水处理厂沉淀池设计参数

沉淀池类型	在处理工艺中的作用	沉淀时间/(t/h)	表面水力负荷 q'/[m^3/(m^2·h)]	污泥量/[g/(d·人)]	污泥含水率/%
初沉池	沉淀池	0.5～2.0	1.5～4.5	16～36	95～97
二沉池	活性污泥法后	1.5～4.0	0.6～1.5	12～32	99.2～99.6
二沉池	生物膜法后	1.5～4.0	1.0～2.0	10～26	96～98

(4) 沉淀池的有效水深、沉淀时间与表面水力负荷的相互关系

沉淀池表面水力负荷与沉淀时间的关系如表 3-2 所示。

表 3-2 沉淀池表面水力负荷与沉淀时间的关系

表面水力负荷 q'/[m^3/(m^2·h)]	沉淀时间/(t/h)				
	H=2.0m	H=2.5m	H=3.0m	H=3.5m	H=4.0m
3.0			1.0	1.17	1.33
2.5		1.0	1.2	1.4	1.6
2.0	1.0	1.25	1.5	1.75	2.0
1.5	1.33	1.67	2.0	2.33	2.67
1.0	2.0	2.5	3.0	3.5	4.0

(5) 沉淀池的几何尺寸

沉淀池超高不少于 0.3m；缓冲层高采用 0.3～0.5m；贮泥斗斜壁的倾角，方斗不宜小于 60°，圆斗不宜小于 55°；排泥管直径不宜小于 200mm。

(6) 沉淀池出水部分

一般采用堰流，在堰口保持水平。出水堰的负荷为：对初沉池，不宜大于 2.9L/(s·m)；对二次沉淀池，一般不宜大于 1.7L/(s·m)。有时亦可采用多槽出水布置，以提高出水水质。

(7) 贮泥斗的容积

一般按不大于 2d 的污泥量计算。对二次沉淀池，按贮泥时间不超过 2h 计。

(8) 排泥部分

沉淀池一般采用静水压力排泥，静水压力数值如下：初次沉淀池应不小于 14.71kPa（1.5mH_2O）；活性污泥法后二沉池应不小于 8.83kPa（0.9mH_2O）；生物膜法后二沉池应不小于 11.77kPa（1.2mH_2O）。

3.2.12 沉淀池在运行过程中应注意哪些问题?

① 根据沉淀池的形式及刮泥机的形式，确定刮泥方式、刮泥周期的长短。避免污泥停留时间过长造成浮泥，或刮泥过于频繁或刮泥太快扰动已下沉的污泥。

② 采用间歇排泥时最好实现自动控制。无法实现自控时，要注意总结经验，人工掌握好排泥次数和排泥时间。当初沉池采用连续排泥时，应注意观察排出污泥的流量和颜色，使排泥浓度符合工艺要求。

③ 巡检时注意观察各池的出水量是否均匀，还要观察出水堰出流是否均匀，堰口是否被浮渣封堵，并及时调整或修复，经常维护。

④ 巡检时注意观察浮渣斗中的浮渣是否能顺利排出，浮渣刮板与浮渣斗挡板配合是否适当，并及时调整或修复。

⑤ 巡检时注意辨听刮泥、刮渣、排泥设备是否有异常声音，同时检查其是否有部件松动等，查出问题及时调整或修复。

⑥ 排泥管道至少每月冲洗一次，防止泥沙、油脂等在管道内尤其是阀门外造成淤塞，冬季还应当增加冲洗次数。定期（一般每年一次）将沉淀池排空，进行彻底清理检查。

⑦ 按规定对沉淀池的常规监测项目进行及时分析化验，尤其是 SS 等重要项目要及

时比较分析，确定SS去除率是否正常，如果下降就应分析找出原因，并采取必要的整改措施。

⑧ 沉淀池的常规监测项目有进出水的水温、pH值、COD、BOD_5、TS、SS及排泥的含固率和挥发性固体含量等。

3.3 气浮

3.3.1 气浮的原理是什么?

气浮法也称浮选法，主要用于密度小于或接近于水的固体颗粒或者油类废水。气浮法的原理是采用一定的方法或措施使水中产生大量的微气泡，以形成水、气及被去除固相物质的三相混合体，在界面张力、气泡上升浮力和静水压力差等多种力的共同作用下，促进微细气泡黏附在被去除的微小颗粒上后，因黏合体密度小于水而上浮到水面，从而使水中细小颗粒被分离去除。

气浮法通常作为含油污水隔油后的补充处理，常用于那些颗粒密度接近或小于水的细小颗粒的分离。气浮法处理工艺必须满足以下基本条件：

① 向水中提供足够量的微小气泡；

② 使废水中的污染物质能形成悬浮状态；

③ 使气泡与悬浮物质产生黏附作用；

④ 将上浮在水面上的三相体用一定的方法和措施排出设备外。

有了以上4个条件才能完成气浮过程。气浮装置原理流程如图3-12所示。

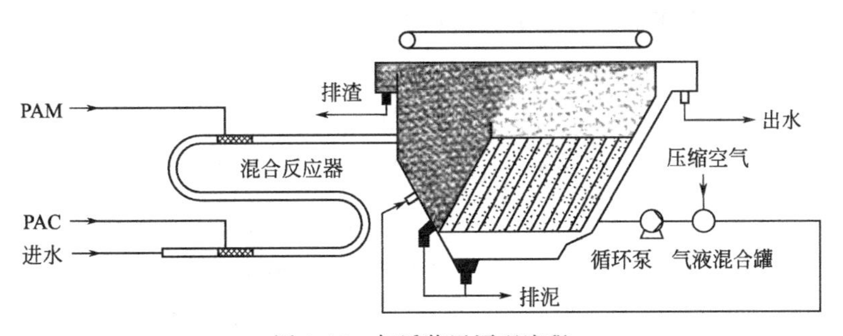

图3-12 气浮装置原理流程

3.3.2 气浮法的特点是什么?

气浮是依靠微气泡，使其依附在絮粒上，从而实现絮粒的强制性上浮，最后达到固液分离的一种工艺。气泡的重度远远小于水，浮力很大，能促使絮粒快速上浮。气浮具有下列特点：

① 由于气浮是依靠无数气泡去黏附絮粒，因此对絮粒的重度及大小要求不高，一般情况下，能减少絮凝时间及节约混凝剂量；

② 由于带气絮粒与水的分离速度快，因此单位面积的产水量高，池容及占地面积小，造价降低；

③ 由于气泡捕捉絮粒的概率很高，一般不存在“跑矾花”现象，因此出水水质较

好，有利于后续处理，节约冲洗耗水量；

④ 排泥方便，耗水量小，泥渣含水率较低，为泥渣的进一步处理创造条件。

综上所述，气浮法的优点是气浮过程中增加了水中的溶解氧，浮渣含氧，不易腐化，有利于后续处理；气浮池表面负荷高，水力停留时间短，池深浅，体积小；浮渣含水率低，排渣方便；投加絮凝剂处理废水时，所需的药量较少。缺点是耗电多，每立方米废水比沉淀法多耗电 0.02～0.04kW·h，运营费用稍微偏高；废水悬浮物浓度高时，减压释放器容易堵塞，管理复杂。

3.3.3 气浮法在给水处理中的适用条件是什么？

目前，饮用水源不断受到不同程度的污染，尤其地表水源污染程度更重，因此，常规的给水处理工艺难以满足处理标准的要求，需要增加前期的预处理，气浮法既具有物理处理功能又具有化学絮凝处理功能，可以有效地降低某些水中的污染物质。气浮法在给水处理中适用条件为：

① 低浊度原水（一般原水常年浊度在 100NTU 以下）；

② 含藻类及有机杂质较多的原水；

③ 低温度水，包括因冬季水温较低而使用沉淀、澄清而处理效果不好的原水；

④ 水源受到污染，色度高、溶解氧低的原水。

3.3.4 气浮方法的分类有哪些？

按产生微细气泡的方法，气浮法可以分为电解气浮法、分散空气气浮法、溶解空气气浮法、加压溶气气浮法等。另外还有全自动内循环射流气浮法、生物与化学气浮法，但后两种方法一般不常用。部分分类方法如下：

分散空气气浮法
- 转子碎气法
- 微孔布气法

溶解空气气浮法
- 真空溶气气浮法
- 压力溶气气浮法

加压溶气气浮法
- 全流程加压溶气气浮法
- 部分加压溶气气浮法
- 部分回流加压溶气气浮法

3.3.5 分散空气气浮的原理是什么？

分散空气气浮法又可分为转子碎气法（也称为涡凹气浮或旋切气浮）和微孔布气法两种。前者依靠高速转子的离心力所造成的负压将空气吸入，并与水泵或水射器提升上来的废水充分混合后，在水的剪切力的作用下，气体破碎成微气泡而扩散于水中；后者则是使空气通过微孔材料或喷头中的小孔被分割成小气泡而分布于水中。分散空气气浮法如图3-13所示。

3.3.6 分散空气气浮的特点是什么？

该法设备简单但产生的气泡较大，且水中易产生大气泡。大气泡在水中具有较快的上升速度。巨大的惯性力不仅不能使气泡很好地黏附于絮凝体上，相反会造成水体的严

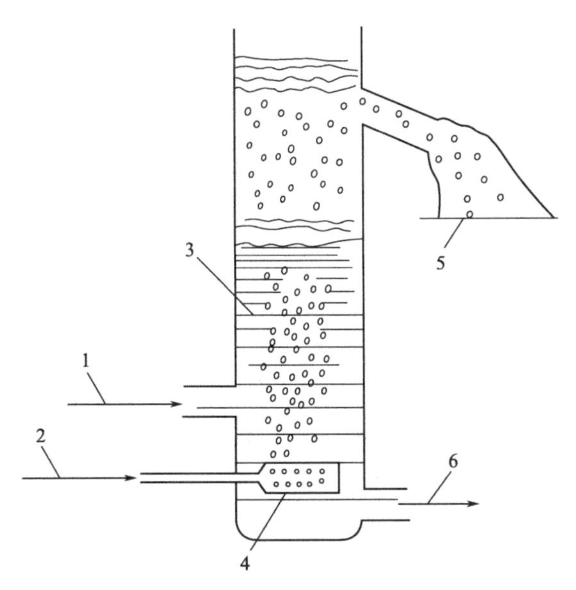

图 3-13　分散空气气浮法

1—入流；2—空气进入；3—分离柱；4—微孔陶瓷扩散板；5—浮渣；6—出流

重紊流而撞碎絮凝体，所以要严格控制进气量。气泡的产生依赖于叶轮的高速切割以及在无压体系中的自然释放，气泡直径大、动力消耗高，尤其在对于高水温污水的气浮处理中，处理效果较差。由于分散气浮产生的气泡大，所以它更适合处理一些稠油废水。大气泡在上浮过程易破裂，所以在设计时污水在分离室的停留时间不要超过 20min，时间越长气泡破裂得越多，可能会导致絮凝体重新沉淀到池底。分散空气气浮法产生的气泡直径均较大，微孔板也易受堵，但在能源消耗方面较为节约，多用于矿物浮选和含油脂、羊毛等废水的初级处理及含有大量表面活性剂废水的泡沫浮选处理。

3.3.7　溶解空气气浮的原理是什么?

溶解空气气浮（DAF）是气浮法的一种，它利用水在不同压力下溶解度不同的特性，对全部或部分待处理（或处理后）的水进行加压并加气，增加水的空气溶解量，通入加过混凝剂的水中，在常压情况下释放，空气析出形成小气泡，黏附在杂质絮粒上，造成絮粒整体密度小于水而上升，从而使固液分离。

DAF 可设置在生物处理单元之前，物理处理单元之后，习惯上将其归为物理处理单元。若设为两级浮选，为了方便节约，平面布置时常将一、二级浮选池并列。一、二级浮选池之间约有 500mm 的液位差，保证污水从一级浮选池流动到二级浮选池，而取消提升泵达到节能效果。体现在竖向布置上，即在设计、施工时必须严格控制刮渣机拖架（板）、可调节堰和除渣槽顶的标高，这一点非常重要，是关键因素之一，否则会严重影响气浮效果（泡沫层无法用机械方法撇除），这也正是必须采用可调节出水堰的原因所在。

DAF 主要由空气饱和设备（也称压力溶气系统）、空气释放设备（也称溶气释放系统）和气浮池（也称气浮分离系统）等组成。目前，溶气气浮工艺的设计和最佳操作的确定，需要依靠中试和经验。

加压溶气法有两种进气方式，即泵前进气和泵后进气。

(1) 泵前进气

泵前进气是当空气吸入量小于空气在该温度下水中的饱和度时，由水泵压水管引出一支管返回吸水管，在支管上安装水力喷射器，废水经过水力喷射器时造成负压，将空气吸入与废水混合后，经吸水管、水泵送入溶气罐。这种方式省去了空压机，气水混合效果好，但水泵必须采用自引方式进水，而且要保持1m以上的水头，其最大吸气量不能大于水泵吸水量的10%，否则，水泵工作不稳定，破坏了水泵应当具有的真空度，会产生气蚀现象。

(2) 泵后进气

泵后进气是当空气吸入量大于空气在该温度下水中的饱和度时，空气通过空压机在水泵的出水管压入，但不宜大于水泵吸水量的25%。这种方法使水泵工作稳定，而且不必要求在正压下工作，但需要由空气压缩机供给空气。为了保证良好的溶气效果，溶气罐的容积也比较大，一般需采用较复杂的填充式溶气罐。常见的两种溶气方式如图3-14和图3-15所示。

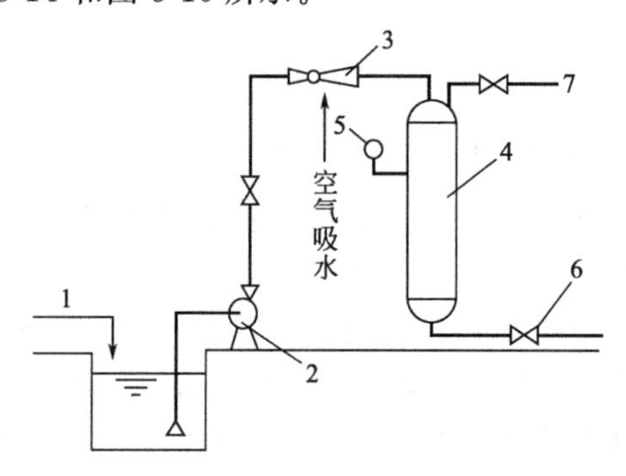

图3-14 水泵-压水管射流溶气方式

1—回流水；2—加压泵；3—射流器；4—溶气罐；5—压力表；6—减压释放设备；7—放气阀

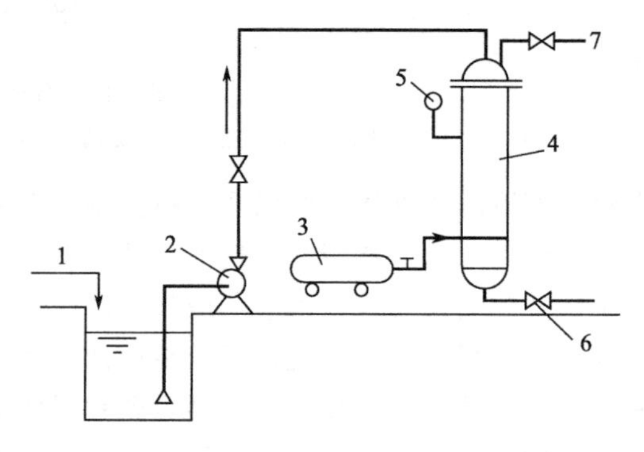

图3-15 水泵-空压机式溶气方式

1—回流水；2—加压泵；3—射流器；4—空压机；5—压力表；6—减压释放设备；7—放气阀

3.3.8 溶解空气气浮的特点是什么?

溶解空气气浮（DAF）适用于处理低浊度、高色度、高有机物含量、低含油量、低表面活性物质含量或富藻的水。相对于其他的气浮方式，该法具有水力负荷高，池体紧凑等优点。但是它的工艺复杂，电能消耗较大，空压机的噪声大等缺点也限制着它的应用。

根据气泡从水中析出时所处压力的不同，溶解空气气浮法可分为真空溶气气浮法与压力溶气气浮法2种。

① 真空溶气气浮法利用抽真空的方法在常压或加压下溶解空气，然后在负压下释放微气泡，供气浮使用，虽然能耗低，气泡形成和气泡与絮粒的黏附较稳定，但气泡释放量受限制；而且，一切设备部件都要密封在气浮池内，气浮池的构造复杂。该方法只适用于处理污染物浓度不高的废水（不高于300mg/L），因此实际应用不多。

② 压力溶气气浮法是在加压情况下，使空气强制溶于水中，然后突然减压，使溶解的气体从水中释放出来，以微气泡形式黏附上絮粒，一起上浮，是目前国内外最常采用的方法。

3.3.9 电解气浮法的原理是什么？

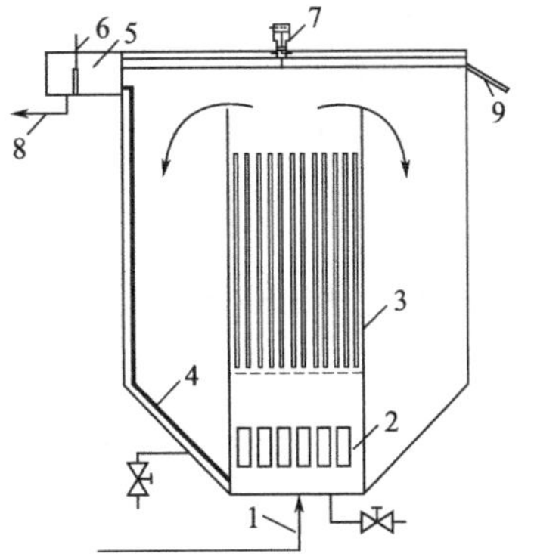

电解气浮法是将正负相间的多组电极安插在废水中，当通过直流电时，会产生电解、颗粒的极化、电泳、氧化还原以及电解产物间和废水间的相互作用。当采用可溶电极（一般为铝铁）作为阳极进行电解时，阳极的金属将溶解出铝和铁的阳离子，并与水中的氢氧根离子结合，形成吸附性很强的铝、铁氢氧化物，其能够吸附、凝聚水中的杂质颗粒，从而形成絮粒。这种絮粒与阴极上产生的微气泡（氢气）黏附，得以实现气浮分离。电解气浮设备结构如图 3-16 所示。

图 3-16 电解气浮设备结构示意
1—进水；2—整流区；3—极板反应区；4—出水集水管；5—出水槽；6—水位调节器；7—刮泥器；8—出水；9—出泥

3.3.10 电解气浮法的特点是什么？

电解气浮法产生的气泡小于其他方法产生的气泡，所以特别适用于脆弱絮状悬浮物的电解。电解气浮法的表面负荷通常低于 $4m^3/(m^2 \cdot h)$。该方法主要用于工业废水处理，处理水量小于10～$20m^3/h$。电解凝聚气浮法存在耗电量较多，操作运行管理复杂、金属消耗量大以及电极易钝化等问题，因此，较难适用于大型生产。该方法与其他气浮法相比，具有以下特点：

① 电解产生的气泡微小，与废水中杂质的接触面积大，气泡与絮粒的吸附能力强；

② 阳极电解过程中阳极表面会产生中间产物如羟基自由基、原生态氧，对有机污染物有一定的氧化作用，如废水中含有氯离子，电解产生的氯气对有机污染物也产生氧化作用；

③ 本工艺装置紧凑，占地面积小。

3.3.11 加压溶气气浮法的特点是什么？

加压溶气气浮法是目前国内外最常采用的方法，可选择的基本流程有全流程加压溶气气浮法、部分加压溶气气浮法和部分回流加压溶气气浮法 3 种。

(1) 全流程加压溶气气浮法特点

① 溶气量大，增加了油粒或悬浮颗粒与气泡的接触机会；

② 在处理水量相同的条件下，它较部分回流溶气气浮法所需的气浮池小；

③ 全部废水经过压力泵，所需的压力泵和溶气罐均较其他两种流程大，因此投资和运转动力消耗较大。

(2) 部分加压溶气气浮法特点

① 比全流程溶气气浮法所需的压力泵小，因此动力消耗低；

② 气浮池的大小与全流程溶气气浮法相同，但较部分回流溶气气浮法小。

(3) 部分回流加压溶气气浮法特点

① 加压的水量少，动力消耗省；

② 气浮过程中不促进乳化；

③ 矾花形成好，后絮凝也少；

④ 气浮池的容积较前两种流程大。

现代气浮理论认为：部分回流加压溶气气浮节约能源，能充分利用浮选（混凝）剂，处理效果优于全加压溶气气浮流程。回流比为50%时处理效果最佳，所以部分回流（回流比50%）加压溶气气浮工艺是目前国内外最常采用的气浮工艺。

3.3.12 加压溶气气浮法的原理是什么？

加压溶气气浮法是目前国内外最常采用的方法，可选择的基本流程有全流程加压溶气气浮法、部分加压溶气气浮法和部分回流加压溶气气浮法3种。全流程加压溶气气浮法是将全部废水用水泵加压，在溶气罐内空气溶解于废水中，然后通过减压阀将废水送入气浮池。部分加压溶气气浮法是取部分废水加压和溶气，其余废水直接进入气浮池并在气浮池中与溶气废水混合。部分回流加压溶气气浮法是取一部分处理后的水回流，回流水加压和溶气，减压后进入气浮池，与来自絮凝池的含油废水混合和气浮。

3.3.13 加压溶气气浮法有哪几部分组成？

加压溶气气浮法工艺主要由3部分组成，即压力溶气系统、溶气释放系统及气浮分离系统。

(1) 压力溶气系统

包括水泵、空压机、压力溶气罐及其他附属设备。其中压力溶气罐是影响溶气效果的关键设备。采用空压机供气的溶气系统是目前应用最广泛的压力溶气系统。气浮法所需空气量较少，可选用功率小的空压机，并采取间歇运行方式。此外空压机供气还可以保证水泵的压力不致有大的损失。一般水泵至溶气罐的压力约为0.5MPa，因此可以节省能耗。

(2) 溶气释放系统

一般是由释放器（或穿孔管、减压阀）与溶气水管路所组成。溶气释放器的功能是将压力溶气水通过消能、减压，使溶入水中的气体以微气泡的形式释放出来，并能迅速而均匀地与水中杂质相黏附。对溶气释放器的具体要求是：

① 充分地减压消能，保证溶入水中的气体能充分地全部释放出来；

② 消能要符合气体释出的规律，保证气泡的微细度，增加气泡的个数，增大与杂质黏附的表面积，防止微气泡之间的相互碰撞而使气泡扩大；

③ 创造释气水与待处理水中絮凝体良好的黏附条件，避免水流冲击，确保气泡能迅速均匀地与待处理水混合，提高“捕捉”概率；

④ 为了迅速地消能，必须缩小水流通道，故必须要有防止水流通道堵塞的措施；

⑤ 构造力求简单，材质要坚固、耐腐蚀，同时要便于加工、制造与拆装，尽量减少可动部件，确保运行稳定、可靠；

⑥ 溶气释放器的主要工艺参数：释放器前管道流速为1m/s以下，释放器的出口流速以0.4～0.5m/s为宜；冲洗时狭窄缝隙的张开度为5mm；每个释放器的作用范围为30～100cm。常见的溶气释放器如图3-17～图3-19所示。

TS型溶气释放器共有5种型号，它们在不同压力下的出流量及作用范围见表3-3。

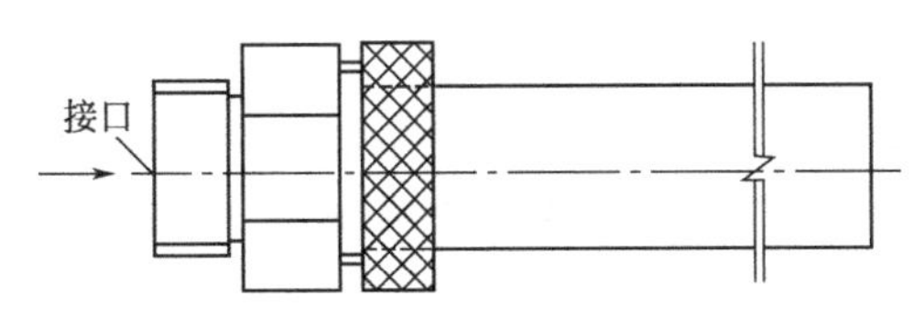

图 3-17　TS 型溶气释放器

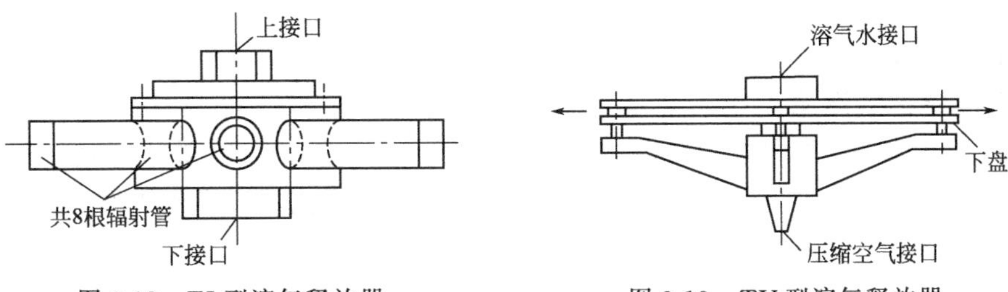

图 3-18　TJ 型溶气释放器　　　图 3-19　TV 型溶气释放器

表 3-3　TS 型溶气释放器性能

型号	溶气水管接口直径/mm	不同压力(MPa)下的出流量/(m^3/h)					作用直径/mm
		0.1	0.2	0.3	0.4	0.5	
TS-Ⅰ	12	0.25	0.32	0.38	0.42	0.15	250
TS-Ⅱ	20	0.52	0.70	0.83	0.93	1.00	350
TS-Ⅲ	25	1.01	1.30	1.59	1.77	1.91	500
TS-Ⅳ	25	1.68	2.13	2.52	2.75	3.10	600
TS-Ⅴ	40	2.34	3.47	4.00	4.50	4.92	700

TJ 型溶气释放器共有 5 种型号，它们在不同压力下的流量计作用范围见表 3-4。

表 3-4　TJ 型溶气释放器性能

型号	规格	溶气水管接口直径/in	抽真空管接口直径/in	不同压力(MPa)下的出流量/(m^3/h)							作用直径/cm
				0.2	0.25	0.30	0.35	0.40	0.45	0.50	
TJ-Ⅰ	ϕ230	1	1/2	1.08	1.18	1.28	1.38	1.47	1.57	1.67	40
TJ-Ⅱ	ϕ270	$1\frac{1}{4}$	1/2	2.37	2.59	2.81	2.97	3.14	3.29	3.45	60
TJ-Ⅲ	ϕ300	2	1/2	4.61	5.15	5.60	5.98	6.31	6.74	7.01	100
TJ-Ⅳ	ϕ380	$2\frac{1}{2}$	1/2	6.27	6.88	7.50	8.09	8.69	9.29	9.89	110
TJ-Ⅴ	ϕ430	3	1/2	8.70	9.47	10.55	11.11	11.75	—	—	120

TV 型溶气释放器共有 3 种型号，它们在不同压力下的流量计作用范围见表 3-5。

表 3-5　TV 型溶气释放器性能

型号	规格	溶气水管接口直径/in	耐压胶管接口直径/mm	不同压力(MPa)下的出流量/(m^3/h)							作用直径/cm
				0.2	0.25	0.30	0.35	0.40	0.45	0.50	
TV-Ⅰ	ϕ150	1	10	1.04	1.13	1.22	1.31	1.40	1.48	1.51	40
TV-Ⅱ	ϕ200	1	10	2.16	2.32	2.48	2.64	2.80	2.96	3.12	60
TV-Ⅲ	ϕ250	$1\frac{1}{2}$	10	4.45	4.81	5.18	5.54	5.91	6.18	6.64	80

(3) 气浮分离系统

一般可分为3种类型，即平流式、竖流式及综合式。其功能是确保一定的容积与池的表面积，使微气泡群与水中絮凝体充分混合、接触、黏附，以保证带气絮凝体与清水分离。

3.3.14 气浮池有哪几种形式?

气浮池主要有以下4种分类。

(1) 平流式气浮池

该池是目前气浮池中采用较多的一种，其特点是池深浅（有效水深约2m左右），造价低，管理方便，但与后续滤池在高度上不易匹配。平流式气浮池如图3-20所示。

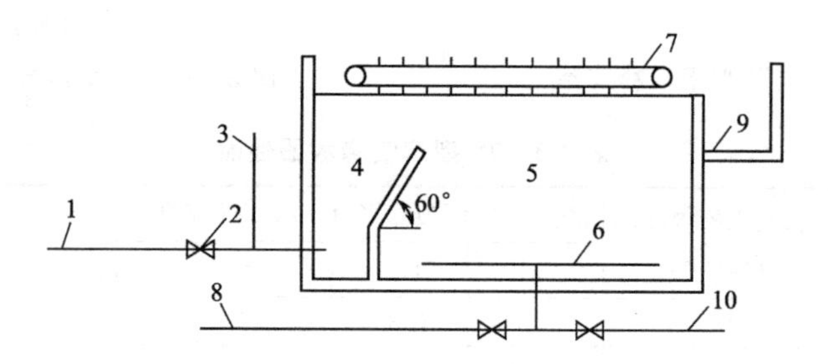

图3-20 平流式气浮池

1—溶气水管；2—减压释放及混合设备；3—原水管；4—接触区；5—分离区；6—集水管；7—刮渣设备；8—回流管；9—集渣槽；10—出水管

(2) 竖流式气浮池

其特点是池型高度较大，水流基本上是纵向的。接触室在池的中心部位，水流向四周扩散，水力条件比平流式的单侧出流要好，但该池型分离区水深较大，浪费了一部分水池容积。竖流式气浮池如图3-21所示。

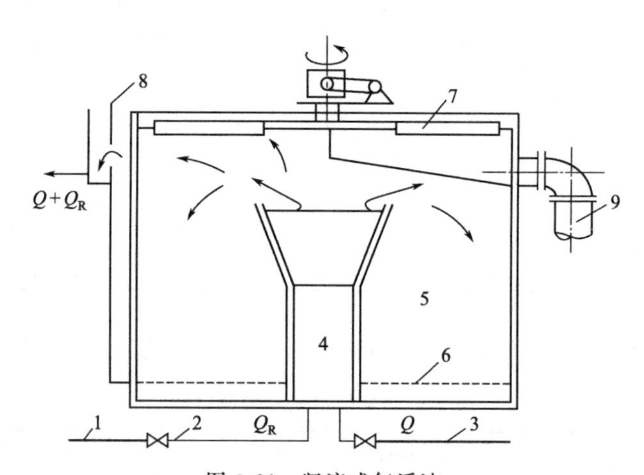

图3-21 竖流式气浮池

1—溶气水管；2—减压释放器；3—原水管；4—接触区；5—分离区；6—集水管；7—刮渣机；8—水位调节器；9—排渣管

(3) 与沉淀池相结合的气浮池

该池特点是既能够提高出水水质，又能够充分发挥两种处理方法的特长，提高综合净水效果。

(4) 与过滤相结合的气浮池

该池型池深无需过大，分离区下部的容积往往可另作利用。

3.3.15 气浮法在废水处理中是如何应用的?

气浮法作为一种快速、高效的固液分离技术，既适用于给水净水，又适用于多种废水的处理；不仅能代替水处理的沉淀、澄清，而且可作为废水深度处理的预处理及浓缩污泥之用。对一些沉淀法难以取得良好净化效果的原水的处理，气浮法效果更好。

(1) 处理石油化工及机械制造业中的含油废水

用气浮法处理乳化液含油废水，废水处理后的 COD 和 SS 均低于国家排放标准。通过电气浮作用，在 15min 内，对浮油、乳化油和 LAS 的去除率分别为 95%、92%和 93.3%。用两级气浮及生物氧化工艺处理高浓度乳化液含油废水，COD 和油总去除率分别为 99.5%和 99.9%，各项指标均达到排放标准。

其原理是含油废水经 T 形入口构件泄流，通过在板的上下两端各留有一定空间的未打孔的布水板，横向流入水平放置的波纹板组。波纹板油水分离器将聚结技术和浅池原理结合起来，板面涂有特殊材料的涂层，具有亲油特性。含油污水和气浮水在波纹板内接触，随着含油污水的不断经过，水中细小油滴黏附在波纹板表面形成一层油膜，油膜逐渐加厚，借助油的表面张力形成一定大小油珠之后，受油珠本身浮力及水流的冲力使油珠脱落，随水流经波峰处浮油孔上浮。波纹板提供的波浪形曲折通道使水流呈近似于正弦波状态地流动，流向不断发生变化，增加了油珠之间的碰撞概率，促使小油珠变大，加快油珠的上浮速度，达到油水分离，水经过淹没管式的出水口流出。波纹板油水分离器原理如图 3-22 所示。气浮法处理石油化工废水工艺流程如图 3-23 所示。

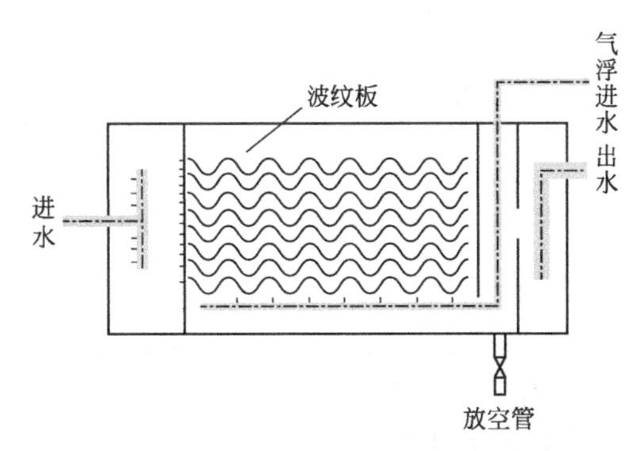

图 3-22 波纹板油水分离器原理

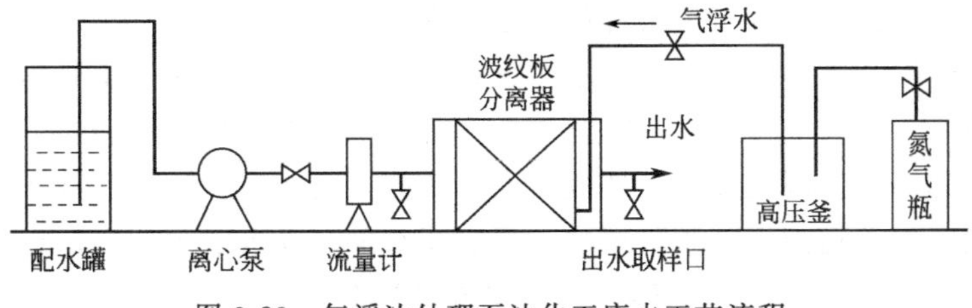

图 3-23 气浮法处理石油化工废水工艺流程

胜利油田孤三废水处理站来水中聚合物为 10～25mg/L，采用常规重力沉降工艺处理后，含油量和SS均达不到注水水质标准，因此需采用气浮技术进行处理，其工艺流程如图3-24所示。

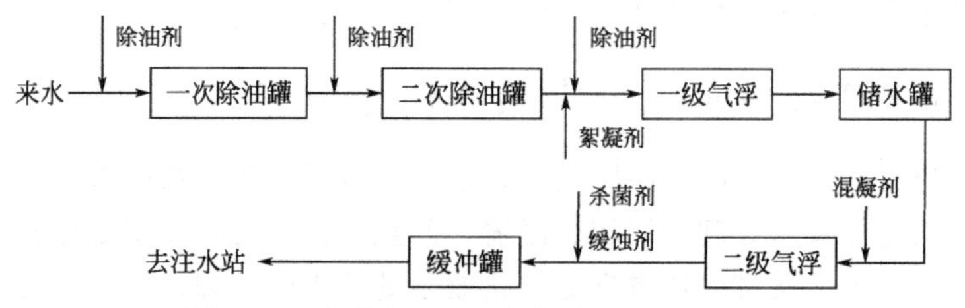

图3-24　胜利油田孤三废水处理站工艺流程

(2) 处理造纸废水、回收纸浆纤维及填料

预处理过的造纸废水中BOD_5、COD、SS和TP经涡凹气浮和混凝沉降后的去除率达90%～99.5%。采用旁滤-气浮法处理造纸废水，实现封闭循环，解决了废水循环过程中产生腐浆、水垢和黏菌等一系列问题。

造纸废水SS浓度高，COD浓度也较高，BOD_5较低。因此，废水处理主要解决的问题是去除SS和COD。混凝气浮可去除绝大部分SS，同时去除大部分非溶解性COD及部分溶解性COD和BOD_5，并且对pH值没有大的影响，能保证清洁生产，回收纸浆，处理水可达到造纸工艺用水标准而回用于生产工艺中，从而节约大量的水资源。该工艺结构简单、处理效果好。混凝气浮法处理造纸废水实际工程流程如图3-25所示。

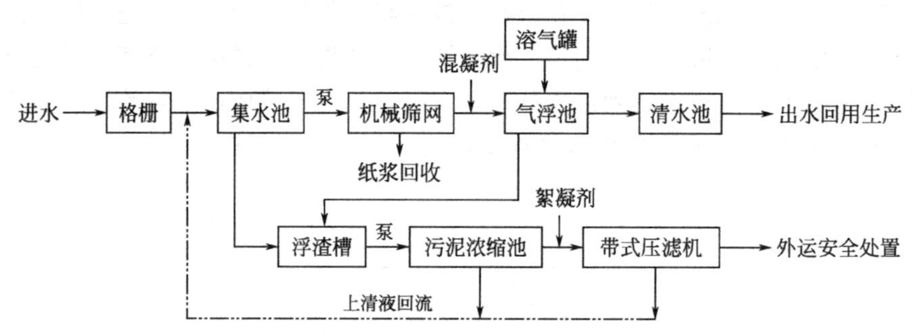

图3-25　混凝气浮法处理造纸废水实际工程流程

(3) 处理电镀废水和含重金属离子废水

用气浮柱对Ni^{2+}、Cu^{2+}进行单一沉淀浮选和混合沉淀浮选，Ni和Cu的回收率均可达到90%以上。在多金属离子的混合沉淀浮选过程中，金属兼具有活化作用和载体浮选作用。采用吸附胶体浮选法处理电解钴废水可达标排放，残余钴的浓度小于3mg/L。

气浮法处理电镀废水的工艺流程如图3-26所示。

工艺运行情况如下：电镀混合废水用泵打入废水处理池，使次氯酸钠破氰，亚硫酸钠还原六价铬，再使碱液调节pH值至8.5左右；用量杯量取一定量的18%的SAF乳浊液，稍加水稀释后，倒入废水处理池，充分搅拌；用3%水介型强阴离子型聚丙烯酰胺稀释100倍，经管道加入废水处理池；开启废水泵，废水以7～8t/h的流量进入气浮槽，溶气水压控制0.25～0.35MPa，溶气水流量为2～3t/h。

(4) 处理印染废水和洗毛废水

利用吸附气浮法有效地脱除了阳离子染料、直接染料和酸性染料，脱色率高，适应

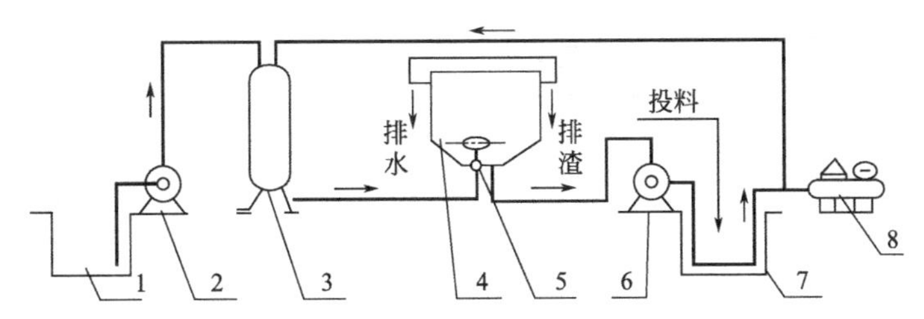

图 3-26 气浮法处理电镀废水的工艺流程

1—清水池；2—清水泵；3—溶气罐；4—气浮槽；5—释放器；6—废水泵；7—废水处理池；8—空压机

性广。用逆流气浮-过滤处理染料助剂厂废水，COD 和色度去除率为 90%左右。用生物-气浮-过滤法处理硫化物含量高的有机印染废水，废水中的 COD、BOD_5、S^{2-} 和色度等各项指标均达标排放，去除率在 90%以上，净化后的水可回用。

鉴于洗毛染色混合废水属于高浓度有机废水，较适合采用物化生化联合处理。考虑到洗毛、染色废水中酸含量较高，且含有大量的羊毛脂、碎毛、洗剂等，宜先经絮凝处理。经试验，最后确定了铝铁复合混凝剂和阴离子聚丙烯酰胺（PAM）作为絮凝剂，并根据同类工程实践经验选用了 CAF（涡凹气浮）工艺作为物化处理单元，生化单元采用水解酸化-活性污泥工艺。气浮法处理印染废水工艺流程如图 3-27 所示。

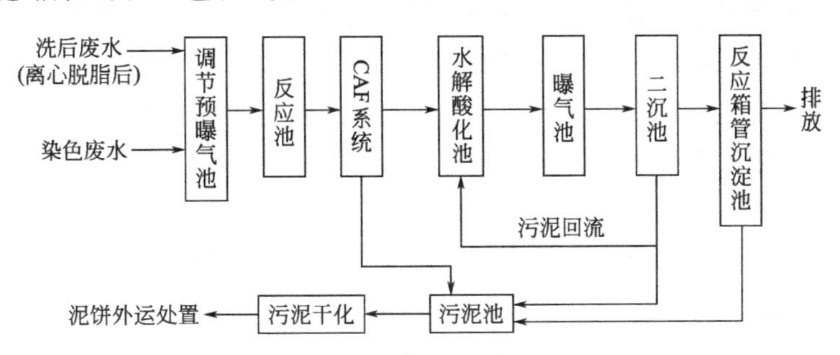

图 3-27 气浮法处理印染废水工艺流程

鉴于洗毛染色混合废水属于高浓度有机废水，因此较适合采用物化生化联合处理。考虑到洗毛、染色废水中酸含量较高，且含有大量的羊毛脂、碎毛、洗剂等，宜先经絮凝处理。经试验，最后确定了铝铁复合混凝剂和阴离子聚丙烯酰胺（PAM）作为絮凝剂，并根据同类工程实践经验选用了涡凹气浮（CAF）工艺作为物化处理单元，生化单元采用水解酸化-活性污泥工艺。

(5) 处理制革废水、城市生活污水和富营养化前驱物

用气浮-生物法处理制革综合污水时，COD、BOD_5、TSS、硫化物以及总铬的去除率均在 95%以上，可达回用标准。用电絮凝和电气浮处理宾馆废水时，油脂、COD、SS 的去除率分别高达 99%、88%、98%。气浮法处理制革废水的效果如表 3-6 所示。气浮法处理制革废水工艺流程如图 3-28 所示。

表 3-6 气浮法处理制革废水的效果

项目	原废水	气浮出水	去除率/%	项目	原废水	气浮出水	去除率/%
pH 值	8.2	6.8		S^{2-}/(mg/L)	25	6.8	73
SS/(mg/L)	2500	200	92	COD/(mg/L)	1500	450	70
Cr/(mg/L)	7	0.63	91				

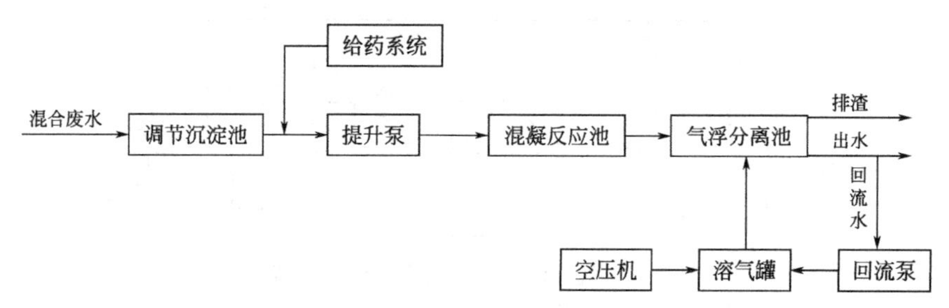

图 3-28　气浮法处理制革废水工艺流程

3.3.16　气浮设备在运行过程中应注意哪些问题?

① 气浮净水系统运行管理较为方便，特别是容器罐液位实现自控以后，在一般情况下只需每隔 2～4h 用按钮操作刮渣机定时排渣即可。

② 在气浮池投入运行时，除要对各种设备进行常规检查外，尚需对溶气罐及其管道进行多次清洗，待出水没有易堵颗粒杂质时，再安装释放器。

③ 在调试时，应首先调试压力容器系统，包括容器水泵的开停、空气压缩机上下压力范围的设定以及溶气罐液位自动控制是否进入正常工作等。

④ 在装上容器释放器后，应检查释放器是否水平安置，释汽水出流是否均匀，释出气泡是否微细，防堵部分是否能正常工作。

⑤ 待上述系统运行正常后，才开始向絮凝池注入已加有混凝剂的原水。

⑥ 压力容器罐的进出水阀门，在运行时应完全打开。避免由于出水阀门处节流所造成的压降，而使气泡提前释出，并在管道内放大。

⑦ 压力溶气罐如未装液位自控装置，则运行时罐内水位应妥加控制，即水位不能淹没填料层，但也不宜过低，以防止出水中带出大量未溶气泡。一般水位应保持在距罐底 60cm 以上。

⑧ 空气压缩机的压力应大于溶气罐压力，才可向罐内注入空气，为防止压力水倒灌进入空气压缩机，可在进气管上装止回阀。

⑨ 应反复检查刮渣机的行走状态、限位开关、刮板插入深度、刮板翘起时的推渣效果等，尽量避免扰动浮渣而影响出水水质。

⑩ 刮渣时，为使排渣顺畅，可以略微抬高池内水位，并以浮渣堆积厚度及浮渣含水率较好选定刮渣周期。

⑪ 需经常观察池面情况，如发现接触区浮渣不平，局部冒出大气泡，则很可能是由于释放器被堵，需进行释放器抗堵操作。

⑫ 如发现气浮分离区渣面不平，池面常有大气泡鼓出或破裂，则表明气泡与絮粒黏附不好，应采取相应措施加以解决。

3.3.17　气浮池的工艺设计参数有哪些?

① 要充分研究原水水质条件，分析采用气浮工艺的合理性。

② 在有条件的情况下，应对原水进行气浮试验或模型试验。

③ 根据试验结果选择恰当的容器压力及回流比，通常容器压力选用 0.2～0.4MPa，

回流比取 5%～10%。

④ 根据试验选用絮凝剂种类，确定投加量、完成絮凝时间及难易程度，确定絮凝剂的形式及絮凝时间，通常絮凝时间选 10～20min。

⑤ 为避免打碎絮体，絮凝池宜与气浮池连用。进入气浮接触池的水流尽可能分布均匀，流速一般控制在 0.1m/s 左右。

⑥ 接触室应为气泡与絮粒提供良好的接触条件，其宽度还应考虑安装和检修的要求。水流上升速度一般为 10～20mm/s，水流在室内的停留时间不宜小于 60s。

⑦ 接触室的溶气释放器，需根据确定的回水流量、溶气压力及各种型号的释放器作用范围，确定合适的型号与数量，并力求布置均匀。

⑧ 气浮分离室应根据带气絮粒上浮分离的难易程度确定水流速度，一般取 1.5～2.5mm/s，即分离室表面负荷率取 5.4～9.0$m^3/(m^2 \cdot h)$。

⑨ 气浮池的有效水深一般取 2.0～2.5m，池中水力停留时间一般为 15～30min。

⑩ 气浮池的长宽比无严格要求，一般单格池宽不超过 10m，池长不超过 15m 为宜。

⑪ 气浮池排渣，一般采用刮渣机定期排除。集渣槽可设在池的一端、两端或径向，刮渣机的行车速度一般控制在 5m/min。

⑫ 气浮池集水应力求均匀，一般采用穿孔管集水，集水管内最大流速宜控制在 0.5m/s。

⑬ 压力容器罐一般采用阶梯环为填料，填料层高度通常采用 1.0～1.5m，罐过水截面负荷率为 100～200$m^3/(m^2 \cdot h)$，罐高度为 2.5～3.5m。

3.4 除油

3.4.1 含油废水的来源与危害是什么?

(1) 含油废水的来源

含油废水的来源非常广泛，除了石油开采及加工工业排出大量含油废水外，还有固体燃料热加工、纺织工业中的洗毛废水、轻工业中的制革废水、铁路及交通运输业、屠宰、食品加工及机械工业车削工艺中的乳化液等。其中石油工业及固体燃料热加工工业排出的含油废水为主要来源。石油工业含油废水主要来自石油开采、石油炼制及石油化工等过程。石油开采过程中的废水主要来自带水原油的分离水、钻井提钻时的设备冲洗水、井场及油罐区的地面降水等。石油炼制、石油化工含油废水主要来自生产装置的油水分离过程及油品、设备的洗涤、冲洗过程。固体燃料热加工工业排出的焦化含油废水，主要来自焦炉气的冷凝水、洗煤汽水和各种贮罐的排水等。

含油废水中的油类污染物，其相对密度一般都小于 1，但焦化厂和煤气发生站排出的重质焦油的相对密度可高达 1.1。油通常有 3 种状态：

① 呈悬浮状态的可浮油　如把含油废水放在桶中静沉，有些油滴就会慢慢浮升到水面上，这些油滴的粒径较大，可以依靠油水密度差而从水中分离出来，对于石油炼厂废水而言，这种状态的油一般占废水中含油量的 60%～80%。

② 呈乳化状态的乳化油　这些非常细小的油滴，即使静沉几小时，甚至更长时间，仍然悬浮在水中。这种状态的油滴不能用静沉法从废水中分离出来，这是由于乳化油油滴表面上有一层由乳化剂形成的稳定薄膜，阻碍油滴合并。如果能消除乳化剂的作用，乳化油即可转化为可浮油，叫作破乳。乳化油经过破乳之后，就能用沉淀法来分离。

③ 呈溶解状态的溶解油　油品在水中的溶解度非常低，通常只有几毫克每升。

(2) 含油废水的危害

含油废水的危害主要表现在对生态系统、植物、土壤、水体的严重影响。油田含油废水浸入土壤孔隙间形成油膜，产生堵塞作用，致使空气、水分及肥料均不能渗入土中，破坏土层结构，不利于农作物的生长，甚至使农作物枯死。我国在 2005 年颁布的《农田灌溉水质标准》规定，对于水田作物含油量（石油类）不得大于 5mg/L，对于旱地作物不得大于 10mg/L，对于蔬菜不得大于 1.0mg/L。含油废水（特别是可浮油）排入水体后将在水面上产生油膜，阻碍大气中的氧向水体转移，使水生生物处于严重缺氧状态而死亡。在滩涂还会影响养殖和利用。有资料表明，向水面排放 1t 油品，即可形成 $5\times10^6 m^2$ 的油膜。含油废水排入城市沟道，对沟道、附属设备及城市污水处理厂都会造成不良影响，采用生物处理法时，一般规定石油和焦油的含量不超过 50mg/L。

3.4.2　除油的基本原理是什么?

含油废水主要来源于石油、化工、钢铁、焦化以及机械加工等行业，可分为浮油、分散油、乳化油以及溶解油 4 种。除油的过程即利用油水的密度之差进行油水分离的过程。在废水的流动过程中，产生油水分离。隔油池是利用水面上的集油管将其排除，而除油罐利用装置上面的集油槽将其排除。隔油池结构原理如图3-29所示。

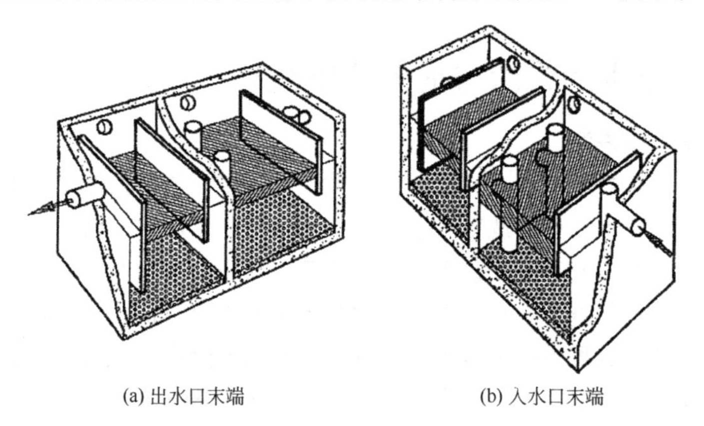

(a) 出水口末端　　(b) 入水口末端

图 3-29　隔油池结构原理

3.4.3　除油装置有哪些?

除油装置的种类很多，按照其构造和除油原理的不同可以分为平流式隔油池、斜板式隔油池、斜管式隔油池、下水道式隔油池、排洪沟式隔油池、吸油插板式隔油池、隔油井、压力差自动撇油装置、高效隔油器等。目前，国内外普遍采用的是平流式隔油池和斜板式隔油池。

3.4.4 平流式隔油池的原理是什么？

与平流式沉淀池在构造上基本相同，废水从池子的一端流入，以较低的水平流速流经池子，一般水平流速为 2～5mm/s，流动过程中，密度小于水的油粒上升到水面，密度大于水的颗粒杂质沉于池底，水从池子的另一端流出。在隔油池的出水端设置集油管。集油管一般用直径 200～300mm 的钢管制成，沿长度在管壁的一侧开弧宽为 60°或 90°的槽口。集油管可以绕轴线转动。排油时将集油管的开槽方向转向水平面以下以收集浮油，并将浮油导出池外。为了能及时排油及排除底泥，在大型隔油池还应设置刮油刮泥机。刮油刮泥机的刮板移动速度一般应与池中流速相近，以减少对水流的影响。收集在排泥斗中的污泥由设在池底的排泥管借助静水压力排走。隔油池的池底构造与沉淀池相同。

平流式隔油池结构示意如图 3-30 所示。

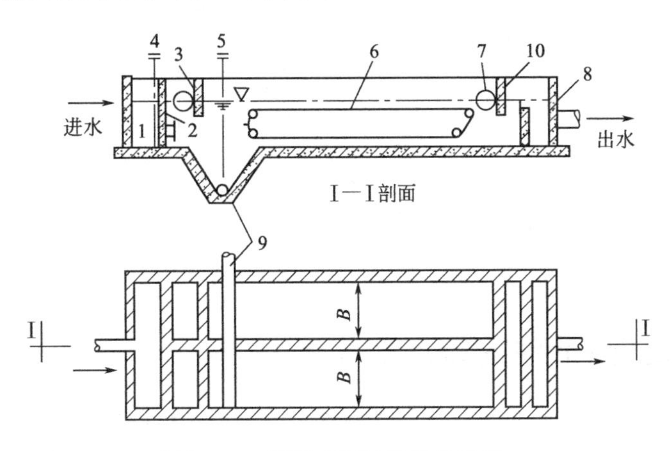

图 3-30 平流式隔油池结构示意

1—配水槽；2—布水隔墙；3,10—挡油板；4—进水阀；5—排渣阀；6—链带式刮油刮泥机；7—集油管；8—集水槽；9—排泥管

3.4.5 平流式隔油池的特点是什么？

平流式隔油池有一种在其内添加斜板，这种隔油池一般是由钢筋混凝土做成的池体，池中波纹斜板大多呈 45°安装。进入的含油污水通过配水堰、布水栅后均匀而缓慢地从上而下经过斜板区，油、水、泥在斜板中进行分离，油珠颗粒沿斜板组的上层斜板，向上浮升滑出斜板到水面，通过活动集油管槽收集到污油罐，再送去脱水；泥砂则沿斜板组的下层斜板面滑向集泥区落到池底，定时排除；分离后的水，从下部分离区进入折向上部的出水槽，然后排出或送去进一步处理，由于高程上布置的原因，污水进入下一步处理工序，往往需要用泵进行提升。

平流式隔油池表面一般设置盖板，便于冬季保持浮渣的温度，从而保持它的流动性外，同时还可以防火与防雨。在寒冷地区还应在池内设置加温管，以便必要时加温。平流式隔油池的特点是构造简单，便于运行管理，油水分离效果稳定。有资料表明，平流式隔油池可以去除的最小油滴直径为100～150μm，相应的上升速度不高于 0.9mm/s。

3.4.6 斜板式隔油池的原理是什么?

斜板式隔油池是20世纪70年代发展起来的一种含油污水除油装置。设计斜板式隔油池如同设计斜板式沉淀池一样，都是应用密度差分离理论，研究颗粒从水中分离与油珠从水中分离的规律。主要构件为由多层波纹板所组成的斜置板组，含油污水在板与板之间所形成的平行流道中流过。由于浮力作用，油滴上浮后碰到板面，即在板下聚集并沿斜板向前移动至斜板出口，形成大油滴而浮升至水面。由于流道孔径较小，故在较高处理量下仍可保持层流状态，且具有很大的浮升面积，因而除油效率较高，在国内外得到广泛应用。

斜板式隔油池的结构示意如图3-31所示。

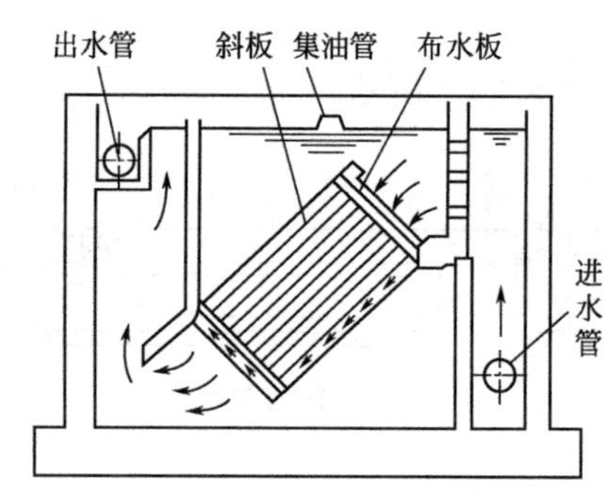

图3-31 斜板式隔油池的结构示意

3.4.7 斜板式隔油池的特点是什么?

池内放置聚酯玻璃钢制斜板，倾斜角度不小于45°，板间距为20～50mm，斜板有平板和波纹板等形式。斜板采用异向流形式，废水流由上而下流经斜板，而油珠则逆水上浮，所以属于逆向流。在波纹板内分离出来的油粒沿波纹板的峰顶向上浮，上浮的油流出斜板（斜管）后在水面形成油膜，经集油管排走。而泥渣则沉入峰底，滑落到池底。由于设置了隔板，提高了单位池容积的分离表面积，斜板间水流呈层流状态，雷诺数（*Re*）小于2000，所以油水分离效果较好，并且废水在池内的停留时间短，一般为30min，仅为平流式隔油池的1/4～1/2，因此，容积和占地面积大大减少（比平流式隔油池少2/3）。而且除油效果大大提高，实验证明，这种隔油池能够分离粒径为60μm的油珠（平流式隔油池能够分离100～150μm的油珠）。用斜板式隔油池处理炼油厂的污水时，表面负荷为0.6～0.8$m^3/(m^2 \cdot h)$，出水含油量可控制在50mg/L以内。

斜板式隔油池又分为平行板式隔油池（PPI）和波纹斜板式隔油池（CPI）。

平流式隔油池稍加改进，即在其池内安装许多倾斜的平衡板，便成了平行板式隔油池。斜板间距为10cm。这种隔油池的特点是油水分离迅速，占地面积小（只有平流式隔油池的1/2），但是结构复杂，维护清理较困难。

波纹斜板式隔油池是平行板式隔油池的改进型。它将平行板改成波纹斜板，板间距为2～4cm，倾斜角为45°，水流沿板面向下，油滴沿板下表面向上流动，汇集于集油区，用集油管排出，处理水从溢流堰排出。这种隔油池的效率高，停留时间仅30min左右，占地面积小，只有平行板隔油池的2/3。波纹斜板式隔油池结构示意如图3-32所示。

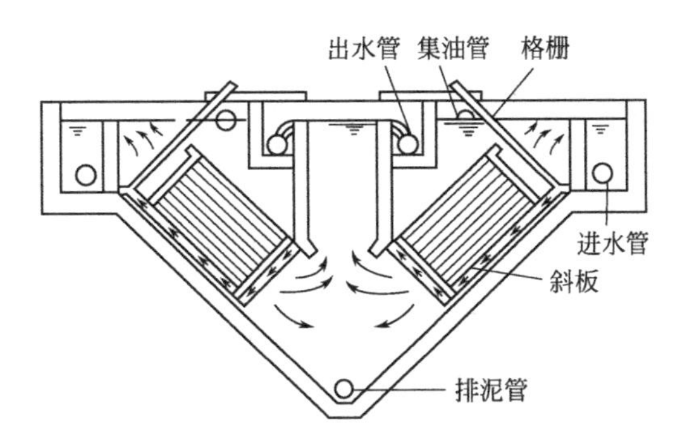

图 3-32　波纹斜板式隔油池结构示意

这两种设备与平流式隔油池不同之处在于分离槽中安置了倾斜板，可以有效地减少油珠垂直上升的距离，使油珠在倾斜板下表面聚集成较大的油滴。波形斜板隔油池和平流隔油池相比有明显的优点：其占地面积仅有平流隔油池的 15%～20%，甚至费用也较低。使用过两类（平流和斜板）隔油池的一家大型炼厂的经验表明，较小的尺寸不利于油滴的粗粒化，且破乳的停留时间较少，有时还会导致斜板的严重污染。

斜板式隔油池与平流式隔油池相比较，它的优点是污水停留时间短，池体容积小，占地面积小，能够去除的油滴的粒径较小，处理效率高。目前我国的一些新建的含油废水处理站多采用这种形式的隔油池，选择斜板材料应耐腐蚀、不沾油、光洁度好。池内应设置清洗斜板的设施。

3.4.8　除油罐的原理是什么?

除油罐分为立式斜板除油罐和平流式斜板除油罐，斜板（管）除油是目前最常用的高效除油方法之一，同样属于物理法除油范畴。

斜板（管）除油的基本原理是浅层沉淀，又称浅池理论。设斜管沉淀池池长为 L，池中水平流速为 v，颗粒沉速为 u_0，在理想状态下，$L/H=v/u_0$。可见 L 与 v 值不变时，池身越浅，可被去除的悬浮物颗粒越小。若用水平隔板，将 H 分成 3 层，每层层深为 $H/3$，在 u_0 与 v 不变的条件下，只需 $L/3$，就可以将 u_0 的颗粒去除。也即总容积可减少到原来的1/3。如果池长不变，由于池深为 $H/3$，则水平流速可增加到 $3v$，仍能将沉速为 u_0 的颗粒除去，也即处理能力提高 3 倍。同时将沉淀池分成 n 层就可以把处理能力提高 n 倍。这就是 20 世纪初哈真（Hazen）提出的浅池理论。

为了让浮升到斜板（管）上部的油珠便于流动和排除，把这些浅的分离池倾斜一定角度（通常为 45°～60°），超过污油流动的休止角。这就形成了所谓的斜板（管）除油罐。在理论上，加设斜板不论其角度如何，其去除效率提高的倍数相当于斜板总水平投影面积比不加斜板的水面面积所增加的倍数。当然，实际效果不可能达到理想的倍数，这是因为存在着斜板的具体布置、进出水流的影响、板间流态的干扰和积油等因素。但是，由于斜板的存在，增大了湿周，缩小了水力半径，因而雷诺数（Re）较小，这就创造了层流条件，水流较平稳，同时弗劳德数（F_r）较大，更有利于油水分离，这就是斜板除油成为高效设备的原因。除油罐结构示意如图 3-33 所示。

3.4.9　除油罐的特点是什么?

立式斜板除油罐的结构形式与普通立式除油罐基本相同，其主要区别是在普通除油

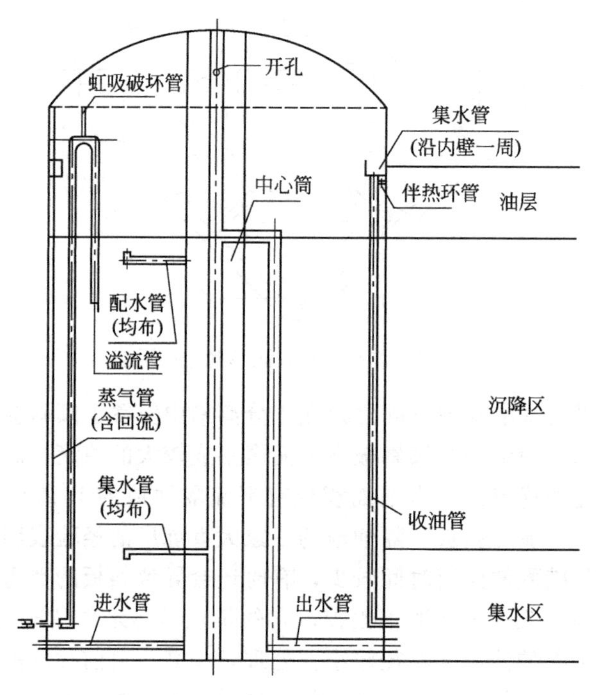

图 3-33　除油罐结构示意

罐中心反应筒外的分离区的一定部位上加设了斜板组。含油污水从中心反应筒出来之后，先在上部分离区进行初步的重力分离，较大的油珠颗粒先行分离出来，然后污水通过斜板区，油水进一步分离。分离后的污水经下部集水区流入集水管，汇集后的污水由中心柱管上部流出除油罐。在斜板区分离出的油珠颗粒上浮到水面，进入集油槽后由出油管排出到收油装置。立式斜板除油罐的主要设计参数如下：斜板间距 80～100mm；斜板倾角 45°～60°。其他设计数据与普通除油罐基本相同。

油田上使用立式斜板除油罐的实践证明，在除油效率相同的条件下，与普通立式除油罐相比，同样大小的除油罐的除油处理能力可提高 1.0～1.5 倍。

3.4.10　各种除油装置的优缺点是什么?

(1) 平流式隔油池（API）

平流式隔油池由池体、刮油刮泥机和集油管等几部分组成。废水从一端进入，从另一端流出，由于池内水平流速很小，相对密度小于 1.0 而粒径较大的油品杂质在浮力的作用下上浮，并且聚集在池的表面，通过设在池表面的集油管和刮油机收集浮油。而相对密度大于 1.0 的杂质沉于池底。这种隔油池的优点是构造简单，但隔油池占地面积大，停留时间长（1.5～2h），水平流速为 2～5mm/s。由于操作维护容易，运行管理方便，除油效果稳定，因此应用比较广泛；缺点是池的容积较大，排泥困难，其可能去除的粒径最小为 100～150μm。

(2) 斜板斜管式隔油池

根据浅层理论，隔油池也有采用斜板斜管式的，斜板斜管式隔油池由进水管、布水设施、斜板（斜管）组、出水管和集油管等几部分组成。池内放置聚酯玻璃钢制斜板，倾斜角度不小于 45°，板间距为 20～50mm，斜板有平板和波纹板等形式。这种隔油池的特点是油水分离迅速，占地面积小（只有平流式隔油池的1/2），但是结构复杂，维护清理较困难。

(3) 小型隔油池

小型隔油池在池子的上部设置了一块坡度为 1/10 的密封受压盖板，在进水的冲力和油滴的浮力的双重作用下，废水中的油滴沿斜板向上汇集到集油口并自动排入贮油槽。为使隔油池在冬天也能正常工作，池中还增加蒸汽加热装置，将油温控制在 18℃左右。北京铁路局丰台机务段的使用实践说明，这种隔油池具有结构简单，投资少，管理方便，净化效率高等特点。隔油效果可与其他各类隔油池相媲美，撇除油含水率小于 3%。

(4) 隔油井

简易的隔油井用来收集来自家庭、汽车库、饭馆、医院等废水中的油脂。这种油井类似于下水道窨井，被阻隔在水面上的浮油定期从井口由人工撇除。

(5) 吸油板式隔油池

这种隔油池利用吸油毡的疏水亲油特性，有吸油、隔油双重作用的隔板，插在隔油池中间代替普通隔油墙，使水中颗粒较小的油珠也能除去，使隔油池出口水中的油浓度基本达到规定要求。由于挡板上已设置了粗粒化吸油材料，水中的油珠遇到它们受吸附捕捉后也会被除去。吸油板式隔油池可以比普通隔油池少占用土地面积，如果注意防止表面活性剂对废油水的干扰，治理工厂油品的“跑、冒、滴、漏”所造成的油污染是有明显效果的。由于该隔油池具有制作简便、投资省、因地制宜的特点，因此尤其适用于一些中小型企业。

(6) 下水道式隔油池

这种隔油池将工厂每个车间内的排水首先汇集至一个窨井，再通过水管道与工厂内总排水管网上的窨井相连接。有时总排水管网上有数个窨井作为汇流节点，二个窨井之间的下水管道一般有十几米、几十米，这些长长的下水管道具有相当可观的过水表面积，对于提高油滴的上浮能力有很大的作用。下水道式隔油池在最近 10 多年才有一些应用，而且，范围不是很广泛，一般不应用于处理炼油废水。

(7) 隔油罐

隔油罐的优点：除油效率高，都在 85%以上；出水中的残油再经过加压溶气浮选后，不会给生化处理带来影响；液面上的浮油用一根集油管线就能够将其集入隔油罐，操作简单，罐底沉砂的清扫也优于隔油池，省掉了刮油刮泥机，减少了维护保养工作。另外，隔油罐密闭性好，避免了因油气、NH_3、H_2S 的挥发造成的空气污染。

(8) 排洪沟隔油池

排洪沟隔油池在排洪沟上砌筑长 25m 的简易隔油池，起到除油作用。为了更好地发挥其作用，可把隔油池由一级改为二级，使隔油池的达标率达到约 95%。为延长其使用周期，可以在上池壁增加玻璃钢防腐层。

(9) 高效隔油器

这种隔油器中安装了铝制波形填料。对水中的油具有聚结作用，可使油粒变大，从而增加浮升速度，提高除油率。池面还安装了可调节标高的集油管，污油可自流入污油池中，然后用车吸走。

3.4.11 平流式隔油池的工艺设计参数有哪些？

① 停留时间 T，一般采用 1.5～2h。

② 水平流速 v，一般采用 2～5mm/s。

③ 隔油池每格宽度 B 采用 2m，2.5m，3m，4.5m，6m。当采用人工清除浮油时，每格宽≤3m。国内各大炼厂一般采用 4.5m，且已有定型设计。

④ 隔油池超高 h_1，一般不小于 0.4m，工作水深 h_2 为 1.5～2.0m。人工排泥时，池深应包括污泥层厚度。

⑤ 隔油池尺寸比例：单格长宽比 $(L/B)\geqslant 4$，深宽比 $(h_2/B)\geqslant 0.4$。

⑥ 刮板间距不小于 4m，高度 150～200mm，移动速度 0.01m/s。

⑦ 在隔油池的出口处及进水间浮油聚集，对大型隔油池可设集油管收集和排除。集油管管径为 200～300mm，纵缝开度为 60°，管轴线在水平面下 0～50mm，小型池装有集油环。

⑧ 采用机械刮泥时，集泥坑深度一般采用 0.5m，底宽不小于 0.4m，侧面倾角为 45°～60°。

⑨ 池底坡度 i，当人工排泥时池底坡度为 0.01～0.02，坡向集泥坑；机械刮泥时，采用平底，即 $i=0$。

⑩ 隔油池水面以上的油层厚度不大于 0.25m。

⑪ 隔油池的除油效率一般在 60%以上，出水含油量为 100～200mg/L。若后续采用浮选法，出水含油量小于 50mg/L。

⑫ 为了安全、防火、防寒、防风沙，隔油池可设活动盖板。

⑬ 在寒冷地区，集油管内应设有直径为 25mm 的加热管，隔油池内也可设蒸汽加热管。

3.4.12 隔油池在运行过程中应注意哪些问题？

隔油池的作用是利用自然上浮法分离、去除含油废水中可浮性油类物质。隔油池能去除污水中处于漂浮和粗分散状态的密度小于 1.0 的石油类物质，而对处于乳化、溶解及分散状态的油类几乎不起作用。应注意问题有：

① 隔油池必须同时具备收油和排泥措施。

② 隔油池应密闭或加活动盖板，以防止油气对环境的污染和火灾事故的发生，同时可以起到防雨和保温的作用。

③ 寒冷地区的隔油池应采取有效的保温防寒措施，以防止污油凝固。为确保污油流动顺畅，可在集油管及污油输送管下设热源为蒸汽的加热器。

④ 隔油池四周一定范围内要确定为禁火区，并配备足够的消防器材和其他消防手段。隔油池内防火一般采用蒸汽，通常是在池顶盖以下 200mm 处沿池壁设一圈蒸汽消防管道。

⑤ 隔油池附近地区要有蒸汽管道接头，以便接通临时蒸汽扑灭火灾，或在冬季气温低时因污油凝固引起管道堵塞或池壁等处黏挂污油时清理管道或污油。

3.4.13 破乳的方法有哪些？

破乳又称反乳化作用，能有效地使乳状液破坏的试剂称为破乳剂，它们通常是在油水界面上有强烈的吸附倾向，但又不能形成牢固的界面膜的一类表面活性剂。有阴离子型破乳剂，如脂肪酸盐、磺酸盐类、烷基苯磺酸盐、聚氧乙烯脂肪醇磷酸盐等；阳离子型破乳剂，如氯化十四烷基三甲基铵等；非离子型破乳剂，如聚氧乙烯聚氧丙烯烷基醇（或苯酚）醚、聚氧乙烯聚氧丙烯多乙烯多胺醚。液滴聚结破乳理想过程如图 3-34所示。

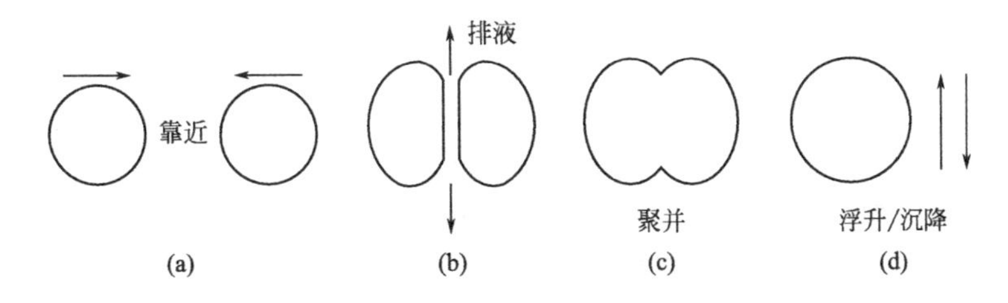

图 3-34　液滴聚结破乳理想过程

常用的破乳方法有以下几种：

(1) 热处理破乳

乳状液是热力学不稳定体系，虽然提高温度对于乳状液的双电层以及界面吸附没多少影响，但如果从热力学考虑，温度提高，界面分子的热运动加剧，界面膜分子排列松散，将有利于液珠的聚集。另外，温度的升高会降低乳状液的稳定性，故易发生破乳。加热可以作为破坏乳状液的一种手段，特别是对于以非离子稳定形式存在的原油乳状液，升温时乳状液的亲水性降低，温度升至相转变温度时，乳状液很快被破坏。反之对于非离子表面活性剂稳定的乳状液，温度降至相转变温度时，乳状液也将很快被破坏。热处理方法原理简单，适应性较强。

(2) 化学破乳

化学破乳一般是指加入一种或几种化学物质来改变乳状液的类型和界面性质，目的是为了降低界面膜的强度，或破坏界面膜的性质，从而使原油的乳状液不稳定而发生破乳。因此，好的破乳剂应具有在油、水两相中具有较快的扩散速度和顶替原油界面膜的能力，使破乳速度较快，脱水率高。另外，一些性能很好的乳化剂在一定条件下也能变成很好的破乳剂。

(3) 电处理破乳

电沉降法主要用于极性型乳状液，在电场的作用下，使作为内相的水珠凝结。电场能够破乳的主要理论认为乳化膜是由带有额外电荷的极性分子所组成，它们易被干扰，但与水之间有吸引力。这些分子把水包在中间形成一个坚韧的膜壁。电场干扰这个膜壁，并引起其中分子的重新排列。分子的重新排列意味着膜的破裂，同时电场引起了临近液滴的相互吸引，最后水滴聚结并因相对密度较大而沉降，达到脱水脱盐的目的。

(4) 物理破乳

① 过滤　将乳状液通过多孔性固体物质过滤，由于固体表面对乳化剂有很强的吸附作用，使乳化剂由油水界面转移至固液界面，从而导致乳状液的破坏。另外，当乳状液通过滤板时，滤板将界面膜刺破，使其内相聚结而破乳。有时可以利用油水两相对过滤物质的不同的润湿性，如果固体过滤物质能够被分散相所湿润，这种固体就可以作为液珠的场所，利用它可将已聚集的液体分离。

② 离心　离心分离法也可以很有效地分离乳状液，它是利用水油的密度不同，在离心力的作用下，促进排液过程而使乳状液破坏。在离心破乳的过程中，对乳状液加热，可加速排液过程，即加快了破乳。离心场越强，破乳效果越好。

③ 超声　超声是常用的形成乳状液的一种搅拌手段，在使用强度不大的超声波时，又可发生破乳。与此相似，有时对乳状液轻微震荡或者搅拌也可以实现破乳。

(5) 生物破乳

室内及现场试验结果表明，与标样及目前现场常用的化学破乳剂相比，原油生物破乳剂具有优良的破乳及脱水性能。破乳后的油水界面清晰，脱出水中含油量低。研究还表明，破乳作用的主要因素是细菌菌体。随着油田的原油含水量升高，大多数破乳剂多为油溶性破乳剂。但油溶性破乳剂的很大缺点是对人体危害较大，特别是用作溶剂的苯毒害更大，对现场施工人员的伤害较大。因此人们开始研究环保型的破乳剂。

常用的破乳装置如图 3-35 所示。

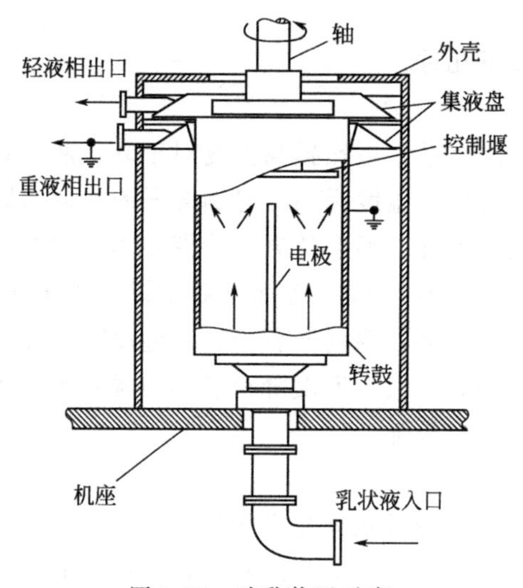

图 3-35　破乳装置示意

3.4.14　气浮除油的原理与特点是什么?

针对不同的油分和含油的性质，除去除大颗粒的油之外，对于较小颗粒或者要求除油的去除率很高的话，可以考虑压力溶气气浮法除油。

气浮法除油的原理是利用油水间表面张力大于油气间表面张力，油疏水而气相对亲水的特点，将空气通入污水中，同时加入浮选剂（主要为表面活性剂和聚合物）使油粒黏附在气泡上，气泡吸附油及悬浮物上浮到水面从而达到分离的目的，气浮法主要去除的是残余浮油和不含表面活性剂的分散油。

压力溶气气浮法工艺主要由 3 部分组成，即压力溶气系统、溶气释放系统及气浮分离系统。

(1) 压力溶气系统

包括水泵、空压机、压力溶气罐及其他附属设备。其中压力溶气罐是影响溶气效果的关键设备。采用空压机供气方式的溶气系统是目前应用最广泛的压力溶气系统。气浮法所需空气量较少，可选用功率小的空压机，并采取间歇运行方式。此外空压机供气还可以保证水泵的压力不会有大的损失。一般水泵至溶气罐的压力约为0.3～0.5MPa，因此可以节省能耗。

(2) 溶气释放系统

一般是由释放器（或穿孔管、减压阀）及溶气水管路所组成。溶气释放器的功能是将压力溶气水通过消能、减压，使溶入水中的气体以微气泡的形式释放出来，并能迅速而均匀地与水中杂质相黏附。

(3) 气浮分离系统

一般可分为3种类型，即平流式、竖流式及综合式。其功能是确保一定的容积与池的表面积，使微气泡群与水中架凝体充分混合、接触、黏附，以保证带气絮凝体与清水分离。

4.1 活性污泥处理法概述

4.1.1 活性污泥处理法的基本概念是什么?

生物处理的目的是去除有机物和植物性营养物以及通过生物絮凝去除胶体颗粒，同时也可以获得能量和产品，主要机理是微生物代谢。1912年，英国的Clark和Gage发现对污水进行长时间曝气会产生污泥，同时水质会得到明显的改善。继而Arden和Lockgtt对这一现象进行了研究。

活性污泥法是以活性污泥为主体的废水生物处理的方法。活性污泥法是向废水中连续通入空气，经一定时间后因好氧活性微生物繁殖而形成的污泥状絮凝物，其上栖息着以菌胶团为主的微生物群，具有很强的吸附与氧化有机物的能力。该法是在人工充氧条件下，对污水和各种微生物群体进行连续混合培养形成活性污泥，并利用活性污泥的生物凝聚、吸附和氧化作用，以分解去除污水中的有机污染物，然后使污泥与水分离，大部分污泥再回流，多余部分则排出活性污泥系统。

4.1.2 活性污泥法的基本工艺流程是什么?

典型的活性污泥法是由曝气池、沉淀池、污泥回流系统和剩余污泥排除系统组成。其基本工艺流程如图4-1所示。

污水和回流的活性污泥一起进入曝气池形成混合液。从空气压缩机站送来的压缩空气，通过铺设在曝气池底部的空气扩散装置，以细小气泡的形式进入污水中，目的是增加污水中的溶解氧含量，还使混合液处于剧烈搅动的状态，形成悬浮状态。溶解氧、活性污泥与污水互相混合充分接触，使活性污泥反应得以正常进行。活性污泥系统一般由以下各部分组成。

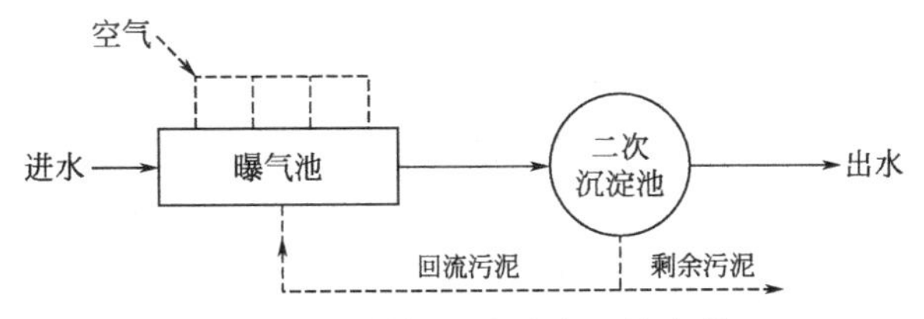

图 4-1　活性污泥法基本工艺流程

(1) 曝气池

曝气池是反应主体，是生物降解的主要场所。

(2) 二沉池

① 进行泥水分离，保证出水水质；

② 保证回流污泥，维持曝气池内的污泥浓度。

(3) 回流系统

① 维持曝气池的污泥浓度；

② 改变回流比，改变曝气池的运行工况。

(4) 剩余污泥排放系统

① 去除有机物的途径之一；

② 维持系统的稳定运行。

(5) 供氧系统

主要由供氧曝气风机和专用曝气器构成，向曝气池内提供足够的溶解氧。

4.1.3　活性污泥法降解废水中有机物的过程是什么?

活性污泥去除污水中有机物的过程一般分为 3 个阶段。

(1) 初期的吸附去除阶段

在该阶段，污水和污泥在刚开始接触的 5～10min 内就出现了很高的 BOD 去除率，通常 30min 内污水中的有机物被大量去除，这主要是由于活性污泥的物理吸附和生物吸附共同作用的结果。

活性污泥法初期吸附去除的主要特点包括以下几点：

① 初期的吸附去除完成时间短，去除量大；

② 去除的有机物对象主要是胶体和悬浮性有机物；

③ 活性污泥的性质与初期的吸附去除关系密切，一般处于内源呼吸期的活性污泥微生物吸附能力强，而氧化过度的活性污泥微生物初期吸附的效果不好；

④ 初期吸附有机物的效果与生物反应池的混合及传质效果密切相关；

⑤ 被吸附的有机物没有从根本上被矿化，通过数小时的曝气后，在胞外酶的作用下，被分解为小分子有机物后才可能被微生物酶转化。

(2) 代谢阶段

活性污泥吸附了污水中呈非溶解状态的大分子有机物后，被微生物的胞外酶分解成小分子的溶解性有机物，与污水中溶解性的有机物一起进入微生物细胞内被降解和转化，一部分有机物质进行分解代谢，氧化为二氧化碳和水，并获得合成新细胞所需的能量；另一部分物质进行合成代谢，形成新的细胞物质。

(3) 活性污泥絮体的分离沉淀

无论是分解还是代谢，都能去除有机污染物，但是产物却不同。分解代谢的产物是二氧化碳和水，而合成代谢的产物则是新的细胞，并以剩余污泥的方式排出活性污泥系统。沉淀是混合液中固相活性污泥颗粒同废水分离的过程。固液分离的好坏，直接影响出水水质。如果处理水挟带生物体，出水 BOD 和 SS 将增大。所以，活性污泥法的处理效率同其他生物处理方法一样，应包括二次沉淀池的效率，即用曝气池及二沉池的总效率表示，除了重力沉淀外，也可用气浮法进行固液分离。

4.1.4　活性污泥由哪几部分组成?

活性污泥中固体物质的有机成分主要是由栖息在活性污泥上的微生物群体组成。此外，活性污泥还夹杂着由流入污水挟入的有机固体物质，其中包括某些惰性的难以被细菌摄取、利用的难降解物质。活性污泥的无机组成部分则全部是由污水挟入的，至于微生物体内存在的无机盐，由于数量极少可忽略不计。这样可得出活性污泥由以下 4 部分组成：

① 具有代谢功能的微生物群体；

② 微生物内源代谢、自身氧化的残留物；

③ 由污水挟入难以被细菌降解的惰性有机物质；

④ 由污水挟入的无机物质。

4.1.5　活性污泥的评价指标有哪些?

(1) 污泥浓度

指单位体积混合液含有的悬浮固体量或挥发性悬浮固体量，单位为 mg/L 或 g/L。活性污泥法中适宜的污泥浓度一般为 2500～4000mg/L。

(2) 污泥沉降比

污泥沉降比（SV）是指将 1000mL 混匀的曝气池活性污泥混合液倒入 1000mL 量筒中，静置沉淀 30min。沉淀污泥所占混合液体积之比为污泥沉降比，又称污泥沉降体积（SV30），以“mL/L”表示。因为污泥沉降 30min 后，一般可达到或接近最大密度，所以普遍以此时间作为测定该指标的标准时间，也可以污泥沉降 15min 为准。污泥沉降比是一个很重要的指标，通过观察污泥沉降比可以发现污泥性状的很多问题，如上清液是否清澈、是否含有难沉悬浮絮体、絮体粒径大小及紧凑程度等。

(3) 污泥体积指数

污泥体积指数（Sludge Volume Index，SVI）是表示污泥沉降性能的参数。污泥指数反映活性污泥的松散程度和凝聚、沉降性能。污泥指数过低，说明泥粒细小、紧密，无机物多，缺乏活性和吸附能力；指数过高，说明污泥将要膨胀，或已膨胀，污泥不易沉淀，影响对污水的处理效果。对一般城市污水，在正常情况下，污泥指数一般控制在 50～150 为宜。对有机物含量高的废水，污泥指数可能远超过以上数值。

(4) 容积负荷

容积负荷是每立方米池容积每日负担的有机物量，一般指单位时间负担的五日生化需氧量千克数（曝气池、生物接触氧化池和生物滤池），或挥发性悬浮固体千克数（污泥消化池)。其计量单位通常以 kg/(m^3 · d) 表示。用容积负荷来评价生化装置的实际处理负荷及在相同条件下操作管理的优点是比较简便而直观的。

(5) 水力停留时间

水力停留时间是指待处理污水在反应器内的平均停留时间，也就是污水与生物反应器内微生物作用的平均反应时间。因此，如果反应器的有效容积为 V(m^3)，则：HRT=V/Q (其中 V 是曝气池池容积，Q 是曝气池进水流量)。

4.1.6 活性污泥的培养与驯化应注意哪些方面?

所谓活性污泥的培养，就是为活性污泥的微生物提供一定的生长繁殖条件，即营养物质、溶解氧、适宜的温度和酸碱度等，在这种情况下，经过一段时间就会有活性污泥形成，并且在数量上逐渐增长，并最后达到处理废水所需的污泥浓度。驯化过程中，能分解废水的微生物得到发展，不能适应的微生物被逐渐淘汰。驯化过程中应根据微生物的需要加入养料。为了缩短培养驯化时间，可将培养、驯化两阶段合并起来进行。注意事项有：

① 活性污泥培养过程中，应经常测定进水的 pH 值、COD、氨氮、曝气池溶解氧、污泥沉降性能等指标。活性污泥初步形成后，就要进行生物相观察，根据观察结果对污泥培养状态进行评估，并动态调控培菌过程。

② 活性污泥的培菌应尽可能在温度适宜的季节进行。因为温度适宜，微生物生长快，培菌时间短。如只能在冬季培菌，则应该采用接种培菌法，所需的种污泥量要比春秋季多。

③ 培菌过程中，特别是污泥初步形成以后，要注意防止污泥自身过度氧化，特别是在夏季。有不少厂都发生过此类情况，这不仅增加了培菌时间和费用，甚至会导致污水处理系统无法按期投入运行。要避免污泥自身氧化，控制曝气量和曝气时间是关键，要经常测定池内的溶解氧含量，要及时进水以满足微生物对营养物质的需求。若进水浓度太低，则要投加大粪等以补充营养，条件不具备时可采用间歇曝气。

④ 活性污泥培菌后期，适当排出一些老化污泥有利于微生物进一步生长繁殖。

⑤ 工业废水处理厂在生产装置投产前往往没有废水进入，而一旦生产装置投产后，排放的废水就需及时处理。此时，应根据实际情况合理确定培菌时间，并提前准备接种污泥及养料等。如曝气池中污泥已培养成熟，但仍没有废水进入，应停止曝气使污泥处于休眠状态，或间歇曝气 (延长曝气间隔时间、减少曝气量)，以尽可能降低污泥自身氧化的速度。有条件时，应投加大粪、无毒性的有机下脚料 (如食堂泔脚) 等营养物。

⑥ 大部分的污水处理厂都有 2 个 (格) 以上的曝气池。这种情况下可先利用 1 个曝气池培养活性污泥，然后再输送到相邻其他曝气池进行多级扩大培养。本法适用于规模较大的污水处理厂。

4.1.7 污泥龄与污泥负荷是什么?

(1) 污泥龄

污泥龄 (Sludge Retention Time，SRT) 是指在反应系统内，微生物从其生成到排出系统的平均停留时间，也就是反应系统内的微生物全部更新一次所需的时间。从工程上说，在稳定条件下，就是曝气池中工作着的活性污泥总量与每日排放的剩余污泥数量的比。一般处理效率要求高，出水水质要求高，SRT 应大一些，温度较高时，SRT 可小一些。

（2）污泥负荷

单位重量的活性污泥在单位时间内要保证一定的处理效果所承受的有机污染物（BOD_5），即 F/M 值。F/M 较大时，由于食料充足，活性污泥中的微生物增长速率较快，有机污染物被去除的速率也较快，但此时活性污泥的沉降性较差；反之 F/M 较小时，由于食料不足，微生物增长速率较慢或不增长或减少，此时有机物被去除的速率也非常慢，但活性污泥的沉降性往往较好。一般 F/M 的值为 0.2～0.5kgBOD_5/(kg MLVSS·d)。

4.1.8 活性污泥增殖过程是什么?

活性污泥微生物是多菌种混合群体，其生长规律比较复杂，但是也可用其增长曲线表示一定的规律。该曲线表达的是在温度和溶解氧等环境条件满足微生物的生长要求并有一定量初始微生物接种时，营养物质一次充分投加后，微生物数量随时间的增殖和衰减规律。活性污泥增长速率的变化主要是营养物或有机物与微生物的比值（通常用 F/M 表示），F/M 值也是有机底物降解速率、氧利用速率、活性污泥的凝聚、吸附性能等的重要影响因素。根据微生物的生长情况，微生物的增殖可以分成以下 4 个阶段。

（1）第一阶段：停滞期（适应期）

本阶段是微生物培养的初期，活性污泥微生物没有增殖，微生物刚进入新的培养环境中，细胞中的酶系统开始对环境进行适应。本阶段微生物细胞的特点是：分裂迟缓、代谢活跃、一般数量不增加但细胞体积增长较快，易产生诱导酶。停滞期对于后续微生物功能的发挥是非常重要的。在实际应用中活性污泥法的启动初期会遇到这一阶段。

（2）第二阶段：对数增殖期

本阶段营养物质过剩，F/M 值大于 2.2。微生物的生长特点是代谢活性最强，组成微生物新细胞物质最快，微生物以最大速率把有机物氧化和转换成细胞物质。在这种情况下，活性污泥有很高的能量水平，特别表现在其活性很强，吸附有机物能力强，增殖速度快，另外也因能量水平高，导致活性污泥质地松散，絮凝性能不佳。

（3）第三阶段：减速增殖期

在本阶段由于营养物质不断消耗和新细胞的不断合成，F/M 值降低，培养液中的有机物已被大量消耗，代谢产物积累过多，使得细胞的增殖速度逐渐减慢，活性污泥从对数增殖期过渡到减速增殖期，营养物质减少，微生物能量水平降低，细菌开始结合在一起，活性污泥的絮凝体开始形成，活性开始减弱，凝聚、吸附和沉降性能都有所提升。在此阶段，如果再添加有机物等营养物质，并排出代谢物，则微生物又可以恢复到对数增殖期，大多数活性污泥处理厂是将曝气池的运行工况控制在减速增殖期。

（4）第四阶段：内源呼吸期

经过减速增殖期后，培养液中的有机物含量继续下降，F/M 值降到最低并保持一常数，微生物已不能从其周围环境中获取足够的能够满足自身生理需要的营养并开始分解代谢自身的细胞物质，以维持生命活动，活性污泥微生物的增殖便进入了内源呼吸期。在本阶段初期，微生物虽然仍在增殖，但其速率远低于自身氧化的消耗，活性污泥减少。在本阶段，营养物质几乎消耗殆尽，能量水平极低，絮凝体形成速率提高，这时细菌凝聚性能最强，细菌处于“饥饿状态”，吸附有机物能力显著，游离的细菌被栖息在活性污泥菌胶团表面上的原生动物所捕食，使处理水的水质显著澄清。

活性污泥增长曲线如图 4-2 所示。

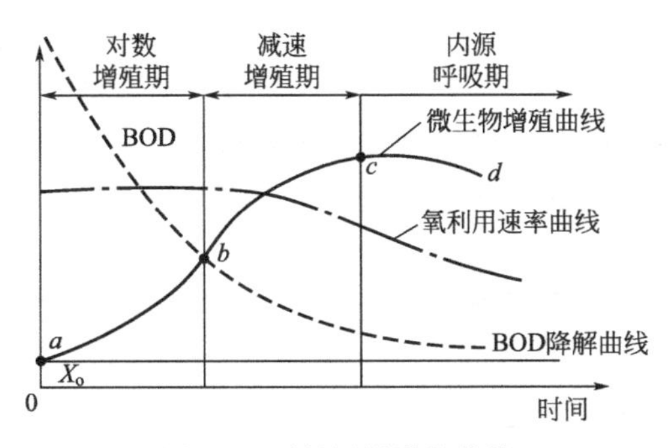

图 4-2　活性污泥增长曲线

4.2　影响活性污泥法处理的因素

4.2.1　温度是如何影响活性污泥法处理过程的?

在影响微生物生理活动的各因素中，温度是最重要的一个因素。温度适宜能够促进、提高微生物的生理活动；温度不适宜，能够减弱甚至破坏微生物的活动。另外，温度的不适宜还能够改变微生物的形态和生态特性，甚至可导致微生物的死亡。微生物的最适温度是指在这一温度下，微生物的生理活动强劲、旺盛，表现在生长方面是增殖速度快。各类微生物的最适温度如表 4-1 所示。

表 4-1　各类微生物的最适温度

类别	最低温度/℃	最适温度/℃	最高温度/℃	类别	最低温度/℃	最适温度/℃	最高温度/℃
高温型	30	50～60	70～80	常温型	5	15～30	40
中温型	10	30～40	50	低温型	10	5～10	30

4.2.2　pH 值是如何影响活性污泥法处理过程的?

微生物的生理活动与环境的酸碱度密切相关，只有在适宜的酸碱条件下，微生物才能进行正常的生理活动。pH 值能够影响生物细胞膜上的电荷性质，电荷性质如果改变，微生物细胞吸收营养物质的功能也会发生变化，从而对微生物的生理活动产生不良影响。pH 值过大，偏离适宜数值，会使微生物的酶系统的催化功能减弱，甚至消失。微生物的细胞质是一种胶体溶液，有一定的等电点。当等电点由于 pH 值变化而发生变化时，微生物的呼吸作用和代谢功能就会受到影响。高浓度的氢离子浓度可导致菌体表面蛋白质和核酸水解而变性。不同种属的微生物生理活动的适宜 pH 值都在一定范围内。在高于或低于这个 pH 值范围内，微生物虽能够存活，但生理活动微弱，易于死亡，增殖速度大为降低。参与污水处理的微生物，一般最佳的 pH 值范围在 6.5～8.5 之间。在曝气池内，保持适宜的 pH 值是十分必要的，这是使活性污泥处理效率较高，取得良好处理效果的必要条件。

4.2.3 原水的组成是如何影响活性污泥法处理过程的？

参与活性污泥处理的微生物，在其生命活动中需要从周围环境吸收所必需的营养物质，这里包括碳源、氮源、无机盐及某些生长素等。待处理的污水中必须含有这些物质。生活污水可为活性污泥微生物提供最佳的营养源，其 BOD∶N∶P＝100∶5∶1，污水经过初次沉淀或水解酸化等工艺处理后，BOD 有所降低，N 与 P 含量的相对值提高。

① 碳是构成生物细胞的重要物质，参与活性污泥处理的微生物对碳的需求量很大。一般 BOD_5 不应低于 100mg/L。

② 氮是组成微生物细胞内蛋白质及核酸的重要元素。生活污水中氮源是充足的无需另外投加，但工业废水则未必满足，必要时需投加尿素、硫酸铵等物质。

③ 磷是合成核蛋白、软磷脂及其他磷化合物的重要元素，在微生物的代谢及物质转化中具有重要作用。磷的不足将影响酶的活性，从而使微生物的生理活动受到影响。

④ 钠、钾、钙、镁、铁等对微生物的生理活动也有重要影响。微量元素对微生物的生理活动有刺激作用，但对其的需求量很少。一般情况下，对生活污水、城市污水及绝大部分工业有机废水进行生物处理时，都无需另行投加。

4.2.4 有毒物质是如何影响活性污泥法处理过程的？

所谓有毒物质是指对微生物的生理活动具有抑制作用的无机物质及有机物质，如重金属离子、酚、氰等物质。重金属离子（铅、铬、铁、铜等）对微生物产生毒害作用，它能够和细胞的蛋白质相结合，从而使其变性或沉淀。汞、银、砷等离子对微生物的亲和力较大能与微生物的蛋白质的—SH 基结合，从而抑制其正常的生理代谢功能。酚类化合物对菌体细胞膜具有损害作用，并能够使菌体蛋白质凝固。此外，酚又能使某些酶系统产生抑制作用，破坏了细胞正常的代谢功能。甲醛能够与蛋白质的氨基结合，而使蛋白质变性，破坏了菌体的细胞质。

4.2.5 溶解氧含量是如何影响活性污泥法处理过程的？

参与污水活性污泥处理的微生物是以好氧呼吸的好氧菌为主体的微生物群体，所以曝气池内必须有足够的溶解氧含量。溶解氧含量不足必将对微生物的生理活动产生不良影响，从而使污水的处理程度受到影响，甚至遭到破坏。如果曝气池内的微生物保持正常的生理活动，曝气池内的溶解氧浓度一般宜保持在不低于 2mg/L。在曝气池内的局部区域，有机污染物相对集中，好氧速率较高，溶解氧浓度不易保持在 2mg/L，可以有所降低，但不宜低于 1mg/L。曝气池内溶解氧浓度也不宜过高，溶解氧浓度过高会导致有机污染物分解过快，从而使微生物缺乏营养，活性污泥易于老化，结构松散。另外溶解氧含量高，在经济上也不适宜。

4.3 活性污泥法在运行过程中存在的问题及相应的措施

4.3.1 活性污泥法在运行过程中存在哪些问题?

曝气池前段有机污染物负荷高，好氧速度也高，为了避免由于缺氧形成厌氧状态，进水有机物负荷不宜过高。为达到一定的去污能力，需要曝气池容积大，所以占用的土地较多，基建费用高；好氧速度沿池长是变化的，而供氧速度难于与其相吻合适应，在池前段可能出现好氧速度高于供氧速度的现象，池后段又可能出现溶解氧过剩的现象，对此，采用渐减供氧方式，可一定程度上解决这些问题；另外，活性污泥对进水水质、水量变化的适应性较低，运行效果易受水质、水量变化的影响。

活性污泥法运行过程中存在问题有：

① 生物相不正常；

② 污泥 SVI 值异常；

③ 污泥膨胀；

④ 污泥解体；

⑤ 污泥腐化；

⑥ 污泥上浮；

⑦ 泡沫问题；

⑧ 二沉池出水异常，主要表现在透明度降低、SS 和 BOD 值升高、大肠菌群数增加等。

4.3.2 污泥膨胀的概念及其解决办法有哪些?

(1) 污泥膨胀的原因

① 丝状菌膨胀　活性污泥絮体中的丝状菌过度繁殖，导致膨胀，促成条件包括进水有机物少，F/M 太低，微生物食料不足；进水氮、磷不足；pH 值低；混合液溶解氧太低，不能满足需要；进水波动太大，对微生物造成冲击。

② 非丝状菌膨胀　由于进水中含有大量的溶解性有机物，使污泥负荷太高，而进水中又缺乏足够的 N、P，或者 DO（溶氧）不足。细菌很快把大量有机物吸入体内，又不能代谢分解，向外分泌出过量的多糖类物质。这些物质分子中含羟基而具有较强的亲水性，使活性污泥的结合水高达 400%（正常为 100%左右），呈黏性的凝胶状，无法在二沉池分离。

另一种非丝状菌膨胀是进水中含有较多毒物，导致细菌中毒，不能分泌出足够量的黏性物质，形不成絮体，也无法分离。

(2) 解决办法

组成废水的各种成分由于比例失调，也可引起污泥膨胀。如废水中 C/N 比失调，若由于碳水化合物的含量过高，可适当地投加尿素、碳酸铵或氯化铵。如系统进水浓度太高，可减低进水量。至于曝气池的环境（如 pH 值、温度、溶解氧等）对活性污泥的性质也有一定的影响。

其他如废水中含有大量的有机物或石油，以及含有大量的腐败物质都可以引起膨胀。在曝气池中过多或过少地充氧或搅动不充分，都可引起膨胀。

由此可知，为防止污泥膨胀，首先应加强管理操作，经常检测污水水质、曝气池内溶解氧、污泥沉降比、污泥指数和进行显微镜观察，如发现异常情况应及时采取措施，如加大空气量、及时排泥，在有可能时采取分段进水，以减轻二沉池的负荷。

4.3.3 污泥上浮的概念及其解决办法有哪些?

(1) 污泥上浮

主要是指污泥脱氮上浮。污水在二沉池中经过长时间停留会造成缺氧（DO 在 0.5mg/L 以下），则反硝化菌会使硝酸盐转化成氨和氮气，在氨和氮气逸出时，污泥吸附氨和氮气而上浮使污泥沉降性降低。

(2) 解决办法

污泥上浮现象和活性污泥的性质无关，只因污泥中产生气泡，使污泥密度低于水，因此污泥上浮不应与污泥膨胀混为一谈。具体解决办法有：

① 降低进水盐浓度，控制高负荷 COD 的冲击。

② 准确地控制曝气池内的 COD 负荷。因此，在运行操作上要控制曝气池进水量。通过准确地控制 MLSS（建议 6～8g/L）和曝气池进水量，将 COD 负荷控制在 0.2～0.4kg/(m^3 · d) 的适当范围，以减少污水的冲击，如果该污水经过均质池后的 COD 浓度仍然超过设计标准，应将该股污水引入事故池以待日后处理。

③ 完善污水预处理工艺，控制污水厌氧与兼氧酸化水解池的运行参数是保障后续曝气池正常运转的关键步骤，污水中的难降解有机物在此得到降解后，可以保证曝气池污水的出水要求，也改善了二沉池的沉降性能。以某工程项目为例，采取以下措施：完成潜水搅拌机配电系统的改造，尽快泵污泥至酸化池，进行酸化池的调试和酸化污泥的驯化。一次投加剩余污泥约为池容的1/5，投加量约为 100m^3，使池内混合液浓度在 4～6g/L。

④ 控制氧曝池的溶解氧浓度，适当降低氧曝池 MLSS，基本控制在 10g/L 以内，与之相应的溶解氧浓度控制应根据进水有机负荷及时调整。

⑤ 增加污泥回流量，及时排除剩余污泥，降低混合液污泥浓度，缩短污泥龄，降低溶解氧浓度，但不能进入消化阶段。

4.3.4 泡沫问题的概念及其解决办法有哪些?

(1) 泡沫问题

泡沫一般分为 3 种形式。

① 启动泡沫　活性污泥工艺运行启动初期，由于污水中含有一些表面活性物质，易引起表面泡沫。但随着活性污泥的成熟，这些表面活性物质经微生物降解，泡沫现象会逐渐消失。

② 反硝化泡沫　如果污水厂进行硝化反应，则在沉淀池或曝气不足的地方会发生反硝化作用，产生氮等气泡而带动部分污泥上浮，出现泡沫现象。

③ 生物泡沫　由于丝状微生物的异常生长，与气泡、絮体颗粒混合而成的泡沫具有稳定、持续、较难控制的特点。生物泡沫对污水厂的正常运行是非常不利的，在曝气池或二沉池中出现大量丝状微生物，在水面上漂浮、积聚大量泡沫，造成出水有机物浓

度和悬浮固体升高，产生恶臭或不良有害气体，降低机械曝气方式的氧转移效率，可能造成后期污泥消化时产生大量表面泡沫。

(2) 解决办法

① 喷洒水　这是一种最常用的物理方法。通过喷洒水流或水珠以打碎浮在水面上的气泡，来减少泡沫。打散的污泥颗粒部分重新恢复沉降性能，但丝状细菌仍然存在于混合液中，所以不能从根本上消除泡沫现象。

② 投加消泡剂　可采用具有强氧化性的杀菌剂，如氯、臭氧和过氧化物等。还有利用聚乙二醇、硅酮生产的市售药剂，以及氯化铁和铜材酸洗液的混合药剂等。药剂的作用仅仅能降低泡沫的增长，却不能消除泡沫的形成。而广泛应用的杀菌剂普遍存在副作用，因为过量或投加位置不当，会大量降低反应池中絮成菌的数量及生物总量。

③ 降低污泥龄　一般采用降低曝气池中污泥的停留时间，以抑制有较长生长期的放线菌的生长。

④ 回流厌氧消化池上清液　已有试验表明，采用厌氧消化池上清液回流到曝气池的方法，能控制曝气池表面的气泡形成。

⑤ 投加特别微生物　有研究提出，一部分特殊菌种可以消除 *Nocardia* 菌的活力，其中包括原生动物肾形虫等。另外，增加捕食性和拮抗性的微生物，对部分泡沫细菌有控制作用。

4.3.5　污泥解体的概念及其解决办法有哪些?

(1) 污泥解体

处理水质浑浊、污泥絮凝体微细化、处理效果变坏等是污泥解体现象。导致这种异常现象的原因有：污泥中毒、微生物代谢功能受到损害或消失、污泥失去净化活性和絮凝活性。多数情况下为污水事故性排放所造成，应在生产中予以克服，或局部进行预处理；正常运行时，处理水量或污水浓度长期偏低，而曝气量仍为正常值，出现过度曝气，引起污泥过度自身氧化，菌胶团絮凝性能下降，污泥解体，进一步污泥可能会部分或完全失去活性。此时，应调整曝气量，或只运行部分曝气池。

(2) 解决办法

运行不当（如曝气过量），会使活性污泥生物营养的平衡遭到破坏，使微生物量减少且失去活性，吸附能力降低，絮凝体缩小质密，一部分则成为不易沉淀的羽毛状污泥，处理水质混浊，SV%值降低等。当污水中存在有毒物质时，微生物会受到抑制伤害，净化能力下降，或完全停止，从而使污泥失去活性。一般可通过显微镜观察来判别产生的原因。当鉴别出是运行方面的问题时，应对污水量、回流污泥量、空气量和排泥状态以及 SV、MLSS、DO、N_S 等多项指标进行检查，加以调整。当确定是污水中混入有毒物质时，应考虑这是新的工业废水混入的结果，需查明来源，并按国家排放标准进行处理。

4.3.6　污泥腐化的概念及其解决办法有哪些?

(1) 污泥腐化

污泥腐化上浮是指在沉淀池内的污泥由于缺氧而引起厌氧分解，产生甲烷及二氧化碳气体，污泥吸附气体上浮。在二沉池有可能由于污泥长期滞留而进行厌气发酵，生成气体（H_2S、CH_4 等），从而发生大块污泥上浮的现象。它与污泥脱氮上浮所不同的是：污泥腐败变黑，产生恶臭。此时也不是全部污泥上浮，大部分污泥都是正常地排出或回流，只有沉积在死角长期滞留的污泥才腐化上浮。

(2) 解决办法

① 设计并安装不使污泥外溢的浮渣设备；

② 消除沉淀池的死角；

③ 加大池底坡度或改进池底刮泥设备，不使污泥滞留于池底。此外，如曝气池内曝气过度，使污泥搅拌过于激烈，生成大量小气泡附聚于絮凝体上，也容易产生这种现象。防止措施是将供气控制在搅拌所需的限度内，而脂肪和油则应在进入曝气池之前加以去除。

4.4 活性污泥法的常用工艺

4.4.1 活性污泥法的运行方式有哪些?

活性污泥法自创建以来至今已有百年的历史，在各类污水生物处理中均获得了巨大的成功。按运行方式，活性污泥法可分为普通曝气法、渐减曝气法、阶段曝气法、生物吸附法、延时曝气法、短时高效曝气法、表面加速曝气法和 AB 法等。

4.4.2 传统活性污泥法的原理及其特点是什么?

在活性污泥处理系统中，有机污染物从水中去除的实质就是有机污染物作为营养物质被活性污泥微生物摄取、代谢与利用的过程。

普通活性污泥法主要由曝气池、曝气系统、二次沉淀池、污泥回流系统和剩余污泥排放系统组成，传统活性污泥流程如图 4-3 所示。

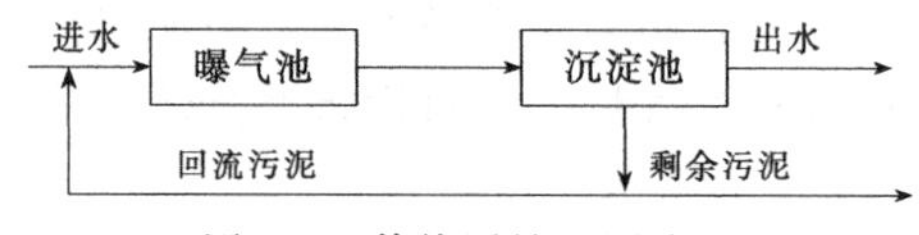

图 4-3　传统活性污泥流程

曝气池运行时进水和回流污泥从长方形的一端沿池长均匀向前推进，直到池的末端。曝气池中存在一个有机物浓度梯度，在曝气池的前端，污水中有机物浓度高，污泥中细菌处于对数生长期，随着混合液水流的推进，有机物不断被吸附和降解，污泥中微生物生命状态逐渐进入静止期；到曝气池末端，有机物基本被耗尽，细菌进入内源呼吸期。推流式活性污泥处理效果好，但易受到水质波动冲击的影响，运行不稳定。推流式活性污泥池常被分割成几个廊道，每个廊道宽 3m，深3～5m，长 20～80m。传统活性污泥法的特点是：

① 废水浓度自池首至池尾是逐渐下降的，由于在曝气池内存在这种浓度梯度，废水降解反应的推动力较大，效率较高；

② 推流式曝气池可采用多种运行方式；

③ 对废水的处理方式较灵活。但推流式曝气也有一定的缺点，由于沿池长均匀供氧，会出现池首曝气不足，池尾供气过量的现象，增加动力费用。

4.4.3 传统活性污泥法有哪些工艺设计参数?

传统活性污泥法工艺系统一般建成廊道型，根据所需长度，可建成单廊道、二廊道或多廊道。廊道的长宽比一般不小于 5∶1，以避免短路。传统活性污泥法工艺系统的各项设计参数参考值如表 4-2 所示。

表 4-2 传统活性污泥法设计参数参考值

项目	单位	数值
BOD 负荷(N_S)	$kgBOD_5/(kgMLSS \cdot d)$	0.2～0.4
容积负荷(N_V)	$kgBOD_5/(m^3 \cdot d)$	0.3～0.6
污泥龄(θ_c)	d	5～15
混合液悬浮固体浓度(MLSS)	mg/L	1500～3500
混合液挥发性悬浮固体浓度(MLVSS)	mg/L	1200～2500
污泥回流比(R)	%	25～50
曝气时间(t)	h	4～8
BOD_5 去除率	%	85～95

4.4.4 完全混合活性污泥法的原理及其特点是什么?

完全混合活性污泥法 (Completely Mixed Activated Sludge Process)，即更多地增加进水点，同时使回流污泥与进水迅速混合，废水与回流污泥进入曝气池后，立即与混合液充分混合。完全混合活性污泥法如图 4-4 所示。

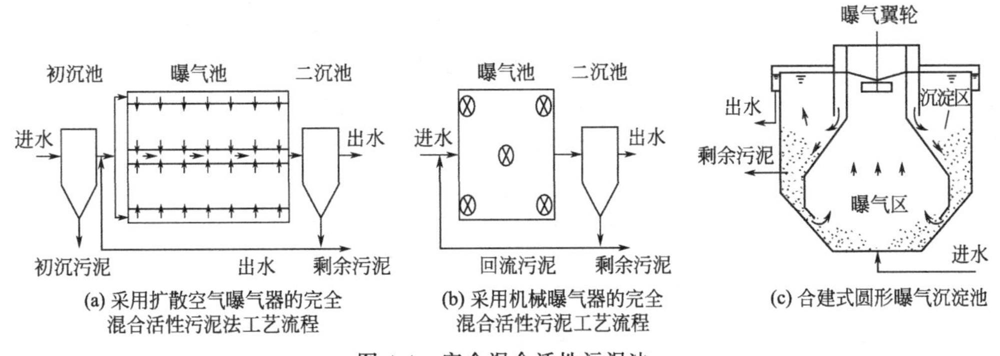

图 4-4 完全混合活性污泥法

完全混合式活性污泥法的特点是原污水、回流污泥在刚进入曝气池时立即和池中原有的混合液充分混合，因此整个池内混合液均匀一致。此工艺运行较稳定，受水质波动冲击影响较小。根据具体的构造，完全混合式活性污泥法又可分为合建式完全混合曝气法（又叫曝气沉淀法）和分建式完全混合式曝气法。完全混合式曝气池的特点是：

① 承受冲击负荷的能力强，池内混合液能对废水起稀释作用，对高峰负荷起削弱作用；

② 由于全池需氧要求相同，能节省动力；

③ 曝气池和沉淀池可合建，不需要单独设置污泥回流系统，便于运行管理。

完全混合式曝气池的缺点是连续进水、出水可能造成短路，易引起污泥膨胀。

4.4.5 完全混合活性污泥法有哪些工艺设计参数?

本工艺适于处理工业废水，特别是高浓度的有机废水。完全混合曝气池的各项设计参数参考值如表4-3所示。

表4-3 完全混合曝气池设计参数参考值

项目	单位	数值
BOD负荷(N_S)	$kgBOD_5/(kgMLSS \cdot d)$	0.2～0.6
容积负荷(N_V)	$kgBOD_5/(m^3 \cdot d)$	0.8～2.0
污泥龄(θ_c)	d	5～15
混合液悬浮固体浓度(MLSS)	mg/L	3000～6000
混合液挥发性悬浮固体浓度(MLVSS)	mg/L	2400～4800
污泥回流比(R)	%	25～100
曝气时间(t)	h	3～5
BOD_5去除率	%	85～90

4.4.6 阶段曝气活性污泥法的原理及其特点是什么?

阶段曝气活性污泥法对普通活性污泥法做了一个简单的改进，从而克服了普通活性污泥法供氧同需氧不平衡的矛盾。阶段曝气法中废水沿池长多点进入，这样就使有机物在曝气池中的分配较为均匀，因此避免了前端缺氧、后端氧过剩的弊病，提高了空气的利用率和曝气池的工作能力。

其特点是废水沿池长多点进水，有机负荷分布均匀，使供氧量均化，克服了推流式供氧的弊病。沿池长F/M分布均匀，充分发挥其降解有机物的能力。该法可提高空气利用率，提高池子工作能力，适用各种范围水质。该工艺的不足是进水若得不到充分混合，会引起处理效果的下降。工艺流程如图4-5所示。

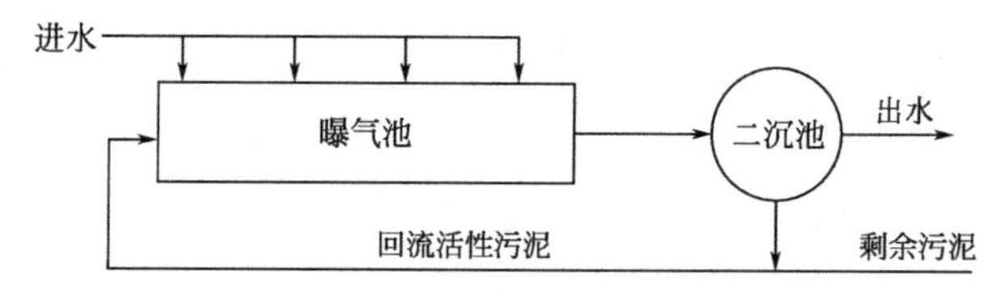

图4-5 阶段曝气活性污泥法工艺流程

4.4.7 阶段曝气活性污泥法有哪些工艺设计参数?

阶段曝气法处理工业废水的各项设计参数参考值如表4-4所示。

表4-4 阶段曝气法处理工业废水的设计参数参考值

项目	单位	数值
BOD负荷(N_S)	$kgBOD_5/(kgMLSS \cdot d)$	0.2～0.4
容积负荷(N_V)	$kgBOD_5/(m^3 \cdot d)$	0.6～1.0
污泥龄(θ_c)	d	5～15

续表

项目	单位	数值
混合液悬浮固体浓度(MLSS)	mg/L	2000～3500
混合液挥发性悬浮固体浓度(MLVSS)	mg/L	1600～2800
污泥回流比(R)	%	25～75
曝气时间(t)	h	3～8
BOD_5 去除率	%	85～95

4.4.8 再生曝气活性污泥法的原理及其特点是什么?

本工艺是传统活性污泥法系统的一种变形。其在工艺系统的主要特征是从二次沉淀池排出的回流污泥，不直接进入曝气池，而是先进入称为再生池的反应器内进行曝气，在污泥得到充分再生，活性恢复后，再进入曝气池与流入的污水相混合、接触，进行有机污染物的降解。污泥再生曝气活性污泥法属于推流式运行方式，主要特征是二沉池的回流污泥先进入再生池进行曝气再生，待污泥恢复活性后再与污水一起进入曝气池完成生物净化过程。再生曝气活性污泥法工艺系统如图 4-6 所示。

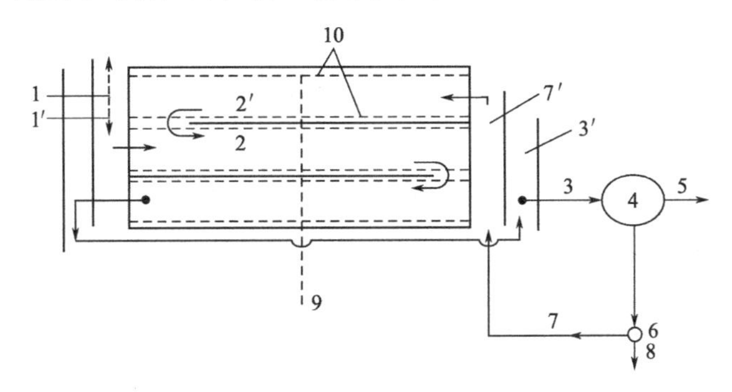

图 4-6　再生曝气活性污泥法工艺系统

1—经预处理后的污水；1′—进入曝气池的污水渠道；2—曝气池；2′—再生池；3—从曝气池流出的混合液；3′—混合液出流渠道；4—二沉池；5—处理后污水；6—污泥泵站；7—回流污泥系统；7′—回流污泥渠道；8—剩余污泥；9—来自空压机站的空气管道；10—曝气系统及空气扩散装置

4.4.9 再生曝气活性污泥法有哪些工艺设计参数?

再生池和曝气池可以分建成 2 个构筑物，但通常是把曝气池的前段作为再生段，污水进入曝气池后，与从再生段流入的活性污泥充分混合接触进行生物氧化代谢反应。在一般情况下，无需因为增设再生段而增加曝气池的总容积。污泥再生曝气活性污泥系统仍采用传统推流式的方法进行设计，曝气池总容积不变，再生段占曝气池总容积的比例可根据实际工程情况确定，一般采用 1/4～1/2。其他设计方法与传统活性污泥推流式相同。

4.4.10 吸附-再生活性污泥法的原理及其特点是什么?

吸附-再生活性污泥法又称生物吸附法或接触稳定法。这种运行方式的主要特点是将活性污泥对有机污染物降解的 2 个过程——吸附、代谢，分别在各自的反应器内进行。

废水在再生池得到充分再生，具有很强活性的活性污泥同步进入吸附池，两者在吸附池中充分接触，废水中大部分有机物被活性污泥所吸附，废水得到净化。由二次沉淀池分离出来的污泥进入再生池，活性污泥在这里将所吸附的有机物进行代谢活动，使有机物降解，微生物增殖，微生物进入内源代谢期，污泥的活性、吸附功能得到充分恢复，然后再与废水一同进入吸附池。

吸附-再生活性污泥法的特点是：①废水与活性污泥在吸附池的接触时间较短，吸附池容积较小，由于再生池接纳的仅是浓度较高的回流污泥，因此，再生池的容积亦小，吸附池与再生池容积之和仍低于传统法曝气池的容积；②本方法能承受一定的冲击负荷，当吸附池的活性污泥遭到破坏时，可由再生池内的污泥予以补救。本方法的主要缺点是对废水的处理效果低于传统活性污泥法。

4.4.11 吸附-再生活性污泥法有哪些工艺设计参数？

吸附-再生活性污泥法处理工业废水的各项设计参数参考值如表 4-5 所示。

表 4-5 吸附-再生活性污泥法设计参数参考值

项目	单位	数值
BOD 负荷(N_S)	$kgBOD_5/(kg\ MLSS \cdot d)$	0.2～0.6
容积负荷(N_V)	$kgBOD_5/(m^3 \cdot d)$	1.0～1.2
污泥龄(θ_c)	d	5～15
吸附池混合液悬浮固体浓度(MLSS)	mg/L	1000～3000
再生池混合液悬浮固体浓度(MLSS)	mg/L	4000～10000
吸附池混合液挥发性悬浮固体浓度(MLVSS)	mg/L	800～2400
再生池混合液挥发性悬浮固体浓度(MLVSS)	mg/L	3200～8000
吸附池反应时间(t)	h	0.5～1.0
再生池反应时间(t)	h	3～6
污泥回流比(R)	%	25～100
BOD_5 去除率	%	80～90

4.4.12 延时曝气活性污泥法的原理及其特点是什么？

延时曝气活性污泥又称完全氧化活性污泥法，是 20 世纪 50 年代初在美国开始应用，为长时间曝气的活性污泥法。此工艺采取低有机负荷［F/M 在 0.05～0.1$kgBOD_5/(m^3/d)$］，延长曝气时间到 1～3d，使微生物处于内源呼吸阶段。污水中有机物全部用于微生物能量代谢，转化为二氧化碳，不产生剩余污泥或只产生很少的剩余污泥。此工艺可以认为是污水好氧处理和污泥好氧消化同时处理。该工艺的主要特点是：有机负荷低，污泥持续处于内源代谢状态，剩余污泥少，且污泥稳定，不需再进行消化处理，这种工艺可称为废水、污泥综合处理工艺。该工艺还具有处理水质稳定性较高，对废水冲击负荷有较强的适应性和不需设初次沉淀池的优点。主要缺点是池容大，曝气时间长，建设费和运行费用都较高，而且占用较大的土地等。

4.4.13 延时曝气活性污泥法有哪些工艺设计参数?

延时曝气活性污泥的处理工艺适用于对处理水质要求高，又不宜采用单独污泥处理的小型城镇污水和工业废水的处理。工艺采用的曝气池均为完全混合式或推流式。

本工艺处理城镇污水和工业废水各项设计参数参考值如表4-6所示。

表4-6 延时曝气活性污泥法设计参数参考值

项目	单位	数值
BOD负荷(N_S)	$kgBOD_5/(kg\ MLSS \cdot d)$	0.05～0.15
容积负荷(N_V)	$kgBOD_5/(m^3 \cdot d)$	0.1～0.4
污泥龄(θ_c)	d	20～30
混合液悬浮固体浓度(MLSS)	mg/L	3000～6000
混合液挥发性悬浮固体浓度(MLVSS)	mg/L	2400～4800
曝气时间(t)	h	18～48
污泥回流比(R)	%	75～100
BOD_5去除率	%	75～95

从理论上来说，延时曝气活性污泥法是不产生污泥的，但在实际上仍产生少量的剩余污泥。

4.4.14 高负荷活性污泥法的原理及其特点是什么?

高负荷活性污泥法又称短时曝气法或不完全活性污泥法，传统法可以按高负荷活性污泥系统运行，适用于处理对处理水质要求不高的污水。工艺的主要特点是负荷率高，曝气时间短，对废水的处理效果低。在系统和曝气池构造方面，本工艺与传统活性污泥法相同。

4.4.15 高负荷活性污泥法有哪些工艺设计参数?

本工艺处理城市污水和各种工业废水各项设计参数参考值如表4-7所示。

表4-7 高负荷活性污泥法设计参数参考值

项目	单位	数值
BOD负荷(N_S)	$kgBOD_5/(kgMLSS \cdot d)$	1.5～5.0
容积负荷(N_V)	$kgBOD_5/(m^3 \cdot d)$	1.2～2.4
污泥龄(θ_c)	d	0.25～2.5
混合液悬浮固体浓度(MLSS)	mg/L	200～500
混合液挥发性悬浮固体浓度(MLVSS)	mg/L	160～400
污泥回流比(R)	%	5～15
曝气时间(t)	h	1.5～3.0
BOD_5去除率	%	60～75

4.4.16 深井曝气活性污泥法的原理及其特点是什么?

深井曝气是20世纪70年代中期开发的废水生物处理工艺，又称超水深曝气法。此工艺的曝气装置为井式结构，曝气井直径为2～6m，深度为50～150m。井中间沿直径设一堵隔墙，将井身一分为二，以便于混合液在池中循环，以压缩空气曝气并提升混合液。深井曝气法的优点是占地面积小，充分利用空间。

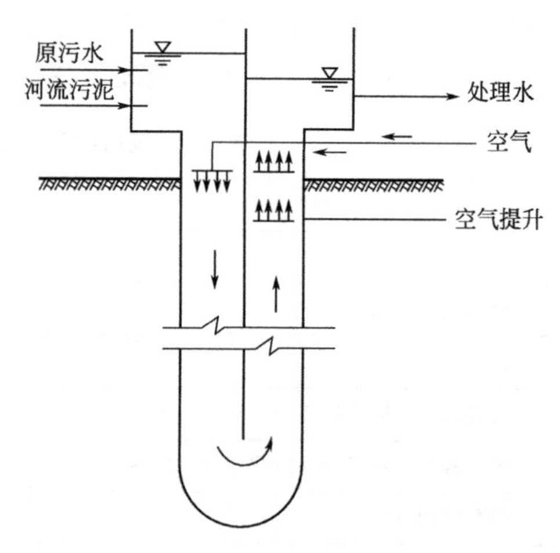

图 4-7 深井曝气活性污泥法

深井曝气法是一种改良的活性污泥法。它针对传统活性污泥法能耗大的缺点，着力于提高氧的传递效率，又针对普通活性污泥法的曝气池体积大、占地面积大的问题，将曝气池构造形式进行了很大的变革。但尽管深井曝气法已经完全摆脱了传统活性污泥法，其处理废水的原理仍是相同的。深井曝气处理废水的特点是：处理效果良好，并具有充氧能力高、动力效率高、占地少、设备简单、易于操作和维修、运行费用低、耐冲击负荷能力强、产泥量低、处理不受气候影响等优点。此外，在大多数情况下可取消一次沉淀池，对高浓度工业废水容易提供大量的氧，也可用于污泥的好氧消化。深井曝气活性污泥法如图4-7所示。

4.4.17 深井曝气活性污泥法有哪些工艺设计参数?

采用深井曝气装置处理城市和工业废水设计参数参考值如表4-8所示。

表 4-8 深井曝气活性污泥法设计参数参考值

项目	单位	数值
BOD负荷(N_S)	$kgBOD_5/(kg\ MLSS \cdot d)$	1～1.2
容积负荷(N_V)	$kgBOD_5/(m^3 \cdot d)$	3.0～3.6
污泥龄(θ_c)	d	5
混合液悬浮固体浓度(MLSS)	mg/L	3000～5000
混合液挥发性悬浮固体浓度(MLVSS)	mg/L	2400～4000
污泥回流比(R)	%	40～80
曝气时间(t)	h	1～2
BOD_5去除率	%	85～90

4.4.18 AB法的原理及其特点是什么?

AB法污水处理系统是吸附-生物降解（Adsoption-Biodegration）工艺的简称。A段由吸附池和中间沉淀池组成，B段由曝气池和二次沉淀池所组成。A段对污染物的去除主要是物理化学为主导的吸附功能，B段的主要净化功能是去除有机污染物。与传统的活性污泥处理相比较，AB工艺的主要特征是：

① 全系统共分为预处理段、A 段、B 段。

② A 段由吸附池和中间沉淀池组成，B 段则由曝气池及二次沉淀池所组成。

③ A 段和 B 段各自拥有独立的污泥回流系统，两段完全分开，每段能够培育出各自特征的，适于本段水质的微生物种群。AB 法污水处理工艺流程如图 4-8 所示。

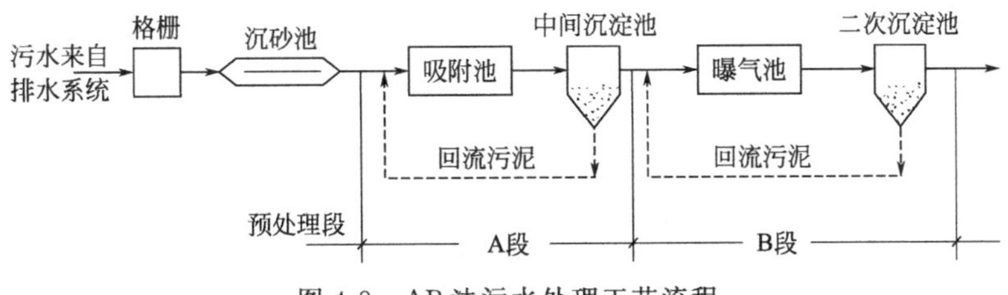

图 4-8　AB 法污水处理工艺流程

4.4.19　AB 法有哪些工艺设计参数？

AB 法设计参数参考值如表 4-9 所示。

表 4-9　AB 法设计参数参考值

项目	单位	数值
污泥负荷(N_S)	$kgBOD_5/(kg\ MLSS\cdot d)$	3～4(2～6)
容积负荷(N_V)	$kgBOD_5/(m^3\cdot d)$	6～10(4～12)
混合液浓度(MLSS)	mg/L	2～3(1.5～2)
污泥龄(θ_c)	d	0.4～0.7(0.3～0.5)
水力停留时间(HRT)	h	0.5～0.75
污泥回流比(R)	%	<70(20～50)
溶解氧(DO)	mg/L	2～1.5(0.3～0.7)
气水比		(3～4)∶1
污泥体积指数(SVI)		60～90
沉淀池沉淀时间	h	1～2
需氧系数		0.4～0.6
污泥增殖系数		0.3～0.5
污泥含水率	%	98～98.7

注：括号内数字为推荐值。

4.4.20　氧化沟的原理及其特点是什么？

氧化沟又称循环曝气池，利用连续环式反应池作生物反应池，混合液在该反应池中的一条闭合曝气渠道进行连续循环，氧化沟通常在延时曝气条件下使用。氧化沟使用一种带方向的曝气和搅动装置，向反应池中的物质提供水平动力，从而使被搅动的液体在闭合式渠道中循环。氧化沟一般由沟体、曝气设备、进出水装置、导流和混合设备组成，沟体的平面形状一般呈环形，也可以是长方形、L 形、圆形或其他形状，沟端面形状多为矩形和梯形。氧化沟呈沟渠形状，平面上多为圆形或椭圆形，沟内安置转刷或转碟设备作为供氧设备并推动水流，使水、氧气、活性污泥充分接触，水流在沟内以一定的速度流动，活性污泥不沉降。污水在沟内经过一定时间的生化反应，使得有机物得到降解。水流在沟内完成循环需 10～30min，由于其水力停留时间为10～40min，其循环的次数很多，且有完全混合式和推流式的特点，在合适的控制条件下，存在好氧区和缺氧区。氧化沟工艺平面图如图 4-9 所示。

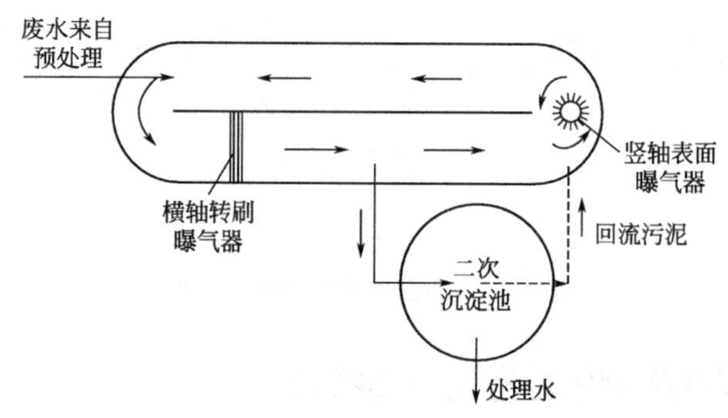

图 4-9 氧化沟工艺平面图

氧化沟工艺特点有以下几个方面：

(1) 预处理得到简化

由于氧化沟的水力停留时间和污泥龄一般比其他生物处理法长，因此悬浮有机物和溶解性有机物可同时得到较彻底的去除，因而经氧化沟处理后的剩余污泥已得到高度稳定。所以氧化沟通常不必设初沉池，污泥也不需要进行厌氧消化，可直接进行浓缩与脱水。

(2) 占地小

由于在工艺流程中省去了初沉池、污泥消化系统，甚至还省去了二沉池和污泥回流装置，因此污水厂总占地面积不仅没有增大，相反还有可能缩小。

(3) 流态的特征呈推流式

由于环形曝气的特点，使氧化沟具有推流特性，溶解氧浓度在沿池长方向呈浓度梯度，并形成好氧、缺氧和厌氧条件，因此通过合理的设计与控制，氧化沟系统可以取得较好的除磷脱氮效果。

(4) 取消二沉池，使工艺更简化

氧化沟和二沉池合建的一体设计形式，可取消二沉池，从而可大大简化处理流程。

4.4.21 氧化沟有哪些形式和特点？

(1) 卡罗塞尔（Carrousel）氧化沟

卡罗塞尔氧化沟系统是由多沟串联氧化沟及二沉池、污泥回流系统所组成（见图 4-10、图 4-11）。污水经过格栅和沉砂池后，不经过初沉淀，直接与回流污泥一起进入氧化沟系统。在靠近曝气区的下游为富氧区，而其上游则为低氧区，外环还可能是缺氧区，这样的氧化沟能够形成生物脱氮的环境条件。

(2) 奥贝尔（Orbal）氧化沟

奥贝尔（Orbal）氧化沟曝气采用曝气转盘。池体由多个同心的环形沟渠组成（见图 4-12），废水从外沟依次流入沟内，其中的有机物逐步被降解。因为各沟有机物和溶解氧不同，达到了很好的硝化反硝化效果，实现了脱氮除磷的目的。

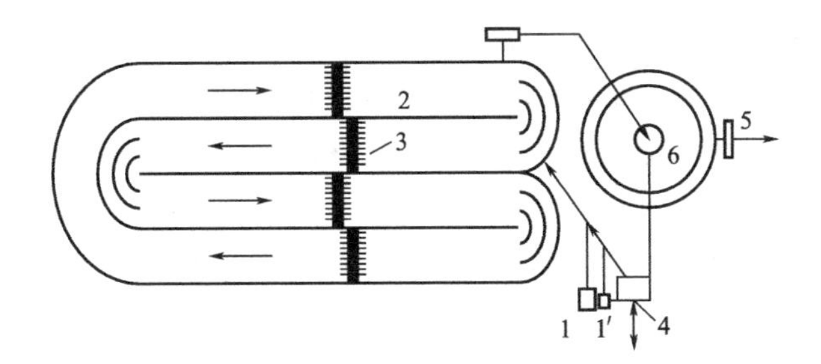

图 4-10　卡罗塞尔氧化沟系统示意(Ⅰ)

1、1′—污水泵站和污泥回流泵站；2—氧化沟；3—转刷曝气器；4—剩余污泥；5—处理水排放管；6—二次沉淀池

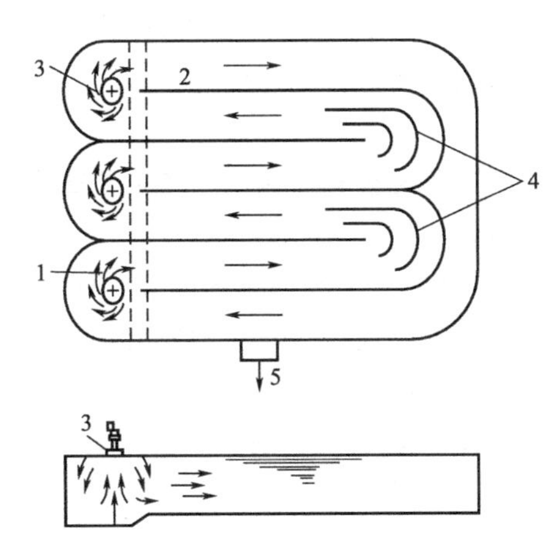

图 4-11　卡罗塞尔氧化沟系统示意(Ⅱ)

1—污水来水管；2—氧化沟；3—表面机械曝气器；4—导向隔墙；5—处理后水（去二沉池）

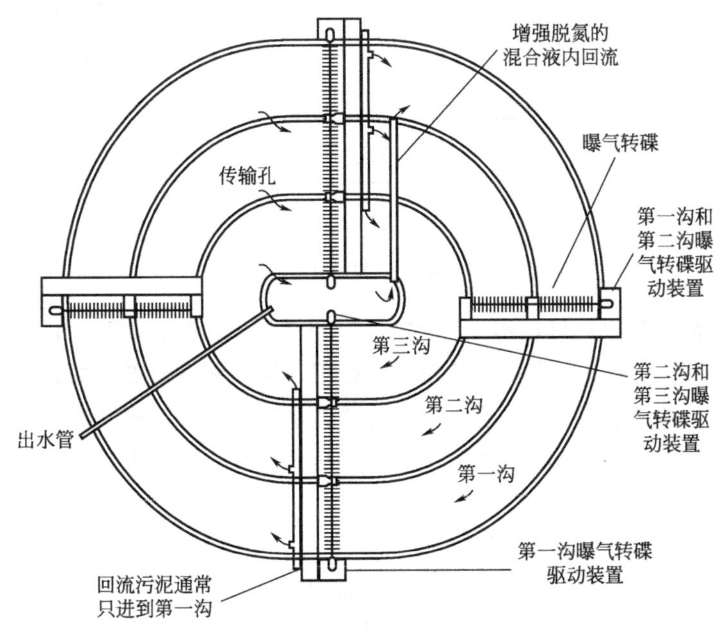

图 4-12　奥贝尔氧化沟系统示意

典型 Orbal 氧化沟由 3 个同心沟道组成，分别为外沟、中沟和内沟。各沟道宽度由工艺确定，一般不大于 9m，有效水深 4～4.3m。原水和回流污泥可以进入 3 个同心沟道，通常先进入外沟，在不断循环中通过淹没式传输孔流入中沟及内沟。

Orbal 氧化沟工艺特点：

① 多沟串联圆形或椭圆形的沟道，沟道断面形状多为矩形或梯形，更好地利用水流惯性，减少水流短路现象，降低能耗；

② 对三沟同心式氧化沟而言，三沟道内形成较大的 DO 浓度差，故充氧率高；

③ 耐冲击负荷强，与标准单沟道氧化沟对比，需氧量可节省 20%～35%，降低了能耗，操作控制简单，维护管理方便；

④ MLSS 高，运行中一般为 4～6g/L，对排泥设备要求严格，需要特殊的工艺和结构设计，才能保证 Orbal 氧化沟的整体工艺优势。

(3) 交替式工作氧化沟

交替式工作氧化沟是由丹麦鲁格公司研制的，该工艺造价低，易于维护，通常有双沟交替和三沟交替（T 型）氧化沟。

① 双沟交替氧化沟　双沟交替氧化沟（见图 4-13）两池体积相同，水流相通，以保证两池的水深相等，不设二沉池。通过曝气转刷的旋转方向来使两部分交替作为曝气区和沉淀区。处理过程中，进水和出水都是连续的，但曝气转刷的工作则是间歇的，其在单个工作周期的利用率仅为 40%左右。目前，双沟式氧化沟虽然得到了广泛的应用，但其设备利用率差的缺点制约了其发展。

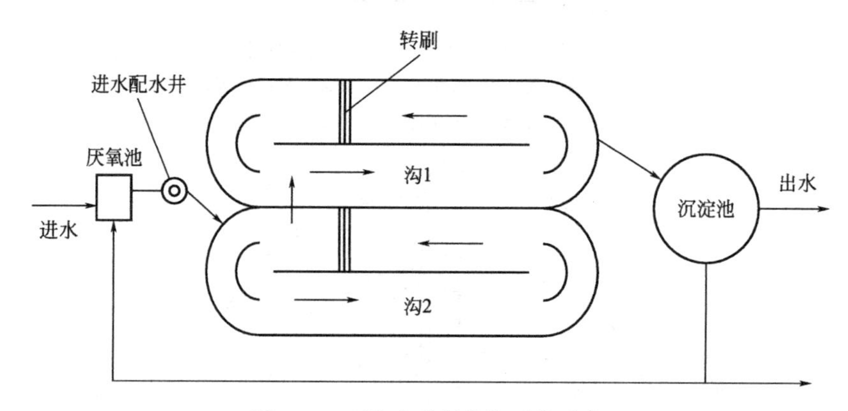

图 4-13　双沟交替氧化沟系统示意

② 三沟交替（T 型）氧化沟　三沟交替（T 型）氧化沟（见图 4-14）是以 3 条相互联系的氧化沟作为一个整体，每条沟都装有用于曝气和推动循环的转刷。在三沟式氧化沟运行时，污水由进水配水井进行 3 条沟的进水配水切换，进水在氧化沟内，根据已设定的程序进行工艺反应。常采用的布置形式是 3 条沟并排布置，利用沟壁上的连通孔相互连接。

三沟交替（T 型）氧化沟工艺特点：

① 不需设二沉池和污泥回流和混合液回流系统；

② 提高了转刷表面曝气机的利用率（达到 58%）；

③ 具有良好的 BOD 去除效果和脱氮能力。

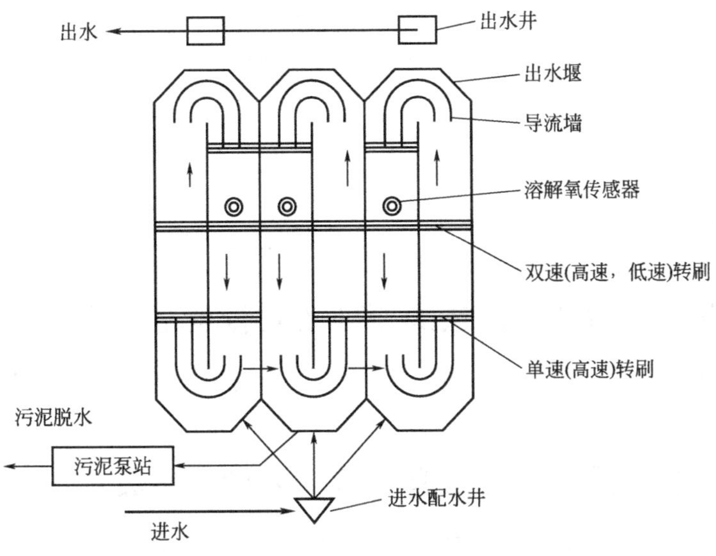

图 4-14　三沟交替（T 型）氧化沟系统示意

(4) 一体化氧化沟

一体化氧化沟又称合建式氧化沟，集曝气、沉淀、泥水分离和污泥回流功能为一体，无需建造单独的二沉池。

固液分离器是一体化氧化沟的关键技术设备，目前已应用的固液分离方式有多种，一体化氧化沟系统示意如图 4-15 所示。

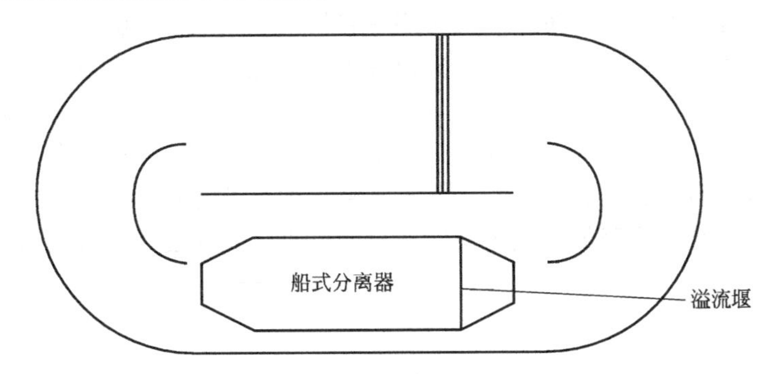

图 4-15　一体化氧化沟系统示意

一体化氧化沟工艺特点：经济、节能，构型简单，处理效果高，尤其适合小水量污水的处理。

4.4.22　氧化沟有哪些工艺设计参数?

氧化沟工艺设计参数参考值如表 4-10 所示。

表 4-10　氧化沟工艺设计参数

项目	单位	数值
有机物容积负荷(F)	$kgBOD_5/(m^3 \cdot d)$	0.2～0.4
有机物污泥负荷	$kgBOD_5/(kgMLVSS \cdot d)$	0.05～0.15

续表

项目	单位	数值
出水 BOD_5	mg/L	10～15
水力停留时间(HRT)	h	10～24
出水悬浮固体(SS)	mg/L	10～20
污泥龄(θ_c)	d	10～30
活性污泥浓度	mg/L	2000～6000

4.4.23 间歇式活性污泥法的原理及其特点是什么?

间歇式活性污泥法（SBR），又称序批式活性污泥法，其污水处理机理与普通活性污泥法基本相同。

4.4.24 间歇式活性污泥法有哪些工艺设计参数?

① BOD 容积负荷 N_V 一般取值范围为 0.1～1.3kgBOD_5/(m^3 · d)，通常取 0.5kgBOD_5/(m^3 · d)，此时 SVI 为 90～100；

② 工作周期 T 及其一日内的周期数 n：T 一般取 6～8h，n 取 3～4；

③ 反应池混合液 MLSS 一般取 3000mg/L。

4.4.25 MBR 的原理及其特点是什么?

膜生物反应器主要由膜组件和膜生物反应器两部分构成。大量的微生物（活性污泥）在生物反应器内与基质（废水中的可降解有机物等）充分接触，通过氧化分解作用进行新陈代谢以维持自身生长、繁殖，同时使有机污染物降解。膜组件通过机械筛分、截留等作用对废水和污泥混合液进行固液分离。大分子物质等被浓缩后返回生物反应器，从而避免了微生物的流失。生物处理系统和膜分离组件的有机组合，不仅提高了系统的出水水质和运行的稳定程度，还延长了难降解大分子物质在生物反应器中的水力停留时间，加强了系统对难降解物质的去除效果。废水膜处理装置流程如图 4-16 所示。

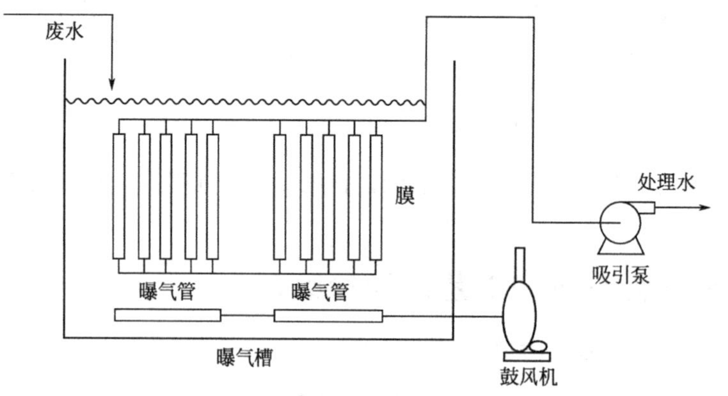

图 4-16 废水膜处理装置流程

4.4.26 纯氧曝气法的特点是什么?

纯氧曝气法以纯氧作为气源，所以气相的氧气分压为 1 个大气压（空气曝气中氧气分压为 0.2 个大气压)。在纯氧曝气时，混合液中饱和溶解氧浓度可提高到 43mg/L，而空气曝气的混合液中饱和溶解氧浓度仅为 9mg/L 左右。所以纯氧曝气的氧气转移速率要明显高于空气曝气，污泥对有机污染物的氧化降解速度要比空气曝气时快得多。纯氧曝气法的水力停留时间短，只有 0.5～3h，有机负荷达到 2.0～3.3kgBOD_5/(m^3·d)。

4.5 活性污泥法调试

4.5.1 活性污泥中有哪些主要微生物?

活性污泥中的微生物主要有细菌、原生动物和藻类 3 种，此外还有真菌、病菌等。微生物中细菌是分解有机物的主角，原生动物也有一定的作用。活性污泥中主要是菌胶团和丝状菌存在，游离的细菌较少。活性污泥中原生动物较多，经常出现的原生动物主要有钟虫类、盾纤虫、漫游虫、吸管虫、变形虫等。此外还有一些后生动物，如轮虫和线虫。因此，活性污泥是一个复杂的微生物世界。对工艺管理者来说，应学会识别微生物，并了解它们对污水处理过程的指示作用。

4.5.2 微生物生长与特性有哪些?

菌胶团细菌是活性污泥的主要组分，表现在数量上占绝对优势，也是活性污泥的结构和功能中心。构成活性污泥细菌的特征：应具有较强的分解有机物并将其转化为无机物的功能，同时具有良好的凝聚性和沉降性。菌胶团的作用表现在以下几个方面：有很强的吸附能力和氧化分解有机物的能力；菌胶团对有机物的吸附和分解为原生动物和微型后生动物提供了良好的生存环境，具有指示作用，通过菌胶团的颜色、透明度、数量、颗粒大小及结构的松紧程度可以衡量好氧活性污泥的性能。新生菌胶团的颜色浅、无色透明、结构紧密，而老化的菌胶团颜色深、结构松散、活性不强、吸附和氧化能力差。菌胶团的形状和大小反映菌胶团细菌种类的丰富度，种类丰富的菌胶团在水质发生变化时具有更高的抗冲击能力。

丝状细菌一般在有机物含量较低的污水中出现，有很强的分解氧化有机物的能力，过多异常增殖则会引发活性污泥膨胀，影响沉降性能。丝状细菌往往附着在菌胶团上或与菌胶团交织在起，成为活性污泥的骨架，丝状细菌在活性污泥中按生长状况和数量分成 5 个等级：

① A 级　几乎没有丝状菌，此时活性污泥中的菌胶团因缺少丝状菌骨架而十分细小，使二沉池出水浑浊；

② B 级　0～3 根丝状菌；

③ C 级　3～6 根丝状菌，菌胶团可以少量丝状菌为骨架形成更大的絮体，二沉池沉降性能好，出水清澈；

④ D 级　6 根以上属于大量丝状菌，丝状菌从絮粒间伸展出来，阻碍了絮粒间的压缩，使二沉池污泥大量流失，出水水质变坏；

⑤ E 级　丝状菌大量生长，形成网络状态，此时呈现严重的污泥膨胀现象。

原生动物和微型后生动物的主要作用表现在以下方面：

(1) 指示作用

原生动物和微型后生动物在污水处理中出现的先后次序是：细菌、植物性鞭毛虫、肉足虫、动物性鞭毛虫、游泳型纤毛虫、吸管虫、固着型纤毛虫，所以可根据上述动物的演替和它们的活动规律判断水质和污水处理程度。后生动物（常见的有轮虫、线虫和瓢体虫）在活性污泥系统中出现是水质非常稳定的标志；污泥恶化主要出现豆形虫属、肾形虫属、草履虫属等快速游泳型原生动物；污泥解体主要出现变形虫属、简便虫属等肉足类；污泥膨胀出现能摄食丝状菌的裸口目旋毛科、全毛类原生动物及拟轮毛虫等。

(2) 净化作用

原生动物和所有的轮虫都是以细菌为食，它们以分散的有机物和有机生物为食物，可以增加絮状物并澄清污水，还能加速细菌的生长，使细菌的生长能维持在对数生长期，防止种群的老化，提高细菌的活力，同时由于游离细菌密度小，很难沉淀，易被出水带出而破坏水质，所以微型动物吞噬游离细菌可大大改善水质。一些藻类细胞内的叶绿素能进行光合作用，利用光能将从空气中吸收的 CO_2 合成细胞物质并放出氧气，增大水中溶解氧，有利于有机物质的分解氧化。

(3) 促进絮凝和沉淀作用

细菌生长到一定程度后就凝集成絮状物，此时为原生动物提供了生长环境，因为像固着型纤毛虫及吸管虫还可分泌黏液，使之附着在絮凝体上生长，同时促进游离细菌的絮凝，所以絮状物上的原生动物能加速絮凝过程，加快菌胶团的形成和提高活性污泥处理能力，改善二沉池的泥水分离作用。

4.5.3 活性污泥水解工艺如何调试?

(1) 接种污泥的选择

接种污泥优先采用相同废水处理厂的水解污泥，或者采用类似污水处理厂的水解池污泥或类似的活性污泥。

为了核算方便，以下按照干污泥计算，如采用某含水率的污泥，可以换算，但干污泥的总量不变，或保持池内的污泥浓度一致。

(2) 接种培养

① 接种量的大小　污泥接种量一般不少于 $4kg/m^3$ 干污泥，即按照池内污泥浓度 4000mg/L 计算，进行投加。

② 接种步骤

a. 接种培养水为稀释后低浓度的处理水。水解池内装 1/3～1/2 的废水，在正常水温（较佳温度 20～35℃）条件下，水解酸化池中活性污泥投加 $4kg/m^3$ 干污泥。如果处理的废水可生化性比较低，需要投加营养物质，保证营养平衡。

b. 投加后进行搅拌混合，控制条件 DO 不高于 1.0mg/L，连续运行（不进水）5～10d，每天至少检测水质指标 1 次，并多次进行微生物镜检，查看微生物生长情况。水质指标包括 COD、氨氮、总氮、总磷、pH 值等。

c. 水解池处于缺氧状态，主要功能可提高可生化性，如果 BOD/COD 值能提高到 0.3 以上，或者检测的 COD 去除率达到 10%～20%或以上，就可以进入下一阶段的处理过程，即驯化阶段。

(3) 驯化培养

① 驯化阶段控制条件仍为DO不高于1.0mg/L，处于搅拌状态。驯化可分为四个阶段，不同阶段的水量不一致，逐步增加，直到达到设计水量。

② 每天检测水质指标，并多次镜检微生物生长状况。

③ 第一阶段：进水流量为25%，驯化时间视进水的水质情况而定，当进水水质较差时，驯化的时间可能较长，一般为20～40d。当出水水质COD达到了进水水质COD的20%～30%后可以进入下一阶段。

④ 第二阶段：进水量为50%，重复第一阶段步骤。

⑤ 第三阶段：进水量为75%，重复上述步骤。

⑥ 第四阶段：进水量为100%，重复上述步骤。

⑦ 当进水量达到设计流量时，达到了COD去除率为30%后，就可以直接进入全流量运行阶段。

⑧ 在驯化阶段，当污泥浓度降低到1500mg/L后，应该增加配种污泥，使污泥浓度达到4000mg/L左右。

(4) 突发事故异常状况的解决对策

① 出水浑浊，水质变黑　一种原因可能是进水负荷波动过大，有难降解有毒物质排入，或者是相应环境发生大变化。这种情况发生时，需要尽快减小进水量，增大停留时间，增加回流，适当排泥，观察一段时间。如果还是不行，则需要更换新污泥。另一种原因是污泥老化，出水SS增加。这时需要增大排泥，加大回流。

② 水面出现大量泡沫　一种情况是白色泡沫。这种情况可能是来水混入了表面活性剂，前段物化沉淀效果不好，需要调整前段工艺，投加一些消泡剂，进行处理。另一种情况是褐色泥状泡沫。这种情况可能是污泥老化，需要排泥调整。特别指出：投加消泡剂，只是表观的处理，不治本，还是需要具体问题具体分析，以找到原因为佳。

③ 水量突然增大　一种原因是降雨、管道泄漏。水量增大，COD下降出现时，可以缩小停留时间，如果水量增加特别大，则需要考虑排至事故池，以免活性污泥被大量冲走。另一种原因是生产量增大，水量增大，COD升高或者不变。这种情况出现时可以考虑增大停留时间，通过前段调节池来调节进水量，还要随时监控进出水各项指标。4h之内调整好是不会出现太大问题，如果超过时间，则会出现污泥上浮等高负荷出现的现象。

④ 出现臭味　这种情况可能是反硝化、厌氧脱硫产生的。一种原因可能是污泥老化，前段脱硫效果不好，负荷增大，但多为综合原因，需要具体分析。当出现这种情况时，需要各个点排查，找出真实原因，并进行处理。

4.5.4 活性污泥好氧工艺如何调试?

(1) 培菌条件

所谓活性污泥培养，就是为活性污泥的微生物提供一定的生长繁殖条件，即营养物、溶解氧、适宜温度和酸碱度。

① 营养物　即水中碳、氮、磷之比应保持100∶5∶1。

② 溶解氧　就好氧微生物而言，环境溶解氧大于0.3mg/L时，正常代谢活动已经足够。但因污泥以絮体形式存在于曝气池中，以直径500μm活性污泥絮粒而言，周围

溶解氧浓度 2mg/L 时，絮粒中心已低于 0.1mg/L，抑制了好氧菌生长，所以曝气池溶解氧浓度常需高于 3～5mg/L，常按 5～8mg/L 控制。一般认为，曝气池出口处溶解氧控制在 2mg/L 较为适宜。

③ 温度　任何一种细菌都有一个最适生长温度，当温度上升，细菌生长加速，但有一个最低和最高生长温度范围，一般为 10～45℃，适宜温度为 15～35℃，此范围内温度变化对运行影响不大。

④ 酸碱度　一般 pH 值为 6～9。特殊时，进水最高 pH 值可为 9～10.5，超过上述规定值时，应加酸碱调节。

(2) 培菌方法

① 接种微生物　将曝气池注满同类型废水，一般为 500mg/L 适宜，投加活性污泥，使污泥浓度大概在 1000mg/L 左右。当水质生化性差的时候，可以适当加入方便的碳源，且保证 C∶N∶P=100∶5∶1（注意 C 是 BOD_5）。

② 闷曝　即仅曝气不进水，使微生物活性增强，同时让微生物快速繁殖的一个方式。闷曝过程中尽量把溶解氧控制在 1.5～2.5mg/L 之间，在闷曝阶段，切记莫曝气过量，因非常不利于污泥絮体的形成，且可能使污泥自身氧化。在没有测定 DO 的条件情况下，曝气可以开至水面稍微翻滚即可。

③ 静沉　闷曝一段时间后，可以把曝气关闭，静沉 1～2h。静沉有利于絮体的形成，但静沉前要注意稍微提高溶解氧的量，以免好氧污泥失活。静沉完毕又开始重新闷曝，不断重复这步骤，曝气和静沉的切换 2～3 次/d 即可，看实际操作方便。

④ 培菌完成　重复以上步骤，经过大概一段时间培养后，曝气池污泥浓度（MLSS）达到 1500～2000mg/L 时，即可进入驯化步骤。

(3) 污泥驯化

由于污水一般成分比较复杂，所以我们需要对污泥进行适应性的驯化培养。为了避免冲击，可以先按设计处理量的 30%（当水量比较大时，可以降至 10%）连续进水，保证溶解氧在 2mg/L 左右。当 COD 的去除率达到 70%，可以适当增加 10%的水量，当去除率不达标时继续培养至达标。依照此法，直到处理达到设计处理量和去污标准。

4.5.5　活性污泥驯化步骤是什么?

① 在已经培养好的活性污泥系统中，注入被处理的废水，水量控制为 5%～10%。如果进水的负荷太高，要对进水进行稀释或降低进水量，然后启动曝气机闷曝，不进水，不取水。

② 闷曝 2～3d 后，停止曝气，静置 0.5h，排出 1/2 左右上清液，充满新鲜污水后（添加营养源），继续闷曝 1～2d，再排出生化池和二沉池 1/2 左右上清液（此后每天多次，MLSS 上升，需要营养源多），添加污水。闷曝以后，要反复多次添加污水做营养源，直到形成絮状体。SV_{30} 在 30%左右，活性污泥镜检结果为菌胶团已形成，可见到漫游虫、草履虫、钟虫、轮虫等。这段时间为 10～15d。

③ 改间接进水为连续进水，改闷曝气为持续供气，使曝气中有足够氧气，同时将二沉池的污泥及时全部回流到曝气池。如不及时，微生物长久积累，缺氧死亡，有机物腐烂发酵会发臭。此阶段为 10d 左右，使氧化沟污泥浓度达到 2000～4000mg/L，SV_{30} 达到 10%～20%。

④ 通过镜检及测定沉降比、污泥浓度，注意观察活性污泥的增长情况，并注意观察 pH 值、DO 的数值变化，及时对工艺进行调整。

⑤ 测定初期水质及排水阶段上清液的水质，根据进出水 NH_3-N、BOD、COD、NO_3^-、NO_2^- 等浓度数值的变化，判断出活性污泥的活性及优势菌种的情况，并由此调节进水量、置换量、粪水、NH_4Cl、H_3PO_4、CH_3OH 的投加量及周期内时间分布情况。在调试驯化过程中要不断检测营养物质的含量，必要时添加营养物质，以保证营养均衡。

⑥ 注意观察活性污泥增长情况，当通过镜检观察到菌胶团大量密实出现，并能观察到原生动物（如钟虫），且数量由少迅速增多时，说明污泥培养成熟，可以注入生产废水，进行驯化。

第5章 生物膜法

5.1 生物膜法概述

5.1.1 生物膜法的基本概念是什么?

当生物膜的挂膜介质（填料或载体）与污水接触，接种的或污水中的微生物就会在介质表面生长，经过一段时间之后介质表面将被一种膜状的微生物所覆盖，这一层附着在介质上的微生物称为生物膜。

水环境中的微生物可在任何适宜载体表面牢固地附着生长与繁殖。这些微生物细胞和一些非生物物质镶嵌在微生物分泌的胞外聚合物基质中，形成一种纤维状的缠绕结构。这种呈膜状生长的微生物繁殖系统即为生物膜。生物膜代表了一类微生物群体，它是一种稳定的、由微生物细胞、胞外聚合物和其他非生物物质组成的微生态系统。在生物膜中通常存在固着细菌、原生动物、后生动物、真菌和藻类等生物种群。

5.1.2 生物膜法降解有机物的过程是什么?

生物膜法去除污水中污染物是一个吸附、稳定的复杂过程，包括污染物在液相中的紊流扩散、污染物在膜中的扩散传递、氧向生物膜内部的扩散和吸附、有机物的氧化分解和微生物的新陈代谢等过程。污水中溶解性有机物可直接被生物膜中微生物利用，而不溶性有机物先是被生物膜吸附，然后通过微生物胞外酶的水解作用，降解为可被微生物直接利用的溶解性小分子物质。由于水解过程比生物代谢过程要慢得多，水解过程是生物膜法污水处理速率的主要限制因素。

5.1.3 生物膜的结构是什么?

构成生物膜的物质是无生命的固体杂质和有生命的微生物。状态良好的生物膜是细菌、真菌、藻类、原生动物和后生动物及固体杂质等构成的生态系统。在这个生态系统中细菌占主导地位，正是由于细菌等微生物的代谢作用使水质得以净化。生物膜在其形成与成熟后，由于微生物不断增殖，生物膜的厚度不断增加，在增厚到一定程度后，在氧不能深入的里侧深部即将转变为厌氧状态，形成厌氧性膜。这样，生物膜便由好氧和厌氧两层组成。好氧层的厚度一般为 2mm 左右，有机物的降解主要是在好氧层内进行。

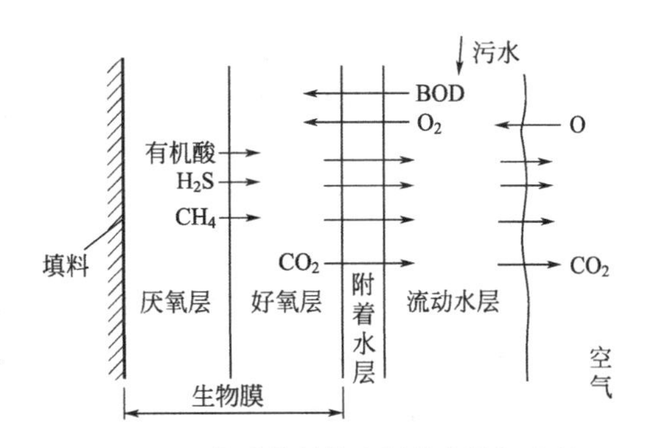

图 5-1 生物膜的结构和污染物降解途径

生物膜的结构和污染物降解途径见图 5-1。

5.2 生物膜法的特征

5.2.1 微生物相方面的特征是什么?

(1) 参与净化反应的微生物的多样化

生物膜法的各种处理工艺都具有适宜于微生物生长栖息、繁殖的安静稳定环境，生物膜中的微生物不需像活性污泥那样承受强烈的搅拌冲击，易于生长增殖。生物膜一般都是固着在滤料、载体或填料上的，其“污泥龄”较长，因此在生物膜上可以生长世代时间较长的微生物。在生物膜上还可能大量出现丝状菌，而且不会产生污泥膨胀。线虫类、轮虫类、寡毛类等微型动物出现的频率较高。

(2) 微生物量多，处理能力大，净化功能显著提高

由于微生物附着生长并使生物膜具有较低的含水率，单位反应器内的生物量可高达活性污泥法的 5～20 倍，因而生物膜反应器具有较高的处理能力。又由于有世代时间较长的硝化菌生长繁殖，生物膜反应器不仅能够去除有机污染物，而且更具有一定的硝化功能，因而其净化功能显著提高。在生物膜上能够生息高营养水平的生物，在捕食性纤毛虫、轮虫类、线虫类之上还生长栖息着寡毛类和昆虫，因此在生物膜上形成的生物链要长于活性污泥法，产生的生物污泥量也少于活性污泥法。

(3) 能够生长硝化菌

硝化菌和亚硝化菌的世代时间都比较长，其比增殖速率很小。在活性污泥法系统中，这类细胞的存活较为困难。但在生物膜法中，生物膜的污泥龄与污水的停留时间无关，因此像硝化菌这样世代时间比较长的细胞也得以增殖。

5.2.2 处理工艺方面的特征是什么?

(1) 对水量、水质变动有较强的适应性

生物膜法中的各种工艺，对流入水水质、水量的变动都具有较强的适应性，这已为多数运行的处理设备所证实。即使中间停止一段时间进水，对生物膜的净化功能也不会带来明显的障碍，系统能够很快地得到恢复。

(2) 在低水温条件下也能保持一定的净化功能

由于生物膜生物相的多样性，在低水温条件下，生物膜仍能够保持较为良好的净化功能。温度变化对生物膜的影响较小。

(3) 易于固液分离

从生物膜上脱落下来的生物污泥所含动物成分较多，密度较大，易于固液分离，即使大量增殖丝状菌，也不会有污泥膨胀。

(4) 能够处理低浓度污水

活性污泥法处理系统如进水BOD在50～60mg/L以下，絮凝体由于营养物质不足而恶化，处理水水质低下。但是生物膜法处理系统对有机物浓度低的污水，也能够取得较好的处理效果，可使进水BOD为20mg/L的污水降至出水BOD为5～10mg/L。

(5) 动力费用低

生物膜法中的生物滤池、生物转盘等工艺都是节省能源的，其动力费用都较低，使去除单位质量BOD的耗电量较少。

(6) 产生的污泥量少

和活性污泥相比，在生物膜中出现了比较大型的生物。生物膜中存在着大量的轮虫类、吸管虫类、寡毛虫类、线虫类等，它们都摄食细菌和原生动物。另外，在生物膜中，因较多栖息着高层次营养水平的生物，食物链较长，故剩余污泥量明显减少。特别是在生物膜较厚时，底部厌氧层的厌氧菌能够降解好氧过程合成的剩余污泥，从而使总的剩余污泥量大大减少。正是这些原因，使生物膜法产生的污泥量比活性污泥法少得多，因而可减少污泥处理与处置的费用。产生的污泥量少是生物膜法各种工艺的共同特征，并已为实践所证实。一般来说，产生的污泥量较活性污泥法能够少25%～30%。

(7) 具有较好的硝化与脱氮功能

生物膜法的各项工艺具有良好的硝化功能，采取措施适当，还有进行脱氮的性能。

(8) 易于运行管理，无污泥膨胀问题

生物膜反应器具有较高的生物量，不需要污泥回流，易于维护与管理。另外，在活性污泥法中，因污泥膨胀问题而导致的固液分离困难和处理效果降低一直困扰着操作管理者，而生物膜反应器由于微生物附着生长，即使丝状菌大量生长，也不会导致污泥膨胀，相反还可利用丝状菌较强的分解氧化能力，提高处理效果。

5.3 生物膜法的影响因素

5.3.1 进水底物是如何影响生物膜处理过程的？

污水中污染物组分、含量及其变化规律是影响生物膜法工艺运行效果的重要因素。若处理过程以去除有机污染物为主，则底物主要是可生物降解有机物。在去除氨的硝化反应工艺过程中，底物是微生物利用的氨氮。底物浓度的改变会导致生物膜的特性和剩余污泥量的变化，直接影响到处理水的水质。季节性水质变化、工业废水的冲击负荷等都会导致污水进水底物浓度、流量及组成的变化，虽然生物膜法具有较强的抗冲击负荷的能力，但亦会因此造成处理效果的改变。因此，与其他生物处理法一样，掌握进水底物组分和浓度的变化规律，在工程设计和运行管理中采取对应措施，是保证生物膜法正常运行的重要条件。

5.3.2 营养物质是如何影响生物膜处理过程的?

微生物所需要的营养元素除了必要的碳、氢、氧、氮、磷、硫等组成微生物细胞的必需元素之外，还包括钙、钠、钾、铁、铜、锰、钴、相等微量金属元素。在实际工作中常用BOD_5∶N∶P来表示营养比例是否恰当，一般认为BOD_5∶N∶P＝100∶5∶1合适。对于城市生活污水而言，营养物质基本均衡，一般不需要额外添加来调整污水的营养比例。但对于一些工业废水，污染物单一、营养元素不均衡，可根据实际情况外加一定的营养元素，或按一定的比例与生活污水混合，以保证污水中有均衡的营养。

5.3.3 有机负荷是如何影响生物膜处理过程的?

有机负荷类似于活性污泥法的污泥有机负荷，单位为$kgBOD_5/(kg\ MLSS \cdot d)$，生物膜法中表征生物膜有机负荷的单位通常用容积有机负荷（简称容积负荷），单位为$kgBOD_5/(m^3 \cdot d)$。不同类型的生物膜法，以及不同的生物膜阶段、生物膜处理的废水不同，生物膜的容积负荷也各不相同。几种常见的生物膜工艺的容积负荷见表5-1。

表5-1 几种常见的生物膜工艺的容积负荷

单位：$kgBOD_5/(m^3 \cdot d)$

普通生物滤池		生物转盘	塔式滤池	接触氧化池	生物流化床
低负荷	高负荷				
0.2	0.8	1.0	2.0	3.5	10.0

5.3.4 溶解氧是如何影响生物膜处理过程的?

污水中的溶解氧浓度是微生物好氧处理的重要控制因素。若氧气供应不足，会影响微生物的新陈代谢，甚至破坏整个生物膜系统。好氧微生物在溶解氧供应不充分的情况下活性受到抑制，对污水中有机物降解不充分，可能导致出水处理不达标，甚至发黑发臭。相反，若溶解氧供应过多，会使生物膜中微生物的新陈代谢加快，而污水中的有机物不足以满足微生物的新陈代谢，微生物开始进行内源呼吸并代谢自身物质，生物膜也会出现老化现象；最后导致出水SS增加，BOD超标。

在生物膜处理系统中，溶解氧质量浓度一般控制在4mg/L左右，此时生物膜中的微生物群生长发育正常，微生物群结构合理。溶解氧质量浓度应不低于2mg/L。通常溶解氧质量浓度较低的情况只会在反应器的局部区域出现，如进水或有机物集中的区域。

5.3.5 pH值是如何影响生物膜处理过程的?

对好氧微生物而言，最适宜的pH值范围为6.5～8.5。微生物如果经过驯化，pH值可以适当提高或降低。微生物的生长繁殖对pH值的变化波动十分敏感，即使在适宜的pH值范围内，pH值的突然变化也会影响微生物的净化效果，因此应尽量避免污水的pH值突然变化。城市污水因为含有碳酸、碳酸盐、铵盐以及磷酸盐类，所以对于酸碱废水有一定的缓冲能力。

5.3.6 温度是如何影响生物膜处理过程的?

温度是影响微生物正常生长繁殖的重要因素之一。好氧微生物适宜的温度范围为10～35℃，当水温低于10℃时候，微生物处理污水的效果将明显下降。所以在温度较高的春、夏季节，好氧生物处理效果最好；而秋、冬季节温度比较低的情况下，微生物的净化效果会受到较大的影响。在好氧微生物的生存温度（5～50℃）范围内，温度每升高10℃，微生物体内的酶反应速度将提高1～2倍。但温度接近好氧微生物的最高生存温度（45～50℃）时，微生物新陈代谢加快，生物膜的老化程度加快，生物膜的脱落也会加速，造成出水的SS增加、BOD升高，反而会影响生物膜的处理效果。因此在实际的运行过程中，应保证温度适宜。

5.3.7 有毒物质是如何影响生物膜处理过程的?

有毒物质会抑制微生物的活性，如重金属（砷、铅、锦、铬、铜、锌等)、酚、氰等，这些物质一般来自于工业废水。因此对于微生物处理法一定要严格控制有毒物质的浓度，当浓度超过一定界限的时候，有毒物质对微生物的毒性会显现出来。但这些浓度一般没有确定的数值，通常需要通过试验取得。对某种污水来说，须根据实际情况，通过试验取得经验值，表5-2给出了部分有毒物质对生物膜产生抑制作用的浓度范围。如果通过缓慢提高污水中有毒物质浓度的方法来驯化微生物，可以提高微生物对这种有毒物质的耐受浓度。一些工业废水的生物处理中，经常采取这种方式来驯化筛选有用微生物种群。

表5-2 部分有毒物质对生物膜产生抑制作用的浓度范围

有毒物质	符号	有毒浓度范围/(mg/L)	有毒物质	符号	有毒浓度范围/(mg/L)
甲酚	$CH_3C_6H_4OH$	>1	铅化合物	Pb^{2+}	1
铜化合物	Cu^{2+}	>1	氯	Cl_2	0.1～1
酚	C_6H_5OH	>20	六价铬	Cr^{6+}	10
氢氰酸	HCN	1～2	二硝基苯酚	$(NO_2)_2C_6H_3OH$	20

5.4 生物膜法的基本工艺

5.4.1 生物膜法处理工艺有哪些类型?

污水的生物膜处理法既是古老的，又是发展中的污水生物处理技术。迄今为止，属于生物膜处理法的工艺有生物滤池（普通生物滤池、高负荷生物滤池、塔式生物滤池)、生物转盘、生物接触氧化设备、生物流化床和曝气生物滤池等。生物滤池是早期出现，至今仍在发展中的污水生物处理技术，而后几种则是近三十多年来开发的工艺。

5.4.2 生物滤池的原理及其特点是什么?

在滤池内设置固定的滤料，当废水自上而下滤过时，由于废水不断与滤料相接触，因此微生物就在滤料表面繁殖，逐渐形成生物膜。生物膜是由多种微生物组成的一个生态系统，从废水中吸取有机污染物作为营养源，在代谢过程中获得能量，并形成新的微生物机体。

当生物膜形成并达到一定厚度时，氧就无法透入生物膜内层，造成内层的厌氧状态，使生物膜的附着力减弱。此时，在水流的冲刷下，生物膜开始脱落。随后在滤料上又会生长新的生物膜，如此循环往复。废水流经生物膜后得以净化。

普通生物滤池主要由池体、滤料、布水装置和排水系统四部分组成，如图 5-2 所示。普通生物滤池的优缺点：普通生物滤池适用于水量不大于 $1000m^3/d$ 的小城镇污水或有机工业废水。其优点是处理效果好，BOD 去除率可达 95%以上；运行稳定，易于管理，节约能源。主要缺点是占地面积大，不适于处理大水量污水，滤料易堵塞，卫生条件差。

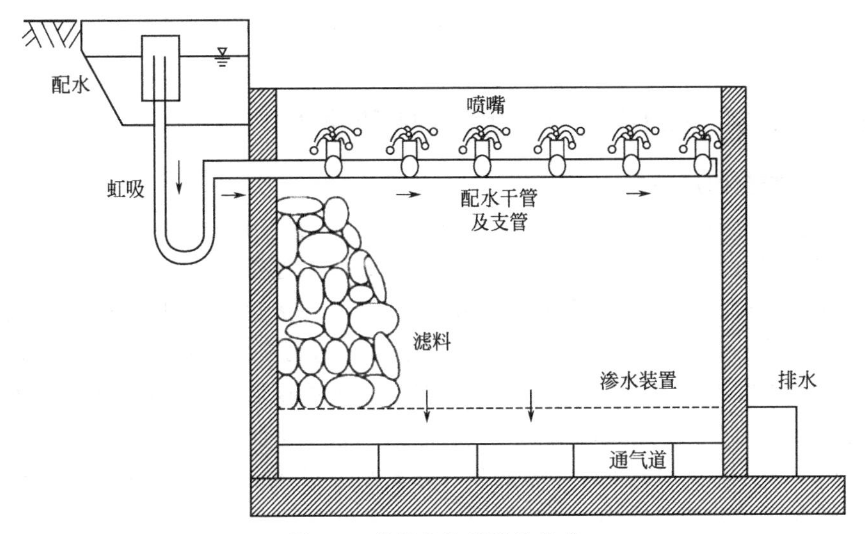

图 5-2　普通生物滤池的组成

高负荷生物滤池与普通生物滤池在构造上基本相同，其不同之处主要有：在平面上多呈圆形；滤料直径增大，多采用 40～100mm，滤料层由底部的承托层（厚 0.2m，无机滤料粒径 70～100mm）和其上的工作层（厚 1.8m，无机滤料粒径 40～70mm）两层充填而成；多采用连续工作的旋转式布水器。高负荷生物滤池大大提高了滤池的负荷率，因此，微生物代谢速度加快，生物膜增长速度加快。同时，由于大大提高了水力负荷，对滤料的冲刷力加大，使生物膜加快脱落，减少了滤池的堵塞，但产泥量也增加。

塔式生物滤池是塔形结构，以塔身为主体，塔内装填料，并有布水系统以及通风排风装置。塔式生物滤池如图5-3所示。

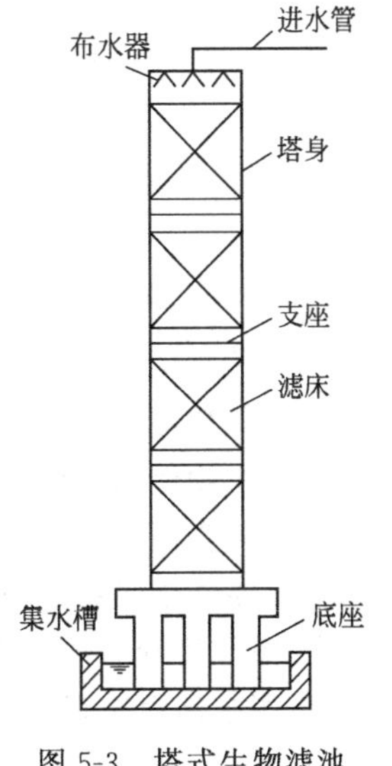

图 5-3　塔式生物滤池

塔式生物滤池的优点主要有：占地面积可大大缩小，对水质突变的适应性强。因为受突变负荷冲击后，一般只是在上层滤料的生物膜受影响，所以能较快恢复正常工作。塔身高，使通风条件好，供氧充足。其缺点是：由于滤池较高，废水的提升费用较大，基建投资也较大，运行管理不方便。

5.4.3 生物滤池有哪些工艺设计参数?

普通生物滤池又称为滴滤池，是最早出现的生物滤池。水力负荷为 1～3m^3/(m^2滤池·d)，有机负荷为 0.1～0.25kgBOD_5/(m^3 滤料·d)。净化效果好，BOD_5 去除率可达90%～95%。

高负荷生物滤池具有较高的水力负荷，一般为 10～30m^3/(m^2 滤池·d)，有机负荷为 0.8～1.2kgBOD_5/(m^3 滤料·d)。

塔式生物滤池水力负荷率可达 80～200m^3/(m^2·d)，为一般高负荷生物滤池的2～10 倍，容积负荷达 1.0～2.0kg BOD_5/(m^3·d)。负荷高，生物膜生长迅速，水力负荷高，对生物膜的冲刷力强，生物膜不断脱落更新。进水的 BOD_5 值应不大于 500mg/L，否则应加处理水回流稀释。废水在塔内停留时间很短，一般仅几分钟，BOD_5 去除率较低，一般为 60%～85%。

5.4.4 生物转盘的原理及其特点是什么?

(1) 生物转盘的原理

生物转盘法也是利用自然界中微生物群新陈代谢的生理功能对有机废水净化的生物处理法，其原理与生物滤池相类似。生物转盘法是废水处于半静止状态，微生物生长在转盘的盘面上，转盘在废水中不断缓慢地转动使其互相接触的处理方法。生物转盘是在中心轴上固定着一系列轻质高强的薄圆板，共 40%的面积浸在废水中，由驱动装置低速转动、盘体与废水和空气交替接触，微生物从空气中摄取必要的氧，并对废水中污染物质进行生物氧化分解（见图 5-4）。生物膜的厚度与处理原水的浓度和基质性有关。约 0.1～0.5mm，在盘面的外侧附着液膜、好氧性生物膜与厌氧性生物膜。活性衰退的生物膜在转盘转动剪切力的作用下而脱落。

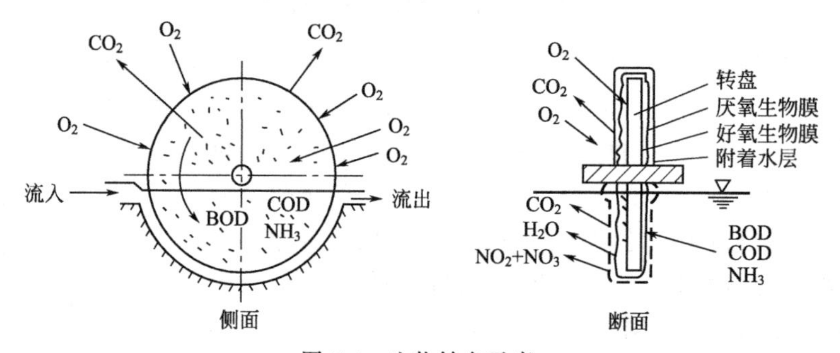

图 5-4 生物转盘示意

生物转盘法与其他好氧生物处理法相同。具有对有机物的氧化分解（BOD 去除）、硝化和脱氮功能。

(2) 生物转盘的特点

生物转盘国外使用比较普遍，国内主要用于工业废水处理。与活性污泥法相比，生物转盘在使用上具有以下优点：

① 操作管理简便，无活性污泥膨胀现象，无污泥回流系统，生产上易于控制。

② 剩余污泥数量小，污泥含水率低，沉淀速度大，易于沉淀分离和脱水干化。根据已有的生产运行资料，转盘污泥形成量通常为 0.4～0.5kg/kgBOD_5（去除），污泥沉

淀速度可达 4.6～7.6m/h。沉淀伊始，底部污泥即开始压密，所以，一些生物转盘将氧化槽底部作为污泥沉淀与贮存用，从而省去二次沉淀池。

③ 设备构造简单，无通风、回流及曝气设备，运转费用低，耗电量低，一般耗电量为 0.024～0.03kW·h/kgBOD_5。

④ 可采用多层布置，设备灵活性大，可节省占地面积。

⑤ 可处理高浓度的废水，承受 BOD_5 可达 1000mg/L，耐冲击能力强。根据所需的处理程度，可进行多级串联，扩建方便。国外还将生物转盘建成去除 BOD-硝化-厌氧脱氮-曝气充氧组合处理系统，以提高废水处理水平。

⑥ 废水在氧化槽内停留时间短，一般为 1～1.5h，处理效率高，BOD_5 去除率一般可达 90%以上。

(3) 生物转盘的优点

生物转盘与普通生物滤池相比，还具有其他一些优点：

① 无堵塞现象发生。

② 生物膜与废水接触均匀，盘面面积的利用率高，无短路现象。

③ 废水与生物膜的接触时间较长，而且易于控制，处理程度比高负荷滤池和塔式滤池高。

④ 同一般低负荷滤池相比，占地较小，如采用多层布置，占地面积可同塔式生物滤池相媲美。

⑤ 系统的水头损失小，能耗省。

(4) 生物转盘的不足之处

生物转盘的不足之处主要体现在以下 3 个方面：

① 价格高，投资大。

② 卫生条件差。因为无通风设备，转盘的供氧依靠盘面的生物膜接触大气，废水中挥发性物质将会产生污染。采用从氧化槽的底部进水可以减少挥发物的散失，比从氧化槽表面进水好，但是，挥发物质污染依然存在。因此，生物转盘最好作为第二级生物处理装置。

③ 生物转盘的性能受环境气温及其他因素影响较大。在北方设置生物转盘时，一般置于室内，并采取一定的保温措施。建于室外的生物转盘都应加设雨棚，防止雨水淋洗使生物膜脱落。

5.4.5 生物转盘有哪些工艺设计参数?

生物转盘处理城市污水时，BOD_5 面积负荷率介于 5～20gBOD_5/(m^2·d)，首级转盘的负荷率不宜超过 40～50gBOD_5/(m^2·d)。国外根据对处理水水质的要求不同采用 BOD_5 面积负荷率分别为 20～40gBOD_5/(m^2·d)（处理水 $BOD_5 \leqslant 60$mg/L）和 10～20gBOD_5/(m^2·d)（处理水 $BOD_5 \leqslant 30$mg/L）。水力负荷在很大程度上取决于原污水的 BOD_5 值，对于一般城市污水，此值多在 0.08～0.2m^3/(m^2·d) 之间。

5.4.6 生物接触氧化池的原理及其特点是什么?

生物接触氧化池是在池内充装填料，填料浸没在曝气充氧的污水中，污水以一定的流速流经填料。填料上布满生物膜，在微生物的新陈代谢作用下，污水中有机污染物得到去除，污水得到净化，故生物接触氧化处理技术又称为淹没曝气生物滤池或接触曝气池。生物接触氧化池示意如图 5-5 所示。

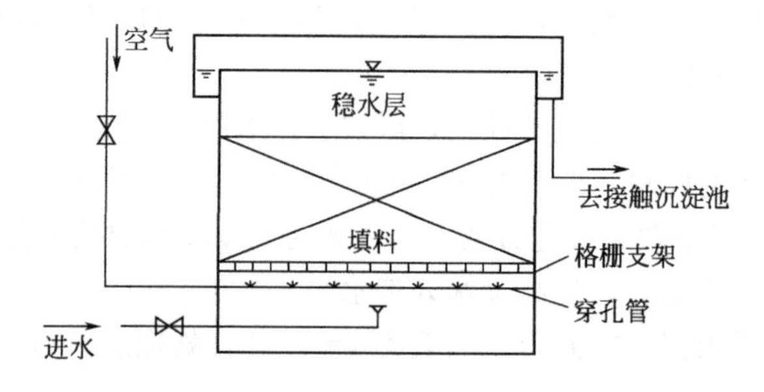

图 5-5　生物接触氧化池示意

生物接触氧化法具有体积负荷高、处理时间短、节约占地面积、生物活性高、有较高的微生物浓度、污泥产量低、不需污泥回流、出水水质好而稳定、动力消耗低等优点；但存在生物膜数量随进水负荷而变化，生物膜较厚易于堵塞填料，若生物膜瞬时地大块脱落则易影响出水水质，组合状的接触填料有时会影响曝气与搅拌等缺点。

5.4.7　生物接触氧化池有哪些工艺设计参数？

填料的体积按填料容积负荷和平均日污水量计算，容积负荷一般采用 2.5～4.0kgBOD_5/(m^3·d)，水力负荷率为 100～160m^3/(m^3·d)，处理效率为 85%～90%。水力停留时间不小于 2h，处理生活污水时，水力停留时间不小于 3h。气水比即处理水量和供气量之比，一般为（1∶15)～(1∶20)。

5.4.8　生物流化床的原理及其特点是什么？

生物流化床是 20 世纪 70 年代开发出的一种新型生物膜法废水处理构筑物，以砂（或无烟煤、活性炭等）作填料并作为生物膜载体，废水自下向上流过砂床使载体层呈流动状态，从而在单位时间加大生物膜同废水的接触面积和充分供氧，并利用填料沸腾状态强化废水生物处理过程的构筑物。

生物流化床的特点是采用相对密度大于 1 的细小惰性颗粒如砂、焦炭、陶粒、活性炭等为载体，微生物生长于载体表面形成生物膜，废水（先经充氧或在床内充氧）自下向上流动，使载体处于流化状态，其上附着的生物膜可与废水充分接触。由于流化床内生物固体浓度很高，氧和有机物的传质效率也高，故生物流化床是一种高效的生物处理构筑物。

5.4.9　曝气生物滤池的原理及其特点是什么？

曝气生物滤池（Biological Aeration Filter，BAF）是一种新型高负荷淹没式反应器，其充分借鉴了污水处理接触氧化法和给水快滤池的设计思路，集曝气、高滤速、截留悬浮物、定期反冲洗等特点于一体。

曝气生物滤池中填装有一定量粒径较小的粒状滤料，滤料表面及滤料内部微孔生长生物膜。工作过程原理如下：

① 生物氧化降解　滤池内部曝气，污水流经时，利用滤料上高浓度生物量的氧化

降解能力对污水进行快速净化；

② 截留　污水流经时，利用滤料粒径较小的特点及生物膜的生物絮凝作用，截留污水中的大量悬浮物，且保证脱落的生物膜不会随水漂出；

③ 反冲洗　当滤池运行一段时间后，因水头损失增大，需对其进行反冲洗，以释放截留的悬浮物并更新生物膜，使滤池的处理性能得到恢复。

曝气生物滤池兼有活性污泥法和生物膜法两者优点，并将生化反应与过滤两种处理过程合并在同一构筑物中完成。根据处理目标的需要，曝气生物滤池可以是一种单独碳氧化（二级处理、下向流）处理反应池，亦可以是碳氧化/硝化（三级处理、上向流）合并处理的反应器。曝气生物滤池应用于城市污水处理工程中，可省去二次沉淀池，设有曝气生物滤池的污水处理系统如图 5-6 所示。

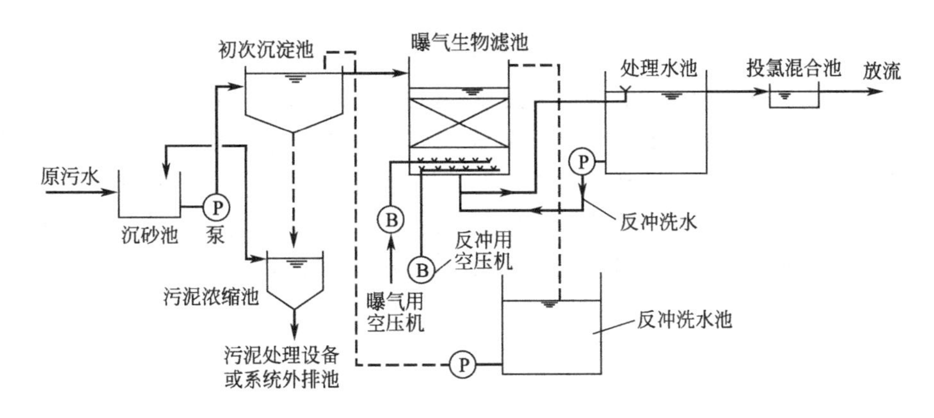

图 5-6　设有曝气生物滤池的污水处理系统

曝气生物滤池特征如下：

① 气液在滤料间隙充分接触，由于气、液、固三相接触，氧的转移率高，动力消耗低；

② 具有截留原废水中悬浮物与脱落的生物膜的功能，因此，无需设沉淀池，占地面积少；

③ 以 3～5mm 的小颗粒作为滤料，比表面积大，微生物附着力强；

④ 池内能够保持大量的生物量，再由于截留作用，废水处理效果良好；

⑤ 无需污泥回流，也无污泥膨胀，反冲洗全部自动化，维护管理也非常方便。

5.4.10　曝气生物滤池有哪些设计参数?

滤料采用特制的球形轻质陶粒滤料，粒径在 3～6mm，比表面积为 6～9m^2/g。滤层高度可大于 3m（传质效果好，增加对高浓度冲击负荷的缓冲能力），曝气生物滤池的池体高度宜为 5～7m。

水力负荷 4～10m^3/(m^2·d)，BOD 负荷 3～6kg/(m^3·d)。BOD 去除率大于 90%，NH_3-N 去除率可大于 90%，出水 SS、BOD 小于 10mg/L，NH_3-N 可控制在 1mg/L 以下。

适用于处理可生化性较好的废水，其进水 COD 浓度允许达到 1000～1500mg/L；进水 SS 不宜大于 60mg/L。

5.4.11 生物膜法处理系统在运行过程中应注意哪些问题?

生物膜法的操作简单，只要控制好进水量、浓度、温度及所需投加的营养，处理效果一般比较稳定，微生物生长情况良好。在废水水质变化，形成负荷冲击情况下，出水水质恶化，但很快就能够恢复，这是生物膜法的优点。

生物滤池的运行中还应注意检查布水装置及滤料是否有堵塞现象。布水装置堵塞往往是由于管道锈蚀或者是由于废水中悬浮物质沉积所致。滤料堵塞是由于膜的增长量大于排出量所形成的。所以，对废水水质、水量应加以严格控制。当发现滤池堵塞时，应采用高压水表面冲洗或停止进入废水，让其干燥脱落。有时也可以加入少量氯或漂白粉、破坏滤料层部分生物膜。生物转盘一般不产生堵塞现象，可以用转盘转速控制膜的厚度。

在正常运转过程中，除了应开展有关物理、化学参数的测定外，还应对不同层厚、级数的生物膜进行微生物检验，观察分层及分级现象。生物膜设备检修或停产时，应保持膜的活性。对生物滤池，只需保持自然通风或打开各层的观察孔，保持池内空气流动；对生物转盘，可以将氧化槽放空或用人工营养液循环。停产后，膜的水分会大量蒸发，一旦重新开车，可能有大量膜质脱落，因此，开始投入工作时，水量应逐步增加，防止干化生物膜脱落过多。一旦微生物适应后，即可恢复运行。

6.1 厌氧生物处理概述

6.1.1 厌氧生物处理的基本概念是什么?

厌氧生物处理又被称为厌氧消化、厌氧发酵，是指在不需要提供外源能量的条件下，利用厌氧微生物的代谢特性分解有机污染物，以被还原有机物作为受氢体，同时产生有能源价值的甲烷气体的一种水处理技术。

6.1.2 厌氧生物处理的基本原理是什么?

对厌氧生物处理的基本原理的研究先后经历了两阶段理论、三阶段理论和四阶段理论。目前为止，三阶段理论和四阶段理论是对厌氧生物处理过程较全面较准确的描述。厌氧生物处理过程机理十分复杂，对其更详细的描述有待进一步的科学研究。

20 世纪 30～60 年代，人们普遍认为厌氧生物处理的原理为两阶段理论。第一阶段是发酵阶段，也称产酸阶段或酸性发酵阶段，发酵细菌以废水中的有机物为底物，发生水解和酸化反应，将有机物降解为以脂肪酸、醇类、二氧化碳和氢气等为主的产物。第二阶段是产甲烷阶段，也称碱性发酵阶段，产甲烷菌利用第一阶段的产物脂肪酸、醇类、二氧化碳和氢气等为底物，最终将其转化为甲烷和二氧化碳。

随着研究的不断深入，科学家在 20 世纪 70 年代又提出了三阶段理论，即整个厌氧消化过程可以分为水解、发酵阶段，产氢产乙酸阶段和产甲烷阶段三个阶段。有机底物首先通过发酵细菌的作用生成乙酸、丙酸、丁酸和乳酸等，接着在产氢产乙酸菌的降解作用下，转化为乙酸和氢气或二氧化碳，然后再被产甲烷菌利用，最终转化为甲烷和二氧化碳。其中产氢产乙酸菌和产甲烷菌之间存在着互利共生的关系。

几乎与三阶段理论的提出同时，科学家提出了四菌群学说即四阶段理论，与三阶段理论相比，该理论增加了同型（耗氢）产乙酸菌群，该菌群的代谢特点是能将氢气、二氧化碳合成乙酸。但是研究结果表明，这一部分乙酸的量较少，一般可忽略不计。

6.1.3 厌氧生物处理的微生物有哪些？

产甲烷菌、发酵细菌、产氢产乙酸菌和同型产乙酸菌等是厌氧生物处理的主要微生物。

① 产甲烷菌是一个特殊的专门的生理群，形态多样，具有特殊的细胞成分和产能代谢功能，可代谢氢气、二氧化碳及少数几种简单有机物生成甲烷，是一种严格厌氧的古细菌。

② 发酵细菌主要是专性厌氧细菌，是一个非常复杂的混合细菌群，包括梭菌属、丁酸弧菌属和真细菌属等。

③ 产氢产乙酸菌主要为产甲烷菌提供乙酸和氢气，能促进产甲烷菌的生长。产甲烷菌能利用氢气从而降低环境中的氢气分压，恰好有利于产氢产乙酸菌的生长，因而两者之间存在共生现象。

④ 同型产乙酸菌是一类属于混合营养型厌氧细菌的菌群，能利用有机质或者氢气和二氧化碳产生乙酸。

6.1.4 厌氧生物处理的特征有哪些？

厌氧生物处理的优点主要有以下 5 点：

① 厌氧生物处理可以产生生物能，污泥消化和有机废水的厌氧发酵可以产生沼气，沼气可作为能源利用。

② 节省动力消耗。厌氧生物处理过程中，细菌分解有机物是无分子氧呼吸，故不必给系统提供氧气。

③ 厌氧消化对某些能降解的有机物有较好的降解能力。

④ 对 N、P 的需求量低，这是因为厌氧处理合成的细胞数很少，远低于好氧处理过程合成的细胞数。

⑤ 厌氧处理产生的污泥量少，这是因为厌氧降解时只有少部分有机物被同化为细胞，绝大多数被转化为甲烷和二氧化碳。

厌氧生物处理的缺点主要有以下 5 点：

① 运行管理复杂，产酸菌和产甲烷菌性质不同，要保持两大类群的平衡，要对运行进行严格管理。

② 厌氧法启动周期长，因为厌氧生物世代周期长，增长速率低，污泥增长缓慢。

③ 采用厌氧消化不能去除废水中的 N、P。

④ 卫生条件差，废水中一般含有硫酸盐，厌氧条件下会产生硫化氢气体，散发出臭气，影响环境卫生。

⑤ 厌氧处理对有机物的去除不彻底，一般单独对废水中的有机物进行厌氧处理不能达到排放标准，故厌氧处理必须和好氧处理相结合。

6.2 厌氧生物处理的反应动力学

6.2.1 为什么要分析厌氧微生物降解动力学?

分析厌氧微生物降解动力学，对于厌氧生物处理系统的工艺设计和操作控制都是非常必要的。

在工艺设计时应当考虑的影响反应器负荷潜力的因素主要包括：影响物质传递的因素、影响微生物活性的因素、影响生物量积累的因素、影响底物利用的因素等。

操作控制过程应当力求在一个平衡的状态下运行，应当尽量避免任何中间产物的积累，在涉及计算厌氧生物转化速度时，应当考虑以下因素：

① 在处理成分复杂的污水时会涉及大量的不同种类的微生物；

② 某些中间产物能严重抑制微生物的代谢；

③ 不同的微生物有不同的动力学特征，并因此受到不同环境因素的影响；

④ 环境条件改变，如氨浓度、碱浓度等；

⑤ 物理化学因素也能严重影响生物转化过程的速率，如固体颗粒的大小、密度、底物的溶解性等。

6.2.2 厌氧生物处理过程动力学原理是什么?

微生物降解动力学是指目标化合物的微生物降解速率。把厌氧消化过程基质的降解速率和微生物的增长速率用数学模型来表达，这就是所谓厌氧过程动力学。确定厌氧消化过程的数学模型，对厌氧反应器的设计、运行和控制，对厌氧反应过程规律的研究都能发挥很大的作用。

厌氧消化过程的动力学主要有两个方面的内容：即厌氧微生物生长动力学和有机物降解动力学。用莫诺德动力学方程表示，如式(6-1) 所示：

$$\frac{\mathrm{d}C}{\mathrm{d}t}=\frac{K_{\max}CX}{K_{\mathrm{s}}+C} \tag{6-1}$$

式中 $\frac{\mathrm{d}C}{\mathrm{d}t}$——基质利用速率，mg/(L・d)；

$K_{\max}$——最大比基质利用速率，gCOD/(gVSS・d)；

C——生长限制基质浓度（与生物体接触的浓度），mg/L；

X——生物浓度，mg/L；

K_{s}——半饱和浓度，mg/L。

6.3 厌氧生物处理的影响因素

6.3.1 温度是如何影响厌氧生物处理过程的?

温度是影响厌氧微生物生命活动的重要因素之一。在废水厌氧生物处理设备运行中，要维持一定的反应温度又与能耗和处理成本有关。与所有的化学反应和生物化学反应一样，厌氧生物降解过程也受到温度和温度波动的影响，主要表现在以下3点：

① 温度会影响有机物在生化反应中的流向和某些中间产物的形成，因而与沼气的产量与成分等有关。

② 温度通过影响厌氧微生物体内某些酶的活性而影响微生物的生长速率和微生物对基质的代谢速率，因而会影响到废水厌氧生物处理工艺中污泥的产生量和有机物的去除速率。

③ 温度还可能影响污泥的成分与性状。

6.3.2 pH 值是如何影响厌氧生物处理过程的?

环境 pH 值的变化可以引起细胞膜电位的变化，影响代谢中酶的活性，从而影响微生物对营养物质的吸收，并且可以改变营养物质的可给性和有害物质的毒性。介质的 pH 值不仅影响微生物的生长，甚至可以影响微生物的形态。

6.3.3 氧化还原电位是如何影响厌氧生物处理过程的?

产甲烷菌不能产生过氧化氢酶，但其对氧和氧化剂非常敏感。厌氧反应器中可以用氧化还原电位来表示氧浓度，两者之间的关系可以用 Nernst 方程表示。实验研究表明，产甲烷菌的初始繁殖的环境条件是氧化还原电位不高于－330mV。

6.3.4 废水的营养比是如何影响厌氧生物处理过程的?

C、N、P 三种营养物质之间的比例（其中 C 以 COD 表示，N、P 以元素含量计），无论是好氧反应还是厌氧反应，N、P 的比值是确定的，为 5∶1。C 与它们的比值差别很大。一方面，要明白厌氧反应和好氧反应之间的差异，好氧反应的细胞合成率高，而厌氧反应的合成率低，因此厌氧反应所需的 C 就会高很多；另一方面，不同性质的废水所含的 C 的可生物利用性不同，因此，不同性质的废水要求的 C 的比值不同。大量实验研究表明，厌氧生物处理的 C∶N∶P 控制为（200～300）∶5∶1 为宜。在装置启动时，稍微增加 N，有利于提高反应器的缓冲能力，有利于生物的增殖。

6.3.5 有毒物质是如何影响厌氧生物处理过程的?

厌氧系统中的有毒物质对消化过程有不同程度的抑制作用，有毒物质通常包括有毒有机物、重金属离子和一些阴离子等。

有毒有机物通常是指带有醛基、双键、氯取代基、苯环等基团的有机物，主要是通过抑制厌氧菌的活动而影响厌氧过程。重金属则主要是通过与生物酶中的氨基、羧基等相结合而使酶失去活性，或者通过金属氢氧化物凝聚作用使酶沉淀，进而影响厌氧生物处理过程。过量硫化物的存在也会对厌氧过程产生强烈的抑制。硫酸盐等还原硫化物的反硫化作用会与产甲烷过程争夺有机物氧化脱下来的氢，并且可溶性硫化物在介质中积累后，会对细菌的细胞功能产生直接抑制，减少产甲烷菌的种群。但是硫化物可以与一些重金属离子反应生成沉淀，从而降低两者对厌氧过程的影响。

6.3.6 有机负荷是如何影响厌氧生物处理过程的?

厌氧法中所说的有机负荷通常是指容积有机负荷，即单位有效容积每天接受的有机物质量。进水有机负荷率体现了基质与微生物之间的供需关系，是影响污泥增长及活性和有机物降解的主要因素。通常容积负荷采用 10～60kgCOD/(m^3·d) 或 7～45kgBOD/(m^3·d)。

一般情况下，产酸速度大于产甲烷速度，若有机负荷过高，产酸速度进一步加大，挥发酸的累积将导致 pH 值的下降，会破坏产甲烷阶段的正常进行，严重时产甲烷阶段停顿，系统失败。除此之外，过高的有机负荷会带来过高的水力负荷，会使消化过程中流失的污泥远远大于增殖的污泥，进而降低消化效率。当有机负荷过低时，产气率或有机物去除率虽可提高，但容积产气率降低，反应器容积增大，消化设备的利用率降低，投资运行费用将提高。

通常厌氧系统中有三个重要的监测指标，即甲烷的产生量、VFA（挥发性脂肪酸）的浓度以及 pH 值，它们能揭示系统的运行情况。如果发现异常，就需要立刻查明原因。适当的监测和控制可以降低运行费用，如反应器在较低的适宜的 pH 值条件下运行，可以减少处理低碱度废水时对碱性物质的需求。

6.4 厌氧生物处理基本工艺

6.4.1 厌氧生物处理工艺基本类型有哪些?

目前厌氧废水处理技术已取得很大进步，主要工艺有：厌氧接触工艺、厌氧生物转盘、厌氧生物滤池工艺、厌氧生物流化床工艺、厌氧折流板反应器、升流式厌氧污泥反应器、厌氧膨胀颗粒污泥床反应器、内循环厌氧反应器、上流式厌氧复合床、两级厌氧消化工艺、两相厌氧消化工艺。

6.4.2 化粪池的原理及其特点是什么?

化粪池是一种应用广泛的厌氧生物处理工艺，化粪池结构如图 6-1 所示。污水首先进入第一池，水中悬浮物或沉于池底，或浮于池面；池水一般分为三层，上层为浮渣层，下层为污泥层，中间为水流。之后污水进入第二池，而底泥和浮渣则被第一池截留，达到初步净化的目的。污水在池内的停留时间一般为 12～24h。污泥在池内进行厌氧消化，一般半年左右清除一次。出水不能直接排入水体，常在绿地下设渗水系统，排除化粪池出水。传统化粪池由于技术含量低，腐化功能差，清掏周期短，如果日常维护管理不到位，还会出现沼气中毒、爆炸等安全隐患。现在的化粪池增加了通气管，将化粪池中的废气排入空气中，减少了安全隐患。

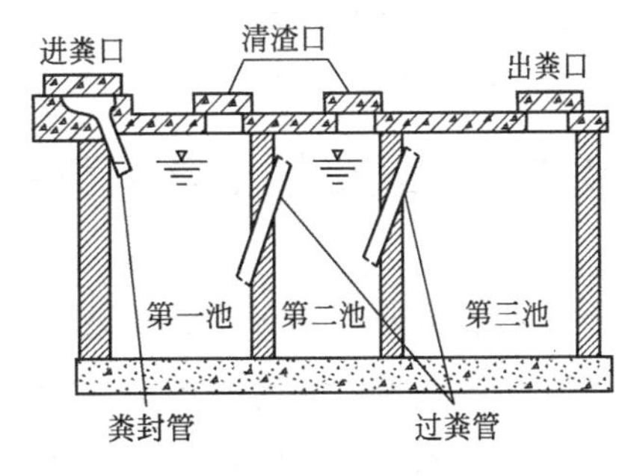

图 6-1 化粪池结构示意

6.4.3 化粪池有哪些工艺设计参数?

化粪池的工艺设计参数主要有：水力停留时间、化粪池有效容积。当单池双格时，有效容积为 $2m^3$、$4m^3$、$6m^3$、$9m^3$、$12m^3$；当单池三格时，有效容积为 $16m^3$、$20m^3$、

$30m^3$、$40m^3$、$75m^3$、$100m^3$；当双池三格时，有效容积为 $75m^3$、$100m^3$。

6.4.4 厌氧接触工艺的原理及其特点是什么?

厌氧接触工艺类似于好氧的传统活性污泥法。废水先进入混合接触池与回流的厌氧污泥充分混合，废水中的有机物得到厌氧降解，并产生气体，气体从消化池顶部排出，消化池出水经过抽真空装置脱气，流入沉淀池完成固液分离，其中部分污泥回流到消化池。厌氧接触工艺流程如图 6-2 所示。

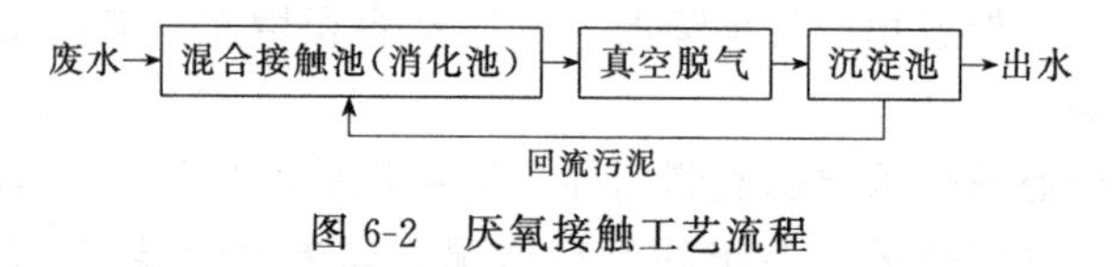

图 6-2 厌氧接触工艺流程

消化池排出的气体可以用作消化池混合液升温以加快池内反应速度，消化池搅拌可以采用机械搅拌，也可采用水力搅拌。厌氧接触法具有以下特点：

① 消化池污泥浓度高，其挥发性悬浮物的浓度一般为 5～10g/L，耐冲击负荷能力强，通过末端沉淀或气浮实现泥水分离并将污泥回流，实现了缩短水力停留时间的目的，同时，实现了厌氧污泥的富集，启动较快。

② COD 容积负荷一般为 1～5kg/(m^3 · d)，COD 去除率一般为 70%～80%，BOD_5 容积负荷一般为 0.5～2.5kg/(m^3 · d)，BOD_5 去除率一般为 80%～90%；适合处理悬浮物和 COD 浓度高的废水，生物量 SS 可达到 50g/L。

③ 由于增设后续配套沉淀或气浮工艺，增加了系统成本。关键是由于反应器内产生沼气，使得末端的泥水固液分离困难，脱气不充分，会造成污泥的流失，系统流程复杂。

④ 该工艺反应器内的污泥浓度可以通过沉淀池中的污泥回流保证。在该工艺之前必须进行固液分离预处理，确保反应器的运行效率和处理效果。

⑤ 适合处理悬浮物较低的污水，进水悬浮物过高，反而会增加处理负担，使得末端泥水分离困难，因而有一定的局限性。

6.4.5 厌氧接触工艺有哪些工艺设计参数?

厌氧接触法的工艺设计参数主要有以下几个：

① 容积负荷　其值一般在 6kgCOD/(m^3 · d) 以下；

② 污泥负荷　其值在 0.6kgCOD/(kgVSS · d)以下；

③ 混合液污泥浓度　其值一般在 10kgVSS/m^3 左右；

④ 污泥回流比　一般为 0.8～1.0；

⑤ 搅拌功率　沼气搅拌为 5～10 W/m^3，机械搅拌为 2～5W/m^3；

⑥ 沉淀池表面水力负荷　当污泥沉淀性能良好时一般为 0.2～0.25m^3/(m^2 · h)，沉淀性能较差时一般为 0.1～0.15m^3/(m^2 · h)。

6.4.6 厌氧生物转盘的原理及其特点是什么?

厌氧生物转盘（见图 6-3）的构造与好氧生物转盘相似，不同之处在于上部加盖密封，为收集沼气和防止液面上空气中的氧进入。污水处理靠盘片表面生物膜和悬浮在反应槽中的厌氧活性污泥共同完成。盘片转动时，作用在生物膜上的剪切力将老化生物膜剥下，在水中呈悬浮状态，随水流出槽外。沼气从槽顶排出。

厌氧生物转盘的优点是可接受较高的有机负荷和冲击负荷；COD 去除率可达 90%以上；不存在载体堵塞问题，生物膜可经常保持较高活性；便于操作，易于管理。缺点是造价太高。

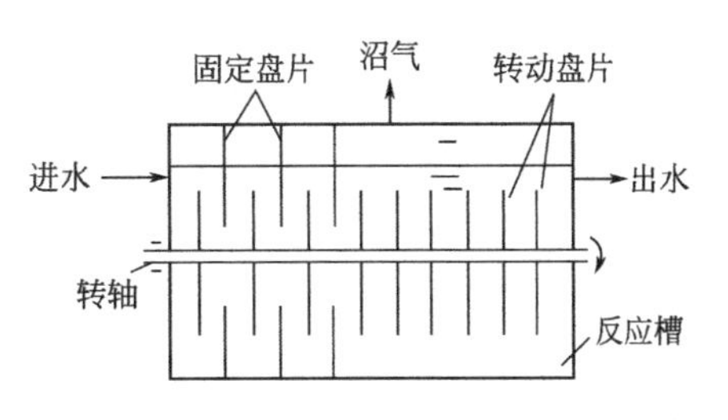

图 6-3　厌氧生物转盘平面示意

生物转盘常规处理工艺流程如图 6-4 所示。

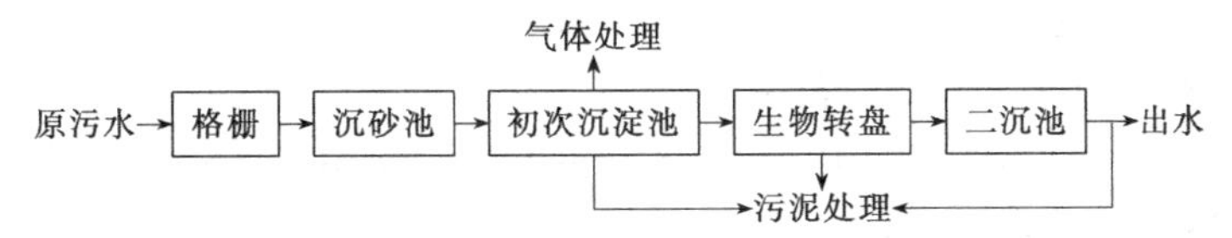

图 6-4　生物转盘常规处理工艺流程

该工艺启动初期不易采用较大负荷，直到盘片上出现生物膜，可认为启动成功，之后逐步提高负荷。可采用固定盘片和转动盘片相间布置的方法，避免盘片间生物膜黏结和堵塞情况的发生。

6.4.7　厌氧生物转盘有哪些工艺设计参数?

厌氧生物转盘工艺设计参数主要包括有机物面积负荷率，一般中温发酵条件下，有机物面积负荷率可达 0.04kg COD/(m^3 盘片·d)，相应的 COD 去除率达到 90%左右。

6.4.8　厌氧生物滤池的原理及其特点是什么?

厌氧生物滤池（见图 6-5）工艺在滤池内设置填料，池顶密封，废水由池底进入，顶部排出，填料浸于水中，微生物附着生长在填料之上，不随出水流出，形成生物膜。生物膜与填充材料在一起形成固定的滤床，因此可以在较短的水力停留时间下取得较长的污泥龄，平均细胞停留时间可长达 100d 以上。厌氧生物滤池工艺流程如图 6-6 所示。

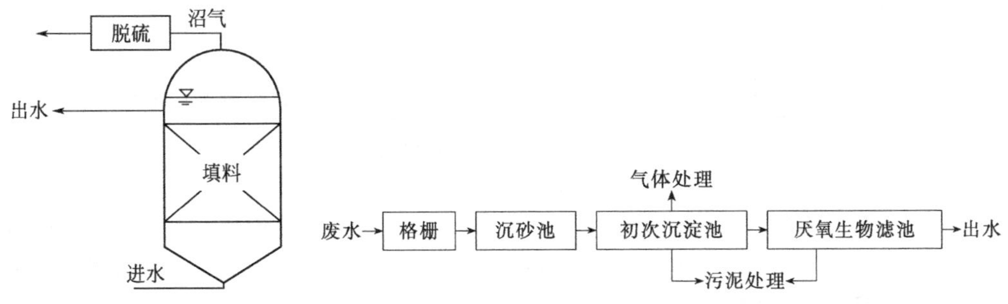

图 6-5　厌氧生物滤池结构示意

图 6-6　厌氧生物滤池工艺流程

厌氧生物滤池有以下优点：生物固体浓度高，因此可以获得较高的有机负荷；微生物固体停留时间长，因此可以缩短水力停留时间，耐冲击负荷能力也较强；启动时间短，停止运行后再启动比较容易；不需污泥回流，运行管理方便。其缺点是载体相当昂贵。如采用填料不当，在污水悬浮物较多的情况下容易发生短路和堵塞。

厌氧生物滤池运行初期不要采用过高负荷，应当随着厌氧微生物对处理污水的适应，逐步提高负荷。对高浓度或含有有毒有害物质的废水，在启动时要进行稀释，并随着厌氧微生物的适应，逐步减少稀释倍数。正确选择填料对含悬浮物的污水处理过程很重要，如选择粒径较大及孔隙度较大的填料可以有效降低反应器堵塞次数。反应器运行过程中，要保持温度和 pH 值的相对稳定，否则会影响微生物活性，进而不利于处理过程的顺利进行。

6.4.9 厌氧生物滤池有哪些工艺设计参数?

厌氧生物滤池工艺设计参数主要有以下几种：

① 有机容积负荷率　其取值范围一般 2～6kgCOD/(m^3·d)；

② 荷质比 F/M　其最佳值为 0.3～0.5kgCOD/(kg MLVSS·d)；

③ MLVSS　其值为 3～6g/L；

④ 混合液 SVI 值　其值为 70～150mg/g；

⑤ 回流比 R　其值为 2～4；

⑥ 消化温度　不低于 20℃为好。

6.4.10 厌氧流化床的原理是什么?

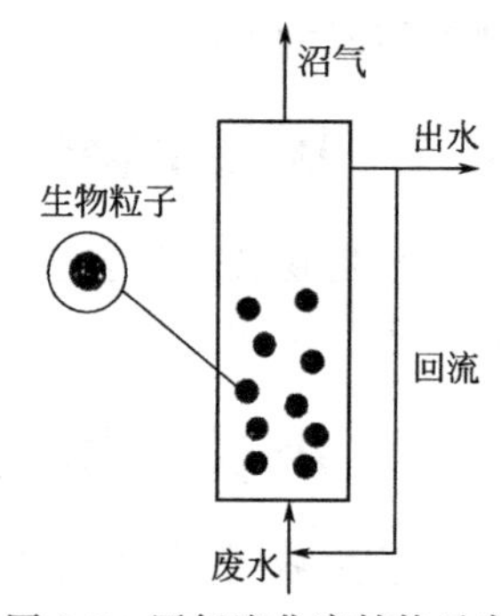

图 6-7　厌氧流化床结构示意

厌氧流化床（AFB，见图 6-7）反应器是借鉴化工流态化技术的一种生物反应器。在 AFB 反应器中，微生物固定于小颗粒上而形成生物粒子，以生物粒子为流化粒料，污水作为流化介质，由外界施以动力，使生物粒子克服重力与流体阻力，形成“流态化”。

该工艺与好氧生物流化床相比，不仅能高效降解高浓度有机物，还具有良好的脱氮效果；一般该工艺出水悬浮物浓度较高，反应系统中应考虑设置固液分离装置，特别是在启动阶段，没有污泥回流则挂膜非常困难。实际操作中上升流速应控制在临界化流速的 1.2～1.5 倍，该速度既满足生物流化床的操作要求，而且也经济。厌氧生物流化床工艺流程如图 6-8 所示。

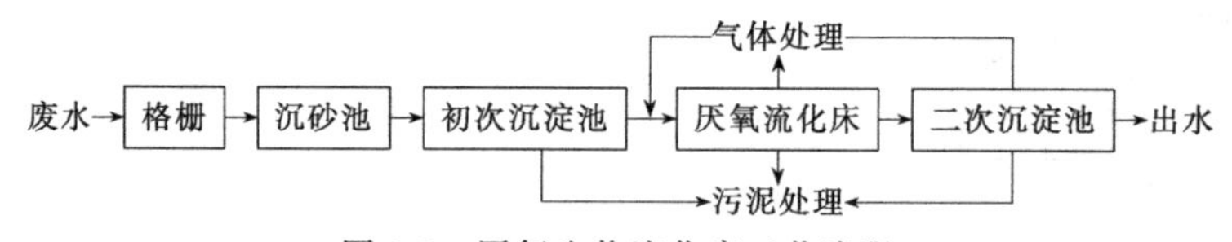

图 6-8　厌氧生物流化床工艺流程

微生物附着的载体一般粒径很小(0.2～0.8mm)，其比表面积为 3300～10000m^2/m^3，生物量可达 10～40g/L，反应器中的液体流速可以很高，由于这样高的液体流速，废水中的惰性沉积物不可能聚积于反应器中，污泥活性很高，效率比普通活性污泥法高10～20 倍。由于生物质浓度高，使得流化床具有非常高的处理能力。

6.4.11 厌氧流化床的主要优缺点是什么?

厌氧流化床的优点如下：

(1) 占地面积少

厌氧流化床允许有很高的容积负荷，去除率高，其占地面积约为普通活性污泥法的5%左右。

(2) 工艺稳定性好

能抗有机或有毒负荷的冲击，生物颗粒的流态化，促进了生物膜与污水界面的不断更新，有利于加速厌氧消化，避免了固定床消化器中经常出现的底部负荷过重的状态，从而增强了有机负荷和有毒负荷冲击的承受能力。

(3) 水力停留时间短

生物粒子在反应器中呈流态化，提高了传质速度，从而缩短了水力停留时间。

(4) 对各种废水具有很好的适应性

反应器不仅可以用于处理高浓度废水，也可以用于处理低浓度废水（COD<1000mg/L），既能用于一般的废水处理，也能用于有毒废水处理（如含酚废水）。

(5) 去除率很高

这是由于小颗粒载体为微生物的固定化提供了巨大的表面，使得流化床中的生物质浓度很高，可达10～40g/L。

厌氧流化床的缺点主要是启动困难，所需时间长。由于水力剪力的作用，生物膜不能迅速形成，在反应器中，要获得稳定、成熟的生物膜，有时需要长达6个月时间。保持流化态会需要大量能量，能耗大。生物膜厚度控制困难，工业性操作经验缺乏。如果载体选择不当，还会出现成本过高等问题。

6.4.12 厌氧折流板反应器的原理是什么?

厌氧折流板（ABR，见图6-9）反应器中使用了一系列垂直安装的折流板使被处理的废水在反应器内沿折流板做上下流动，借助于处理过程中反应器内产生的沼气，反应器内的微生物固体在折流板所形成的各个隔室内做上下膨胀和沉淀运动，而整个反应器内的水流则以较慢的速度做水平流动。由于污水在折流板的作用下，水流绕折流板流动而使水流在反应器内流经的总长度增加，再加折流板的阻挡及污泥的沉降作用，生物固体被有效地截留在反应器内。该工艺流程如图6-10所示。

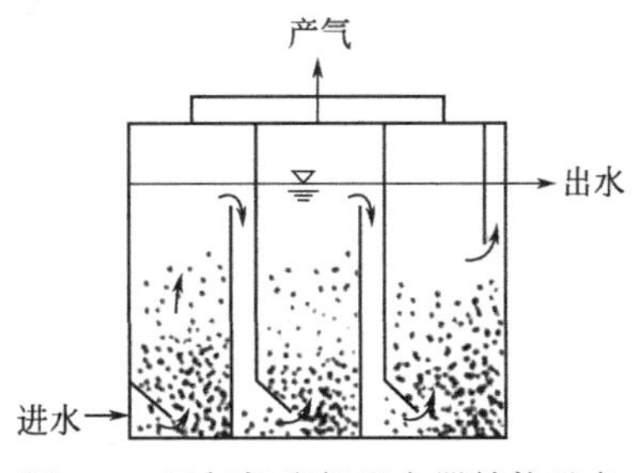

图6-9 厌氧折流板反应器结构示意

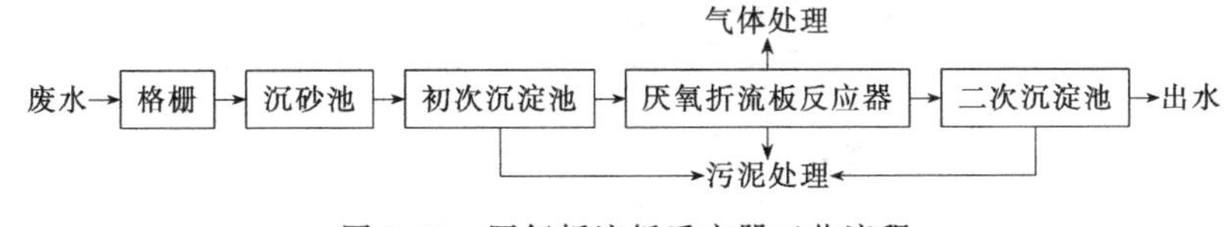

图6-10 厌氧折流板反应器工艺流程

6.4.13 厌氧折流板反应器的特点是什么?

厌氧折流板反应器被称为第三代厌氧反应器，不仅生物固体截留能力强，而且水力混合条件好。通过构造上的改进，反应器具有良好的水力流态，其中的水流大多呈推流与完全混合流相结合的复合型流态，因而具有高的反应器容积利用率，可获得较强的处理能力；具有良好的生物固体的截留能力，并使一个反应器内微生物在不同的区域内生长，与不同阶段的进水相接触，在一定程度上实现生物相的分离，从而可稳定和提高设施的处理效果；通过构造上改进，延长水流在反应器内的流径，从而促进废水与污水的接触。

综合来说，结构上厌氧折流板反应器结构简单，无运动部件，无需机械混合装置，造价低，容积利用率高，不易阻塞，污泥床膨胀程度较低而可降低反应器的总高度，投资成本和运转费用低；对生物体的沉降性能无特殊要求，污泥产率低，剩余污泥量少，泥龄高，污泥无需在载体表面生长，不需后续沉淀池进行泥水分离；水力停留时间短，可以间歇的方式运行，耐水力和有机冲击负荷能力强，对进水中的有毒有害物质具有良好的承受力，可增长运行时间而无需排泥。但是其也有不足之处，主要表现在同等的总负荷条件下与单级的厌氧反应器相比，反应器第一隔室要承受的负荷远大于平均负荷，造成局部负荷过载；出水 COD 浓度较高，较难达到排放标准。

6.4.14 厌氧折流板反应器有哪些工艺设计参数?

反应器的水力流态及其优劣可用容积有效利用率或反应器的死区容积分数（V_d/V）来描述。ABR 反应器的 V_d/V 值范围为 7%～20%，其平均数为 9.8%。在计算反应器尺寸时，主要参数为容积负荷 N_V[kgCOD/(m^3·d)]，可根据经验或实验值选取，实际容积 $V_{实际}$ 常取 $V_{有效}$ 的 1.1～1.2 倍。在沉淀器的设计中，一般经验是要求表面水力负荷小于 $1m^3/m^2$，即颗粒的沉淀速度小于 0.3mm/s；水流上升速度须介于 0.3～0.55mm/s。通常设计 5～7 个隔室，每格的升流室和降流室长度比值通常为 4∶1。

6.4.15 升流式厌氧污泥床反应器的原理及其特点是什么?

升流式厌氧污泥床（UASB，见图 6-11）反应器在构造上的主要特点是集生物反应池与沉淀池于一体，是一种结构紧凑的厌氧生物反应器。主要由以下几部分组成：

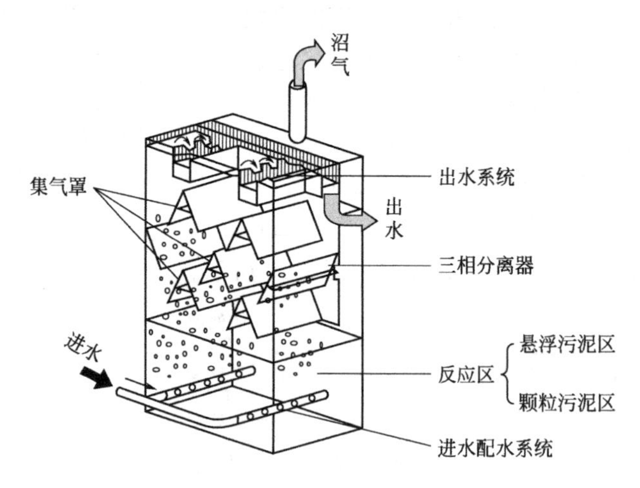

图 6-11 UASB 反应器结构示意

① 进水配水系统；

② 反应区，包括颗粒污泥区和悬浮污泥区，废水从反应器底部进入，与颗粒污泥充分混合接触，污泥中的微生物不断分解有机物，并放出气体，在气体的搅动作用下形

成悬浮污泥层；

③ 三相分离器，由沉淀区、回流缝和气封组成，将固液气分离，污泥经回流缝回流到反应区，气室收集产生的沼气；

④ 出水系统。

与其他厌氧反应器相比，升流式厌氧污泥反应器具有很多优点：

① 污泥床内生物量多颗粒污泥增强了反应器对不利条件的抵抗能力，颗粒污泥直接接种可以加快反应器的启动速度；

② 容积负荷率高，在中温发酵条件下可高达 15～40kgCOD/(m^3·d)；

③ 水力停留时间短，池体容积大减；

④ 设备简单，三相分离器的使用避免了附设沉淀装置、脱气装置、回流装置和搅拌装置，节省了投资和运行费用，降低了能耗，反应器内不需投加填料和载体，提高了容积利用率，无堵塞问题。

升流式厌氧污泥床工艺流程如图 6-12 所示。

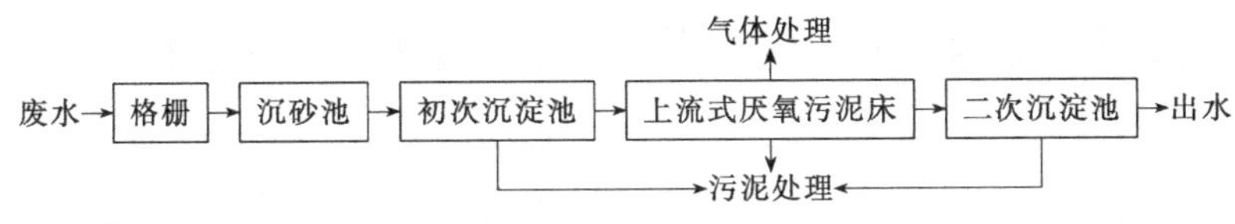

图 6-12 升流式厌氧污泥床工艺流程

处理工业废水的 UASB 反应器在启动前必须投加接种污泥，污泥优先选择处理同类废水所产生的新鲜颗粒污泥。颗粒污泥并非是种泥形成的，而是以种泥为种子，在基质营养条件充足的情况下，由新长成的微生物繁殖而成。对于处理生活污水的该类反应器可采用自接种法启动，该方法可分为启动滞后期、颗粒污泥出现期和颗粒污泥成熟期三个阶段。

6.4.16 升流式厌氧污泥床反应器有哪些工艺设计参数?

UASB 的工艺设计参数主要有以下几种：

① COD 负荷范围为 5～18kg/(m^3·d)，其中 6～11kg/(m^3·d) 较多；

② 反应器的容积为 30～5500m^3，其中 400～2000m^3 较多；

③ 沉淀区表面水力负荷采用 3m^3/(m^2·h) 以下，对含悬浮物较多的有机废水，沉淀区表面水力负荷可采用 1～1.5m^3/(m^2·h) 以下；

④ 配水系统每个喷嘴的服务面积，高负荷时采用 2～5m^2/个，低负荷采用 0.5～2m^2/个；

⑤ 三相分离器要求通过沉淀槽槽底缝隙的流速不大于 2m/h，沉淀槽斜底与水平面的交角不应小于 50°，以使沉淀在斜板上的污泥不发生沉积，尽快落入反应区内；

⑥ 对低浓度有机废水反应器的高度可采用 3～5m，对中浓度的有机废水可采用 5～7m，最大不超过 5m。

6.4.17 厌氧折流板反应器的主要优点有哪些?

升流式厌氧污泥床（OASB）反应器是第二代厌氧反应器的代表，厌氧折流板反应器（ABR）是在其基础上发展起来的第三代厌氧反应器，虽然在构造上 ABR 可以看作是多个 UASB 的简单串联，但在工艺上与单个 UASB 有着显著的不同。UASB 可近似看作是一种完全混合式反应器，ABR 则由于上下折流板的阻挡和分隔作用，使水流在不同隔室中的流态呈完全混合态（水流的上升及产气的搅拌作用），而在反应器的整个流程方向则表现为推流态。在反应动力学的角度，这种完全混合与推流相结合的复合型流态十分利于保证反应器的容积利用率、提高处理效果及促进运行的稳定性，是一种极佳的流态形式。同时，在一定处理能力下，这个复合型流态所需的反应器容积也比单个完全混合式的反应器容积低很多。

ABR 工艺在反应器中设置了上下折流板而在水流方向形成依次串联的隔室，从而使其中的微生物种群沿长度方向的不同隔室实现产酸和产甲烷相的分离，在单个反应器中进行两相或多相的运行。也就是说，ABR 工艺可在一个反应器内实现一体化的两相或多相处理过程。在结构构造上，ABR 比 UASB 更为简单，不需要结构较为复杂的三相分离器，每个隔室的产气可单独收集以分析各隔室的降解效果、微生物对有机物的分解途径、机理及其中的微生物类型，也可将反应器内的产气一起集中收集。

6.4.18 厌氧膨胀颗粒污泥床反应器的工作原理是什么？

厌氧膨胀颗粒污泥床（Expanded Granular Sludge Bed，EGSB）反应器是在升流式厌氧污泥床反应器（UASB）的研究基础上开发的第三代高效厌氧反应器。与 UASB 反应器相比，EGSB 反应器增加了出水回流，这样就提高了液体表面上升流速（4m/h），使得颗粒污泥床层处于膨胀状态，提高了颗粒污泥的传质效果，EGSB 工艺实质上是固体流态化技术在有机废水生物处理领域的具体应用。

EGSB 反应器（见图 6-13）在运行过程中，待处理废水与被回流的出水混合经反应器底部的布水系统均匀进入反应器的反应区。反应区内的泥水混合液及厌氧消化产生的沼气向上流动，部分沉降性能较好的污泥经过膨胀区后自然回落到污泥床上，沼气及其余的泥水混合液继续向上流动，经三相分离器后，沼气进入集气室，部分污泥经沉淀后返回反应区，液相挟带部分沉降性极差的污泥排出反应器。厌氧膨胀颗粒污泥床工艺流程如图 6-14 所示。

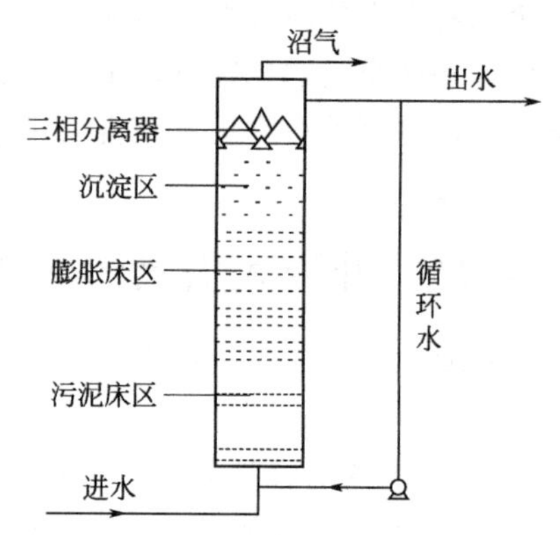

图 6-13　EGSB 反应器结构示意

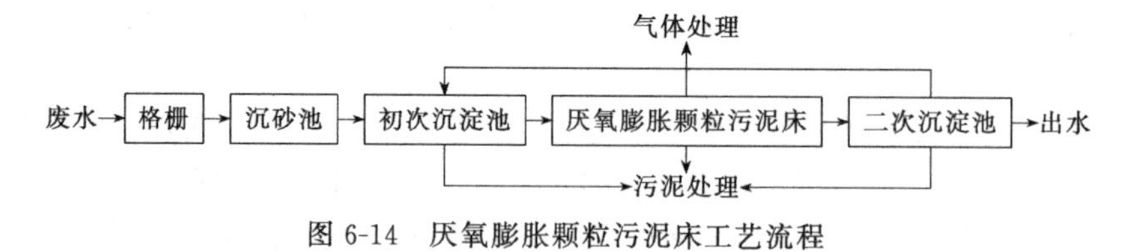

图 6-14　厌氧膨胀颗粒污泥床工艺流程

6.4.19 厌氧膨胀颗粒污泥床反应器的特点是什么？

厌氧膨胀颗粒污泥床（EGSB）反应器有以下特点：

① 能有效处理低温低浓度有机废水，抗冲击负荷能力强；

② 反应器内具有很高的上升流速；

③ 厌氧膨胀颗粒污泥床反应器对布水系统要求较低，布水均匀，污泥处于膨胀状态，不易产生沟流和死角，但对三相分离器要求提高，主要是高上升流速条件下要做好预防污泥流失；

④ 高的上升流速有利于污泥与废水间充分混合接触，因而在低温处理低浓度有机废水时有明显优势；

⑤ 颗粒污泥活性高，沉降性能好，颗粒大，强度较好，反应器内的颗粒污泥呈膨胀状态，颗粒污泥性能良好；

⑥ 厌氧膨胀颗粒污泥床反应器采用处理水回流技术，对含有有毒物质的废水具有较好的处理效果；

⑦ 高径比大，占地面积大大缩小。

6.4.20 内循环厌氧反应器的工作原理是什么?

内循环厌氧（IC，见图 6-15）反应器的进水与反应器顶部的处理后回流水充分混合后由泵输入反应器内部，与第一厌氧反应室内的成流化状态的膨胀颗粒污泥床充分接触混合，降解大量的污染物，产生大量的沼气。沼气经一级三相分离器得以收集，并经导气管排走，部分沼气挟带污泥絮体上升到反应器上部经气液分离器，沼气与污泥絮体得以分离，污泥絮体在重力作用下回流到反应器底部与进水充分混合，实现了内部循环。经过一级厌氧反应室的处理废水进入第二厌氧反应室进一步降解，使废水得到更好的净化，提高了出水水质。泥水在混合液沉淀区进行固液分离，上清液经出水管排走，颗粒污泥自动返回第二厌氧反应室。

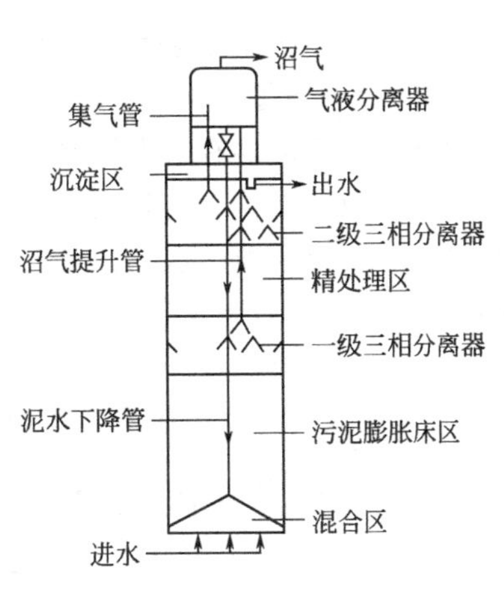

图 6-15 IC 反应器结构示意

内循环厌氧反应器可以采用 UASB 反应器的颗粒污泥接种，由于该反应器有机负荷高，污泥增长很快，颗粒污泥在两个月内即可培养完成。如采用絮体污泥接种，则启动初期只能采用低负荷运行，待自行培养出颗粒污泥后，再逐步提高污泥负荷，这样启动时间会变长。内循环厌氧反应器工艺流程如图 6-16 所示。

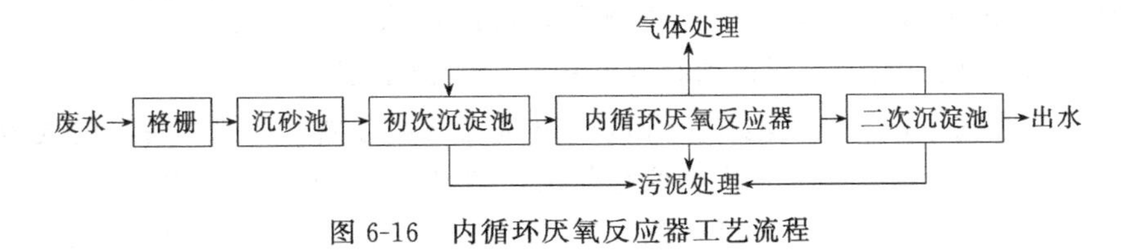

图 6-16 内循环厌氧反应器工艺流程

6.4.21 内循环厌氧反应器的特点是什么?

内循环厌氧（IC）反应器有以下优点：

(1) 有机负荷高，水力停留时间短

内循环提高了污泥膨胀床区的液相上升流速，因而水力停留时间短，而且强化了废水中有机物和颗粒污泥间的传质，使 IC 反应器的有机负荷远远高于普通 UASB 反应器。

（2）很高的容积负荷，抗冲击负荷能力强，运行稳定性好

内循环的形成使得 IC 反应器污泥膨胀床区的实际水量远大于进水水量，循环回流水稀释了进水，且可利用内循环回流的碱液，大大提高了反应器的抗冲击负荷能力和缓冲 pH 值变化能力。此外，废水还要经过精处理区继续处理，故反应器运行通常很稳定。

（3）占地面积省，基建投资省

在处理同量的废水时，IC 反应器的进水容积负荷率是普通 UASB 反应器的 4 倍左右，污泥负荷率为 UASB 反应器的 3～4 倍，故其所需的容积仅为 UASB 反应器的 1/4～1/3，节省了基建投资；加上 IC 厌氧反应器一般采用高径比为 4～8 的高瘦型塔式外形，故其占地面积少。

（4）节能

IC 厌氧反应器的内循环是在沼气的提升作用下实现的，利用沼气膨胀做功，在无须外加能源的条件下实现了内循环废水回流。节省能耗，启动期短。

虽然 IC 反应器有诸多优点，其缺点也不容忽视。主要有以下几点：

① IC 反应器内含有较高浓度的细微颗粒污泥，而且水力停留时间相对短，高径比大，所以 IC 反应器出水中含有更多的细微固体颗粒，这不仅使后续沉淀处理设备成为必要，还加重了后续设备的负担。

② IC 反应器高度一般较高，且内部结构复杂，这增加了施工安装和日常维护的困难，高径比大使进水泵的能量消耗大，运行费用高。

6.4.22 上流式厌氧复合床的工作原理是什么？

上流式厌氧复合床（Upflow Blanket Filter，UBF）反应器是由上流式厌氧污泥床和厌氧生物滤器组成的复合型反应器（见图 6-17）。其下面是高浓度颗粒组成的污泥床，上部是填料及其附着的生物膜组成的滤料层。上流式厌氧污泥床的水流方向与产气方向一致，一方面减少了堵塞机会，另一方面对污泥床层有混合搅拌作用，有利于微生物与进水基质的充分接触，也有助于形成颗粒污泥。反应器上部设置的生物填料表面会生长出生物膜，可降解大约 20%的 COD，使反应器的容积得到有效利用，同时由于填料的存在，使得挟带污泥的气泡在上升过程中与之发生碰撞，加速了污泥的气泡分离，进而降低了污泥的流失。由于二者的联合作用，使得上流式厌氧复合床反应器的体积可以最大限度地利用，反应器积累微生物的能力大增，使得反应器的有机负荷大增，传质效果更好。

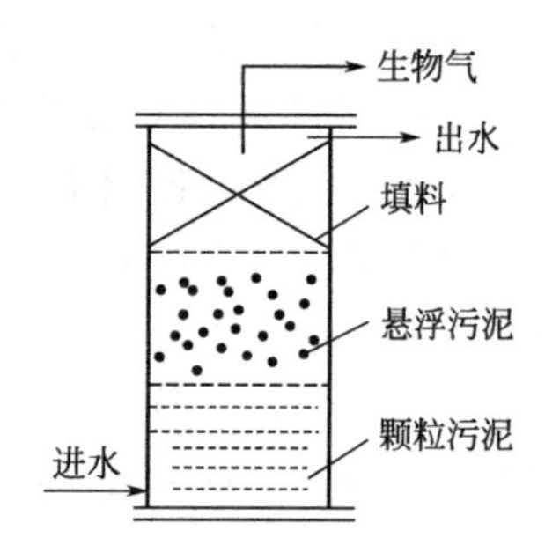

图 6-17 UBF 反应器

该工艺启动过程可分为启动初期、低负荷运行期和高负荷运行期三个阶段。启动初期为培养驯化阶段，随着时间的延长，污泥逐渐积累，在填料层上逐渐挂膜，污泥活性得到提高。在低负荷运行期，COD 去除率有所下降，但是趋于稳定，并且产气量相应增加。高负荷运行阶段随着污泥量的增加，可进一步提高负荷。上流式厌氧复合床工艺流程如图 6-18 所示。

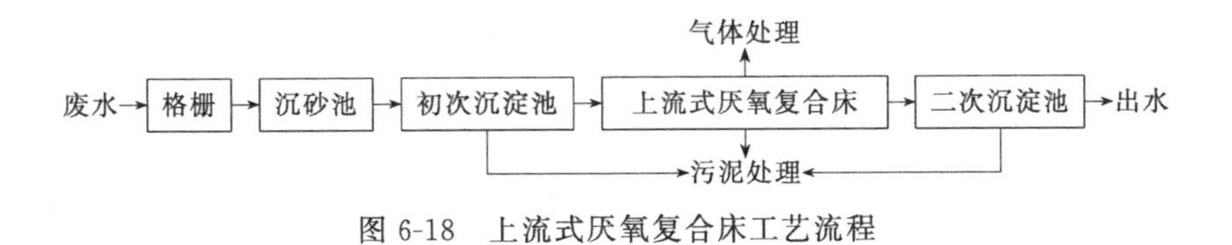

图 6-18 上流式厌氧复合床工艺流程

6.4.23 上流式厌氧复合床的特点是什么?

上流式厌氧复合床（UBF）的突出优点是反应器内水流方向与产气上升方向相一致，一方面减少堵塞的机会，另一方面加强了对污泥床层的搅拌作用，有利于微生物同进水基质的充分接触，也有助于形成颗粒污泥。

反应器上部空间所架设的填料，在其表面生长微生物膜，在其空隙截留悬浮微生物，既利用原有的无效容积增加了生物总量，防止了生物量的突然洗出，而且对 COD 有 20% 左右的去除率。更重要的是由于填料的存在，挟带污泥的气泡在上升过程中与之发生碰撞，加速了污泥与气泡的分离，从而降低了污泥的流失。由于二者的联合作用，使得 UBF 反应器的体积可以最大限度地利用，反应器积累微生物的能力大为增强，反应器的有机负荷（Organic Loading Rate，OLR）更高，因而 UBF 具有启动速度快，处理效率高，运行稳定等显著特点。此外，该反应器还具有占地少，抗冲击负荷能力强的特点。

6.4.24 两级厌氧消化法的原理及其特点是什么?

两级厌氧消化是根据消化过程沼气产生的规律而设计，是指把消化池设计成两级。第一级消化池设有加温搅拌设备，并有集气罩收集沼气，排除的污泥进入第二级消化池；第二级消化池没有加温搅拌设备，主要靠余热进行消化，因为没有搅拌设备，故第二级消化池有浓缩的功能。两级厌氧消化能够节约污泥加温和搅拌所需的能量，减少耗热量，熟污泥含水率低。

6.4.25 两级厌氧法有哪些工艺设计参数?

两级厌氧法消化池通常有圆形和蛋形两种。圆形消化池池径一般为 6～35m，池总高与池径之比为 0.8～1.0，池底、池盖倾角一般取 15°～20°，池顶集气罩直径取2～5m，高 1～3m；大型消化池采用蛋形，容积可达到 10000m^3 以上。

6.4.26 两相厌氧消化法的原理及其特点是什么?

传统的厌氧消化工艺中，产酸菌和产甲烷菌在单相反应器内完成厌氧消化的全过程，由于菌种的特性有较大的差异，对环境条件的要求不同，无法使二者都处于最佳的生理状态，影响了反应器的效率。两相厌氧消化工艺的本质特征是实现了生物相的分离，即通过调控产酸相和产甲烷相反应器的运行控制参数，使产酸相和产甲烷相成为两个独立的处理单元，各自形成产酸发酵微生物和产甲烷发酵微生物的最佳生态条件，实现完整的厌氧发酵过程，从而大幅度提高废水处理能力和反应器的运行稳定性。

两相厌氧消化的特点如下：

① 两相厌氧消化工艺将产酸菌和产甲烷菌分别置于两个反应器内，并为它们提供了最佳的生长和代谢条件，使它们能够发挥各自最大的活性，较单相厌氧消化工艺的处

理能力和效率大大提高。两相厌氧消化工艺和单相厌氧消化工艺相比前者的产甲烷率为 $0.168m^3CH_4/(kgCOD \cdot d)$，明显高于单相厌氧消化系统的产甲烷率 $0.055m^3CH_4/(kgCOD \cdot d)$。

② 反应器的分工明确，产酸反应器对污水进行预处理，不仅为产甲烷反应器提供了更适宜的基质，还能够解除或降低水中的有毒物质如硫酸根、重金属离子的毒性，改变难降解有机物的结构，减少对产甲烷菌的毒害作用和影响，增强了系统运行的稳定性。

③ 产酸相的有机负荷率高，缓冲能力较强，因而冲击负荷造成的酸积累不会对产酸相有明显的影响，也不会对后续的产甲烷相造成危害，提高了系统的抗冲击能力。

④ 产酸菌的世代时间远远短于产甲烷菌，产酸菌的产酸速度高于产甲烷菌降解酸的速率，产酸反应器的体积总是小于产甲烷反应器的体积。

⑤ 两相厌氧工艺适于处理高浓度有机污水、悬浮物浓度很高的污水、含有毒物质及难降解物质的工业废水和污泥。

6.4.27 两相厌氧法有哪些工艺设计参数?

两相厌氧消化的设计中，通常第一相消化池的容积采用投配率为100%，即停留时间为1d，第二相消化池的容积采用投配率为15%～17%，即停留时间为6～6.5d；第二相消化池有加温、搅拌设备及集气装置，产气量约为 $1.0 \sim 1.3m^3$，每去除1kg有机物的产气量约为 $0.9 \sim 1.1m^3$。

6.4.28 厌氧生物处理运行过程中应注意哪些问题?

厌氧生物处理运行过程中应注意很重要的问题是安全问题。沼气中的甲烷比空气轻，非常易燃，空气中甲烷含量为5%～15%时，遇明火即发生爆炸，因此消化池、贮气罐、沼气管道及其附属设备等沼气系统都应绝对密封，无沼气漏出，并且不能使空气有进入沼气系统的可能，周围严禁明火和电气火花，所有电气设备应满足防爆要求。沼气中含有微量有毒的硫化氢，但低浓度的硫化氢就能被人们所察觉。硫化氢比空气重，必须预防它在低凹处积聚。沼气中的二氧化碳也比空气重，同样应防止它在低凹处积聚，因为虽然无毒，却能使人窒息。因此，出料或检修人员进入消化池之前，务必以新鲜空气彻底置换池内的消化气体。

6.5 厌氧系统调试与驯化

6.5.1 厌氧微生物主要有哪些?

厌氧微生物主要有：初级发酵细菌、产氢产乙酸细菌、同型产乙酸细菌、产甲烷细菌，还有其他厌氧细菌：群硫酸盐还原菌、三价铁还原菌等。

6.5.2 厌氧微生物生长与特性有哪些?

(1) 初级发酵细菌

水解：在胞外酶的作用下，将不溶性有机物水解成可溶性有机物。酸化：将可溶性大分子有机物转化为脂肪酸、醇类等。水解过程较缓慢，并受多种因素的影响，是厌氧反应的限速步骤；产酸反应速率较快。

发酵产酸细菌：梭菌属、拟杆菌属、丁酸弧菌属、真杆菌属、双歧杆菌属等。

按功能来分：纤维素分解菌、半纤维素分解菌、淀粉分解菌、蛋白质分解菌、脂肪分解菌等。

(2) 产氢产乙酸细菌

主要功能：将高级脂肪酸和醇类分解为乙酸和 H_2。

主要反应如下。

乙醇：$CH_3CH_2OH + H_2O \longrightarrow CH_3COOH + 2H_2$

丙酸：$CH_3CH_2COOH + 2H_2O \longrightarrow CH_3COOH + 3H_2 + CO_2$

丁酸：$CH_3CH_2CH_2COOH + 2H_2O \longrightarrow 2CH_3COOH + 2H_2$

该类细菌产氢和产乙酸，产物可供产甲烷菌利用。细菌的生长过程需要吸收大量能量，依赖于产甲烷细菌同化 H_2释放的能量，因此二者形成共生关系。

主要细菌菌株：互营单胞菌属、互营杆菌属、梭菌属等。

(3) 同型产乙酸细菌

功能：将产氢产乙酸细菌产生的 H_2/CO_2合成为乙酸。

这类细菌不论利用何种基质，其厌氧呼吸的唯一产物为乙酸，故称为同型产乙酸细菌。实际上这一部分由 H_2/CO_2合成而来的乙酸的量较少，只占厌氧体系中总乙酸量的5%左右。

主要细菌菌株：伍氏醋酸杆菌、威氏醋酸杆菌、热自养梭菌等。

(4) 产甲烷菌

产甲烷菌是一类十分特别的古细菌（archaebacteria）。古细菌是一类在极端环境（如缺氧、高温等）生存，形态类似于细菌的原核微生物。古细菌包括极端嗜盐细菌、产甲烷细菌和极端嗜热细菌。

① 嗜盐细菌生长在高浓度和饱和的盐溶液中，有些嗜盐细菌含有类胡萝卜素而呈红色、橘黄或黄色，它们的细胞质膜含有暗红色斑块。

② 产甲烷细菌是严格的厌氧菌，因为它没有过氧化氢酶，空气能使它死亡。产甲烷细菌是利用 CO_2 作为唯一碳源的自养菌，它能将 CO_2 转化为 CH_4。工业污水处理中常常采用发酵处理来稳定初级沉淀物和来自废气废水净化过程的沉淀物；农业上产甲烷细菌被用来发酵动物排泄物和植物秸秆生产甲烷，作为“生物能源”。

③ 嗜热细菌，如硫化叶细菌生存于氧化火山硫化氢的酸性温泉中，它们能将硫化矿转化为水溶性重金属硫酸盐，被用于“细菌冶金”技术。

产甲烷细菌只能利用一些简单有机物作为基质，其中主要是一些简单的一碳物质如甲酸、甲醇、甲基胺类以及 H_2/CO_2等，两碳物质中只有乙酸，而不能利用其他含两碳或以上的脂肪酸和甲醇以外的醇类。产甲烷细菌种类多、形态多样，包括孙氏甲烷丝菌、马氏甲烷八叠球菌、巴氏甲烷八叠球菌。利用乙酸的产甲烷菌的种类较少，只有产甲烷八叠球菌和产甲烷丝状菌，但在厌氧反应器中这两种菌居多，70%左右的甲烷是来自乙酸的氧化分解。

产甲烷细菌是将产氢产乙酸菌的产物乙酸和 H_2/CO_2转化为 CH_4和 CO_2，此转化可使厌氧消化过程顺利进行。

此阶段中有两类细菌起作用，利用氢的产甲烷菌和利用乙酸的产甲烷菌，产生甲烷的反应分别如下：

$$4H_2+CO_2 \longrightarrow CH_4+2H_2O$$

$$CH_3COOH \longrightarrow CH_4+CO_2$$

产甲烷细菌的生长特性：

① 产甲烷细菌属于古细菌，因此具有古细菌的特性。

② 严格厌氧菌，对温度变化较敏感，分为中温菌和高温菌。中温菌：25～40℃；高温菌 50～60℃。

③ 对 pH 值的范围较敏感，pH 值范围窄，一般为 6.8～7.2，产酸过程中生成酸，从而降低 pH 值，抑制产甲烷细菌生长，因此在实际操作中应特别注意 pH 值的控制。

④ 一般认为栖息在一些极端环境中，但实际上分布极为广泛，如污泥、瘤胃、昆虫肠道、湿树林、厌氧反应器等。

6.5.3 厌氧工艺如何调试?

① 将接种污泥投入厌氧池，用稀释的废水浸泡 2d，调节厌氧池内 pH 值约在 7.0～7.5 之间。

② 向厌氧池注入生产废水约 1/3 池容，再补充生活废水至设计容量，调试初始应采用较低负荷，一般约为正常运行负荷的 1/6～1/4，或取 0.1～0.3kgCOD/(m^3·d)。

③ 按约 1/4 设计处理量连续进水。废水处理系统中如厌氧池无回流泵，在调试阶段，应安装临时回流泵，将厌氧池出水回流，以增加池内生物菌数量，以免污泥大量流失，回流比约 1∶4。

④ 应注意池内的温度变化，升温不能过快。当厌氧池出水 pH<6.5 时应增加进水中的碱量，要及时对 pH 值进行检测。

⑤ 在上述情况下稳定运行 2～3 周，可逐步提高厌氧池容积负荷。每次提高 0.3kgCOD (m^3 · d) 左右，稳定运行时间 2 周左右。在此期间，应注意观察厌氧池出水情况，若 pH 值降低，应加大投碱量，若调整负荷后发生异常应采取降低负荷或暂时停止进水等措施，待稳定后再提高负荷。

⑥ 若出水水质效果好且稳定时，可逐步加大从厌氧池到生物铁微电解池的水量，最终实现厌氧池出水全部流入生物按触氧化池。

⑦ 当厌氧池进水浓度提高至原水浓度，直接进水，应经 10d 稳定观察，正常运行，可逐步取消回流泵。

⑧ 正常的成熟污泥呈深灰到黑色，带焦油气，无硫化氢臭，pH 值在 7.0～7.5 之间，污泥易脱水和干化。当进水量达到设计要求，并取得较高的处理效率（一般 70%以上即可），产气量大，含甲烷成分高时，可认为厌氧调试基本结束。

6.5.4 厌氧工艺不同阶段如何控制运行参数?

(1) 温度

按三种不同嗜温厌氧菌（嗜温 5～20℃，嗜温 20～42℃，嗜温 42～75℃），工程上分为低温厌氧（15～20℃）、中温厌氧（30～35℃）、高温厌氧（50～55℃）三种。温度对厌氧反应尤为重要，当温度低于最优下限温度时，每下降 1℃，效率下降 10%左右。

在上述范围，温度在1～3℃的微小波动，对厌氧反应影响不明显，但温度变化过大（急速变化），则会使污泥活力下降，产生酸度积累等问题。

(2) pH值

厌氧水解酸化工艺对pH值要求范围较松，即产酸菌的pH值应控制在4～7范围内；完全厌氧反应则应严格控制pH值，即产甲烷反应pH值控制范围在6.5～8.0，最佳范围为6.8～7.2，pH值低于6.3或高于7.8，甲烷化速度降低很大。

(3) 氧化还原电位

水解阶段氧化还原电位为－100～＋100mV，产甲烷阶段的最优氧化还原电位为－150～－400mV。因此，应控制进水带入的氧的含量，不能因此对厌氧反应器造成不利影响。

(4) 营养物

厌氧反应池营养物比例为C∶N∶P＝（350～500）∶5∶1。

(5) 有毒有害物

抑制和影响厌氧反应的有毒有害物有3种：

① 无机化合物　氨、无机硫化物、盐类、重金属等，特别硫酸盐和硫化物抑制作用最为严重。

② 有机化合物　非极性有机化合物，包括挥发性脂肪酸（VFA）、非极性酚化合物、单宁类化合物、芳香族氨基酸、焦糖化合物五类。

③ 生物异型化合物　包括氯化烃、甲醛、氰化物、洗涤剂、抗菌素等。

6.5.5 厌氧工艺驯化步骤是怎样的?

① 将厌氧污泥或缺氧污泥打入厌氧池中作为接种污泥。打入的污泥量以达到厌氧池正常操作水位的10%为宜。

② 启动提升泵向厌氧池注入污水，注入量以达到正常操作水位的40%左右，即污水量加活性污泥量达到厌氧池正常操作水位的50%。

③ 保持池内污水处于流动或紊流状态，不致使污泥沉在池底，然后使池内厌氧菌自行生长繁殖。间隔1～2d启动1次提升泵向厌氧池内注污水，每次注入5%液位，10d后即达到正常操作液位。

④ 在厌氧菌培养阶段，每天分析1次池内污水中的COD_{Cr}、氨氮和总磷。保持COD_{Cr}在300mg/L以上，氨氮在2.5mg/L以上，总磷在0.5mg/L以上。如果COD_{Cr}低于300mg/L则立即启动提升泵向池内注污水，如果氨氮低于2.5mg/L则向池内投加尿素以补充氮源，如果总磷低于0.5mg/L则向池内投加磷酸三钠。投加的数量以达到上述指标为准。

⑤ 10d后如分析结果显示池中的COD_{Cr}和氨氮比进水降低20%以上，说明厌氧菌已经生成，则进入污泥培养驯化阶段。

⑥ 进入污泥驯化阶段时，启动提升泵向池内连续进水，同时也连续出水。进水量控制在正常进水量的10%左右。每天提高1次进水量，每次提高正常进水量的10%，10d后即达到正常进水量。在此期间，同时检测进水和出水的COD、氨氮等水质指标，达到预定去除率后可以提前进入下一阶段。

⑦ 在污泥培养驯化阶段，每天分析1次COD_{Cr}和氨氮。如果出水中的COD_{Cr}和氨

氮比进水中的COD_{Cr}和氨氮降低30%以上，说明厌氧菌已形成，可以转入正常操作状态，投入正常运行。如果出水中的COD_{Cr}和氨氮基本不降低，说明厌氧菌形成不好，则要减少进水量或暂时停止进水，进一步培养厌氧菌。厌氧菌的培养与驯化一般大约要25～40d。如水温高（30～40℃）则需要的时间就短，如水温低（≤25℃）则需要的时间就长，如水温低于15℃则很难培养出厌氧菌。

6.5.6 厌氧工艺出现酸化的原因是什么？

厌氧消化中非产甲烷菌降解有机物的过程可产生大量的VFA和CO_2，明显降低系统pH值；而产甲烷菌则在利用乙酸、甲酸、氢形成甲烷的过程中消耗有机酸和CO_2。两者的共同作用可使反应体系内pH值稳定在一个适宜的范围内，并使废水COD顺利地降解为甲烷、CO_2而去除。

相对于非产甲烷菌而言，产甲烷菌对温度、pH值、氧化还原电位（ORP）、碱度及有毒物质等均很敏感，各种生态因子的生态幅均较窄，对生态因子的要求更加苛刻。所以当系统中温度、pH值、ORP等生态因子或有机负荷剧烈变化时，产甲烷菌的活性会受到一定程度抑制，而非产甲烷菌活性所受的影响较小，其产生的VFA不能全部被产甲烷菌利用，使得厌氧体系内VFA大量积累，两大类细菌的代谢平衡被破坏。因而温度、pH值、ORP、有机负荷等条件均导致厌氧酸化现象的产生。

此外，沟流问题也常会导致厌氧反应器的酸化现象。当厌氧反应器内污泥粒度过细、密度大、液流分布不均匀时会出现沟流现象，由于活性污泥不能与进水有效接触，易造成反应器局部VFA的大量积累，进而导致反应器酸化，而酸化会降低产气量、加大污泥黏度、增大反应器“死区”体积，导致沟流问题进一步恶化。

6.5.7 厌氧工艺如何控制出现酸化？

（1）化学恢复法

① 投加氢氧化物　投加NaOH、$Ca(OH)_2$等氢氧化物可有效提升反应器pH值，实现短期内厌氧体系中pH值的恢复。然而投加的氢氧化物如$Ca(OH)_2$大多被碳酸盐所消耗，由于缺乏酸碱缓冲能力，厌氧反应器内pH值会出现大幅震荡过程，难以保持长期稳定，不利于耗氢产乙酸菌及产甲烷菌的活性恢复，部分情况下甚至会导致反应器崩溃；氢氧化物会消耗产甲烷过程中所需的CO_2，破坏产甲烷的进行，对产甲烷菌的恢复不利。因此这种方法目前已不常用。

② 投加$NaHCO_3$　从理论角度讲，$NaHCO_3$的投加能够在不干扰微生物敏感的理化平衡的情况下平稳地将pH值调节到理想状态，且不影响CO_2的含量，pH值的波动相对其他化学药品也较小。但$NaHCO_3$饱和溶液的pH值仅为8.2，在不考虑$NaHCO_3$随出水流失以及与VFA反应的消耗量，如将容积为800m^3反应器的pH值从6.0提升到7.0，需固体$NaHCO_3$质量为12t，况且将反应器中pH值和VFA都恢复正常，需要一定的恢复期，所以有可能需要长期投加$NaHCO_3$。显然，这是一个相当沉重的经济负担。虽然试验中有较好的效果，但在工程实际中，不宜单独采用$NaHCO_3$。

（2）物理恢复法

① 提高混合程度　通过增加反应器水力停留时间（HRT），或改进反应器的设计，可提高厌氧反应器混合程度，降低“死区”范围，进而抑制或减少沟流现象。例如，改

变 ABR 导流挡板的角度与安插方向，可促进水流在反应器底部的均匀分布，最大限度地增加反应器的混合程度。此种方法通常用于预防酸化或对酸化进行辅助恢复。

② 降低进水浓度　通过降低进水浓度（通常＜2000mg/L），进而降低反应器的有机负荷，是实现酸化反应器恢复的常用方法。但单独采用这种方法的恢复效果并不明显，通常要配合碱液投加方法一起使用。例如，采用降低进水浓度同时配合加入一定$NaHCO_3$的方法将酸化反应器的 pH 值从 4.5 调至 7.0，10d 后 UASB 的出水 pH 值从最初被酸化时的 5.4 回升到 6.5。

③ 处理出水回流　处理出水回流是保障厌氧反应器进水负荷的条件下，降低其进水浓度的一种有效措施。采用该方法，回流水中产甲烷阶段产生的碱度，可在酸化阶段被充分利用，大幅降低了反应器进水碱度的需求。此外，该方法不会引起反应器内CO_2含量的剧烈变化，可以平稳地提升反应器 pH 值；由于回流水温度与反应器温度基本一致，容易实现反应器温度恒定；回流水溶解氧较低，不会对反应器内厌氧颗粒污泥产生不良影响，因而恢复效果明显。研究表明：轻度酸化后采用该方法，厌氧反应器 pH 值仅需 36h 即可恢复至 6.5，因而该方法比较适用于高效厌氧反应器的酸化恢复。

④ 处理出水置换　处理出水置换是利用储存的反应器出水一次性置换反应器内含高浓度有机酸的污水。由于反应器正常出水中有较高的碱度，在换水的同时相当于加入大量的碱，因而该方法既不需要额外的投资（加碱的费用），也不需要考虑加碱量，是一种较经济的恢复办法。研究显示，采用该方法仅 8d，反应器出水 pH 值就可以从酸化时的 5.35 回升到 6.58，气体产量上升，出水中挥发酸含量恢复到反应器正常运行水平。

(3) 生物恢复法

① 投加颗粒污泥　投加新鲜、成熟的颗粒污泥可以快速补充反应器中微生物数量，降低污染负荷，因而是一种时间短、效果好的酸化恢复方法。然而，由于缺乏必要的厌氧颗粒污泥活性保持技术的支持，颗粒污泥投加常伴随高昂的成本，因而该方法目前多局限于实验研究。随着厌氧颗粒污泥活性快速恢复，活性激活技术逐渐发展及推广，该技术有望在实际工程中得到应用。

② 投加关键微生物种群　厌氧反应器的过渡酸化直接来源于产氢产乙酸菌无法及时降解 VFA 而导致 VFA 积累，因而通过采取一定的工程措施，使厌氧消化系统中的产氢产乙酸获得优先生长，提高 VFA 转化为乙酸的效率，使后续的产甲烷菌群获得更多可直接利用的营养底物，将有助于加快厌氧消化链反应的恢复。

第7章 化学处理

7.1 化学处理概述

7.1.1 什么是污水的化学处理?

污水的化学处理是利用化学反应去除水中的杂质。它的处理对象主要是污水中的无机性和有机性颗粒，或难以生物降解的溶解有机物质或胶体物质。

7.1.2 污水的化学处理有哪些?

污水的化学处理主要包括中和法、化学混凝法、化学沉淀法和氧化还原法。

7.1.3 污水的化学处理的特点是什么?

污水的化学处理能大量去除污水中的无机物质，并对难于生物降解的有机物质和胶体物质有较好的去除效果，但是相对于生物处理方法，化学处理方法的费用较高。

7.2 污水的化学处理方法

7.2.1 中和法的基本概念是什么?

通过向废水中添加酸性或碱性物质来调节废水 pH 值的方法称为中和法，常用于酸碱废水的处理。酸碱废水在工业生产中不可避免，对于这类废水，首先要考虑能否回收综合利用，酸性废水浓度在 3%～5%、碱性废水浓度在 1%～3%时应考虑回收。中和处理的主要目的是避免废水对排水管道的腐蚀，减少对受纳水体水生生物的危害，并对后续废水采用生物处理时能够保证微生物处于最佳生长环境。

7.2.2 什么是酸碱废水互相中和法？其主要优缺点有哪些？

利用碱性废水中和酸性废水或者用酸性废水中和碱性废水的方法称为酸碱废水互相中和法。酸碱废水相互中和是一种既简单又经济的以废治废的处理方法。酸碱废水相互中和一般是在混合反应池中进行，池内设有搅拌装置。两种废水相互中和时，当酸碱废水排出的水质水量比较稳定且含酸碱量接近平衡时，可直接进行中和；水量和水质相对不稳定时，会给实际操作带来困难，一般情况下，会在混合池的前面设置一座均质池；当废水本身含酸碱量不能平衡时，需补加中和剂。

酸碱废水相互中和法的优点是节省了药剂，充分利用了废水的物理化学性质；缺点是实际操作中可能产生未知的有毒物质。

7.2.3 什么是药剂中和法？其主要优缺点有哪些？

通过向废水中投加中和剂来调节废水 pH 值的方法称为药剂中和法，是一种应用广泛的处理方法。该方法适合任何浓度、任何性质的酸性废水，对水质水量的波动适应能力强，中和药剂利用率高。选用药剂时，应考虑其溶解性、反应速率、成本和可能造成的二次污染。最常用的碱性药剂是氧化钙。最常用的是石灰乳法，即将石灰溶解后再进行投加，其主要成分变成了氢氧化钙，氢氧化钙对废水中的杂质具有凝聚作用，因此适用于含杂质多的酸性废水。有时采用苛性钠、碳酸钠、石灰石或白云石等。此外，作为综合利用，碱性废渣、废液也作为中和剂。图 7-1 为常用的药剂中和法处理工艺流程。

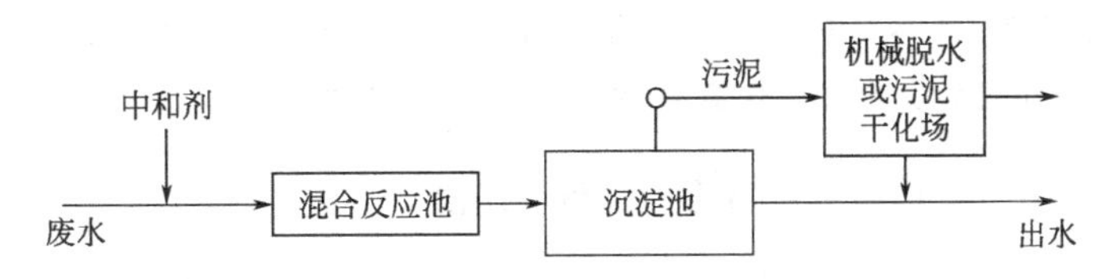

图 7-1 常用的药剂中和法处理工艺流程

药剂中和法操作控制相对简单，能够较容易控制混合液的 pH 值，但是处理过程要消耗大量的中和药剂，会增加处理费用。

7.2.4 什么是过滤中和法？其主要优缺点有哪些？

过滤中和法是指酸性废水流过碱性滤料时与滤料进行中和反应的中和方法。这种方法适用于含酸浓度不大于 2～3g/L 并生成易溶盐的酸性废水。废水中含大量悬浮物、油脂类、重金属盐时，不便采用。

过滤中和法的优点是操作简单，出水 pH 值稳定，与石灰法相比沉渣量较少；缺点是废水的硫酸浓度不能太高，需定期倒床，劳动强度高。

7.2.5 过滤中和法的设备主要有哪些？

过滤中和法所使用的设备是中和滤池，主要有两种类型，普通中和滤池和升流式膨胀中和滤池。

普通中和滤池为固定床式，按水流方向分为平流式和竖流式，也可分为升流式和降流式，滤料粒径一般为 30～50mm，过滤速度一般不大于 5m/h，接触时间不小于 10min，滤床厚度一般为1～1.5m。图 7-2 为常见的升流式膨胀中和滤池结构示意。

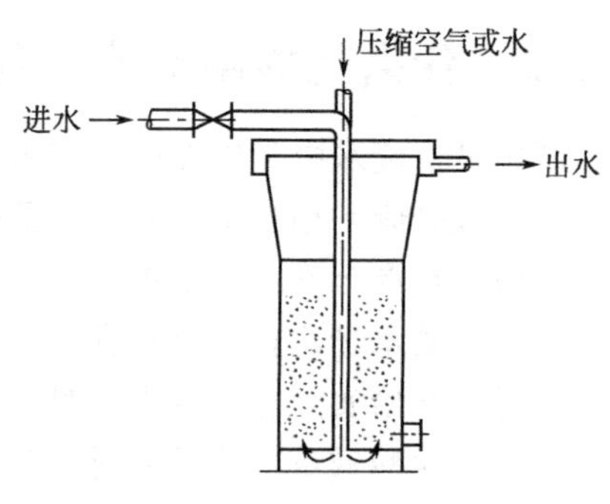

图 7-2　升流式膨胀中和滤池结构示意

升流式膨胀中和滤池卵石承托层厚为0.15～0.2m，滤料粒径一般为 20～40mm，滤层厚度初期采用 1m，最终换料时不小于 2m，滤柱总高为 3m 左右，直径不大于 2m，恒速滤柱的滤速为 60～70m/h。

过滤中和过程中会产生 CO_2，CO_2 溶于水即为碳酸，使出水 pH 值在 5 左右，需用曝气等方法去掉 CO_2，提高 pH 值。

7.2.6　化学沉淀法的基本概念是什么?

化学沉淀法是向废水中投加某种化学物质，使其与废水中的一些离子发生反应，生成难溶的沉淀物而从水中析出，以达到降低水中溶解污染物的目的。

采用化学沉淀法处理工业废水时，由于产生的沉淀通常不会形成带电的胶体，沉淀过程相对简单，一般采用普通的平流沉淀池或竖流沉淀池即可。具体的沉淀时间应根据小试实验取得。

当用于不同的处理目标时，所需的投药及反应装置也不相同，例如有些处理药剂采用干式投加，而另一些处理中可能先将药剂溶解并稀释成一定的浓度，然后按比例投加。对于这两种投加方法，可参考相关的投药设备。另外，某些情况下废水或药剂具有腐蚀性，这时采用的投药及反应装置要充分考虑满足防腐要求。

7.2.7　化学沉淀主要包括哪几种方法?

化学沉淀法处理废水主要包括氢氧化物沉淀法、硫化物沉淀法、钡盐沉淀法、碳酸盐沉淀法等。

7.2.8　什么是氢氧化物沉淀法? 其主要优缺点有哪些?

废水中的许多金属离子通过与氢氧化物反应生成沉淀而被去除，这种方法称为氢氧化物沉淀法。

氢氧化物沉淀法操作简单，处理费用较低，但是对某些难去除的离子并不能完全去除。该方法操作环境条件差，石灰品级不稳定，管道易结垢堵塞与腐蚀，沉淀体积庞大，脱水困难。

7.2.9　什么是硫化物沉淀法? 其主要优缺点有哪些?

许多金属能形成金属硫化物沉淀进而得以去除，这种方法称为硫化物沉淀法。由于硫化物沉淀的溶度积比氢氧化物沉淀小，故其对重金属离子的去除更为彻底。

大多数金属硫化物的溶解度一般都较小，所以硫化物沉淀法能更完全地去除金属离子。但是硫化物沉淀法处理费用高，硫化物沉淀困难，常需投加凝聚剂以加强去除效果。该方法处理含重金属废水去除率高，可分步沉淀，泥渣中金属品位高，便于回收利用，适应的 pH 值范围大，但当 pH 值降低时会产生有毒的硫化氢气体。

7.2.10　什么是钡盐沉淀法？其主要优缺点有哪些？

一些金属离子可以与钡盐生成沉淀而被去除，这种方法称为钡盐沉淀法。钡盐沉淀法主要用于处理含六价铬的废水，碳酸钡、氢氧化钡、氯化钡等钡盐是常用的沉淀剂。

钡盐沉淀法操作简单，一些难去除的离子可以通过该方法去除，但是为了提高去除效果通常会投加过量的钡盐，这会使出水中含有一定量的残钡。这种废水回收利用前要去除残钡。增加了处理费用。

7.2.11　什么是药剂氧化还原法？其主要优缺点有哪些？

溶解于废水中的有毒物质，在难以用生物法或其他方法处理时，可利用它在化学反应过程中能被氧化还原的性质，将它转变成无毒或微毒物质，从而达到处理目的。

废水中溶解的有毒有害物质能通过添加药剂，发生氧化还原反应被氧化还原成无毒无害的物质，这种方法就称为药剂的氧化还原法。

药剂氧化还原法应用范围广泛，操作较简单，但是处理费用相对较高。

7.2.12　药剂氧化还原法在废水处理中的应用有哪些？

药剂氧化还原法在废水处理领域有着广泛的应用。药剂氧化法中最常用的是氯氧化法，其主要应用于氰化物、硫化物、酚、醛、油类等有机物的去除及脱色、杀菌、消毒等。药剂还原法则是指向废水中投加还原剂，去除废水中有害物质的方法，最常用的是用药剂还原法处理含铬废水，通常用的方法有亚硫酸盐还原法、硫酸亚铁盐还原法和水合肼还原法。

7.2.13　什么是臭氧氧化法？

利用臭氧的强氧化性氧化处理有毒有害物质，使其转化为无害物质的方法称为臭氧氧化法。使用该方法时，由于高浓度臭氧是有毒气体，对眼及呼吸器官有强烈的刺激作用，要格外注意安全。臭氧具有强烈的腐蚀性，与之接触的容器和管路等均应采用耐蚀材料。

臭氧氧化的流程比较复杂，需要对臭氧尾气进行处理后才能排放。图 7-3 是臭氧氧化法处理含氰废水工艺流程。

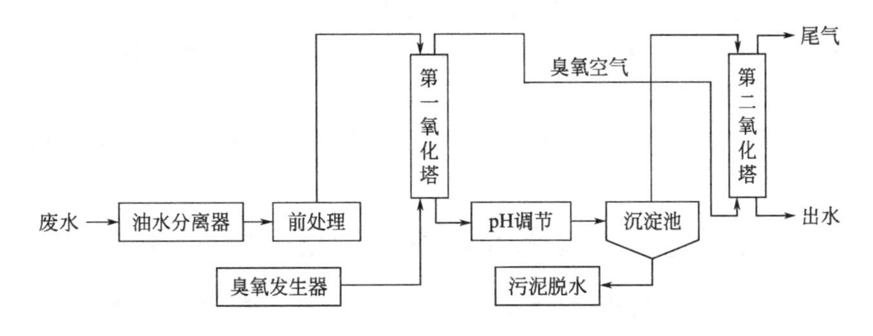

图 7-3　臭氧氧化法处理含氰废水工艺流程

7.2.14 臭氧氧化法的优缺点是什么?

臭氧氧化法因臭氧具有很强的氧化性，具有以下优点：处理过程一般不会产生污泥；处理后废水中的臭氧易分解，不会产生二次污染；对杀菌、脱色、除臭、去除有机物和无机物都有显著的效果；制备臭氧用的空气和电不用储存和运输，操作管理也较方便。其缺点主要是造价高，处理成本高。

7.2.15 臭氧氧化法的特征及在废水处理中的应用有哪些?

臭氧对有机物有一定的氧化能力，用臭氧处理二级处理水，在有机物去除方面有以下特征：

① 能够被臭氧氧化的有机物有：蛋白质、氨基酸、木质素、腐殖酸、链式不饱和化合物和氰化物等。

② 臭氧对有机物的氧化只能进行部分氧化，形成中间产物，难以达到形成 CO_2 和 H_2O 的完全无机化阶段。

③ 臭氧对有机物的氧化形成的中间产物主要有：甲醛、丙酮酸、丙酮醛、乙酸。但如果臭氧足够，还会继续发生氧化，除乙酸外其他物质都可能被臭氧分解。

④ 污水用臭氧进行处理，可提高污水的可生化性。

⑤ 用臭氧处理二级处理水时，COD 去除率与 pH 值有关。pH 值升高可以使 COD 去除率显著提高。

臭氧氧化法在废水处理中主要是污染物氧化分解，主要有以下应用：

① 印染废水处理　臭氧氧化法处理印染废水主要是用于脱色，染料颜色主要是染料中的不饱和基团引起，臭氧能将这些不饱和键打开，生成小分子物质，使其失去颜色，但臭氧对硫化、还原、涂料等不溶于水的分散染料的脱色效果较差。

② 处理含氰废水　利用臭氧的强氧化性将氰离子还原为毒性相对很小的离子，处理过程中不加入其他化学物质，处理后水质较好，操作简单。

③ 处理含酚废水　利用臭氧的强氧化性经过多步反应将酚还原为邻苯醌。

7.2.16 什么是空气氧化法?

空气氧化法就是利用空气中的氧气氧化废水中的有机物和还原性物质的一种处理方法。将空气吹入废水中，有时要通过使用催化剂或者营造高温高压的环境以提高氧化效率。由于空气氧化能力较弱，主要用于含还原性较强物质的废水处理，如硫化氢、硫醇、硫的钠盐和铵盐等，最终将其转化为无毒或微毒的硫代硫酸盐或硫酸盐。

空气氧化法采用的设备是空气氧化塔，其直径不大于 2.5m，塔体为 4～5 段，每段高不小于 3m，塔内总压降 0.2～0.25MPa，喷嘴气流速度大于 13m/s，喷嘴水流速度大于 1.5m/s。

7.2.17 空气氧化法在废水处理中的应用主要有哪些?

空气氧化法目前主要应用于石油炼制厂含硫废水的处理。废水经除油与除沉渣后与压缩空气及蒸汽混合，升温至 80～90℃后进入塔内，经喷嘴雾化，分四阶段进行氧化反应。反应时间不应少于 1h，一般采用 1.5～2.5h。随着反应时间的增加，废水中的有害硫化物相应降低。空气氧化法处理含硫废水工艺流程如图 7-4 所示。

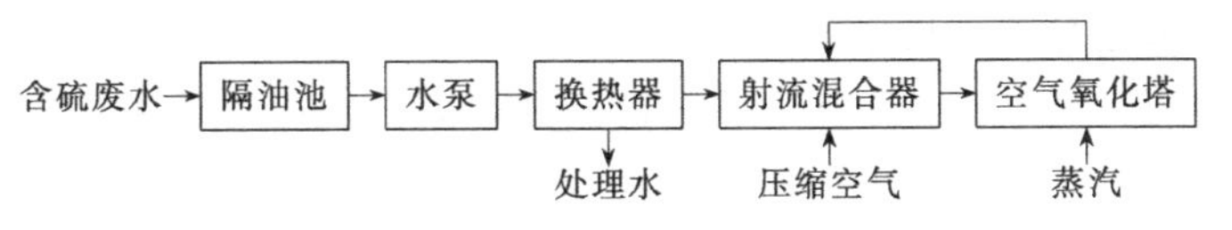

图 7-4　空气氧化法处理含硫废水工艺流程

7.2.18　什么是湿式氧化法?

湿式氧化法又称湿式燃烧，是在液态和高温下，用空气中的氧来氧化溶于水或在水中悬浮的有机物的一种方法，可以看作是不发生火焰的燃烧。

湿式氧化法的氧化程度取决于操作压力、温度、空气量等因素，操作温度一般控制在 100～370℃，操作压力为 1～28MPa。

湿式氧化法的主要设备是反应塔，属于高温高压设备。

7.2.19　湿式氧化法在废水处理中的应用主要有哪些?

湿式氧化法已经广泛用于炼焦、化工、石油、轻工等废水处理，如有机农药、染料、合成纤维、还原性无机物以及难以生物降解的高浓度废水的处理，湿式氧化法处理高浓度废水，如丙烯腈废水，其 COD 和氰化物的去除率可达 100%。

湿式氧化法常规工艺流程如图 7-5 所示。

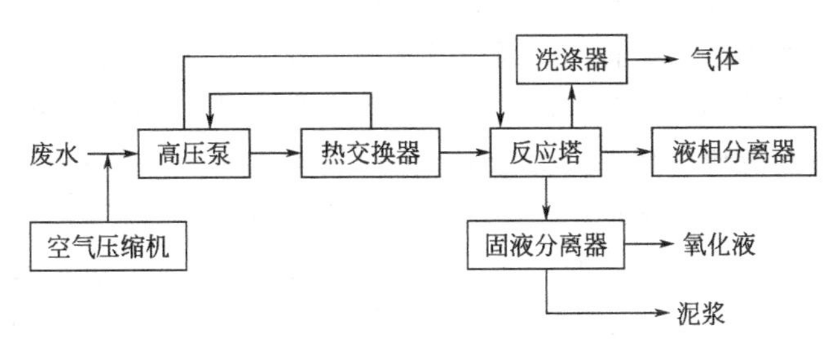

图 7-5　湿式氧化法常规工艺流程

7.2.20　什么是电解法?

电解质废水在电流的作用下进行电解反应，废水中的有毒有害物质在阳极和阴极分别进行氧化还原反应，生成新物质或沉积在电极表面或沉淀或生成气体从废水中逸出，从而废水中的有毒有害物质得到一定程度的去除，这种方法就称为电解法。

7.2.21　电解法的优缺点是什么?

电解法能够较高效率地去除很多常规方法难以去除的离子，但是对电极材料的要求很高，电解过程中容易产生浓差极化和化学极化，增大电能消耗，增高处理费用。

7.2.22　电解法在废水处理中的应用有哪些?

(1) 电解法处理含铬废水

其基本原理是在电解槽中放置铁电极，在电解的过程中铁板阳极溶解产生亚铁离子。亚铁离子是强还原剂，在酸性条件下，可将废水中的六价铬还原为三价铬，在碱性条件下将三价铬离子沉淀。

(2) 脉冲电解法处理含银废水

其原理是使用直流电，时而接通，时而断开，而且使用的脉冲电源的频率很高。在关断的时间间隔内由于浓度差，使电解槽内废水中的金属离子向阴极扩散，可减少浓差极化，降低槽电压，提高电流效率，缩短电解时间。电源关断时，因废水中的杂质和氢从阴极向废水中扩散，不容易在阴极沉积，所以能够提高回收银的纯度。

(3) 电解氧化法处理含氰废水

当不加食盐电解质时，氰化物在阳极上发生氧化反应，产生二氧化碳和氮气；当电解槽投加食盐后，氯离子在阳极放出电子称为游离氯，并促进阳极附近的氰离子氧化分解，而后又形成氯离子，继续放出电子再去氧化其他氰离子。

7.2.23 什么是高级氧化法？其特点是什么？

高级氧化法（Advanced Oxidation Process，AOPs）是以羟基自由基为主要氧化剂与有机物发生反应，反应中生成的有机自由基可以继续参加链式反应，或者通过生成有机过氧化自由基后，进一步发生氧化分解反应直至降解为最终产物 CO_2 和 H_2O，从而达到氧化分解有机物的目的。典型的均相 AOPs 过程有 O_3/UV，O_3/H_2O_2，UV/H_2O_2，H_2O_2/Fe^{2+}（Fenton 试剂）等，在高 pH 值情况下的臭氧处理也可以被认为是一种 AOPs 过程，另外某些光催化氧化也是 AOPs 过程。

与其他传统的水处理方法相比，高级氧化法具有以下特点：产生大量非常活泼的羟基自由基，其氧化能力（2.80V）仅次于氟（2.87V）。作为反应的中间产物，羟基自由基可诱发后面的链反应；羟基自由基与不同有机物质的反应速率常数相差很小，当水中存在多种污染物时，不会出现一种物质得到降解而另一种物质基本不变的情况；羟基自由基无法选择地直接与废水中的污染物反应将其降解为二氧化碳、水和无害物，不会产生二次污染。普通化学氧化法由于氧化能力差，反应有选择性等原因，往往不能直接达到完全去除有机物降低 TOC 和 COD 的目的，而高级氧化法则基本不存在这个问题，氧化过程中的中间产物均可以继续同羟基自由基反应，直至最后完全被氧化成二氧化碳和水，从而达到了彻底去除 TOC、COD 的目的。

由于高级氧化法是一种物理化学过程，很容易加以控制，以满足处理需要，甚至可以降低 10^{-9} 级的污染物。同普通的化学氧化法相比，高级氧化法的反应速度很快，一般反应速率常数大于 $10^9 mol/(L \cdot s)$，能在很短时间内达到处理要求；既可作为单独处理，又可与其他处理过程相匹配，如作为生化处理的预处理，可降低处理成本。

7.2.24 什么是光氧化法？在废水处理中是如何应用的？

通过光和氧化剂产生很强的氧化作用来分解废水中的有毒有害物质的方法称为光氧化法。

TiO_2 是使用最广泛的光催化剂，通常在 TiO_2 光催化剂存在的条件下，卤代烷烃、多氯联苯等很多物质都能发生有效的光催化降解，并且几乎所有在水中可能存在的有机污染物都可被多相光催化氧化法降解并矿化。研究表明，将光催化工艺与生物处理、混凝等常规水处理工艺结合起来可达到优势互补的效果。

7.2.25 光氧化法的优缺点是什么?

光催化氧化技术是一种高级氧化技术。光催化剂在光照的条件下能够产生强氧化性的自由基，该自由基能彻底降解几乎所有的有机物，并最终生成 H_2O、CO_2 等无机小分子。光催化反应还具有反应条件温和，反应设备简单，操作易于控制，催化材料易得，二次污染小，可用太阳光为反应光源的优点。但是该方法存在量子效率偏低且光谱响应范围窄，光催化反应动力学研究不足，降解污染物中间体复杂，光催化剂易失活、难回收等问题，因此还有待进一步研究。

7.2.26 Fenton 试剂降解有机物的机理是什么?

过氧化氢与催化剂 Fe^{2+} 构成的氧化体系通常称为 Fenton 试剂。在催化剂作用下，过氧化氢能产生两种活泼的氢氧自由基，从而引发和传播自由基链反应，加快有机物和还原性物质的氧化。

Fenton 试剂之所以具有非常高的氧化能力，是因为在 Fe^{2+} 离子的催化作用下 H_2O_2 的分解活化能低（34.9kJ/mol），能够分解产生羟基自由基。羟基自由基（·OH）是一种重要的活性氧，从分子式上看是由氢氧根（OH^-）失去一个电子形成。同其他一些氧化剂相比，羟基自由基（·OH）因其有极高的氧化电位（2.8V），其氧化能力极强，是自然界中仅次于氟的氧化剂。羟基自由基与大多数有机污染物都可以发生快速的链式反应，无选择性地把有害物质氧化成 CO_2、H_2O 或矿物盐。

7.2.27 Fenton 试剂的影响因素有哪些?

羟基自由基是氧化有机物的有效因子，而 [Fe^{2+}]、[H_2O_2]、[OH^-] 决定了羟基自由基的产量，因而决定了与有机物反应的程度。影响 Fenton 试剂处理难降解有机废水的因素包括 pH 值、H_2O_2 投加量、催化剂投加量和反应温度等。

(1) pH 值

Fenton 试剂是在 pH 值为酸性条件下发生作用的，在中性和碱性环境中，Fe^{2+} 不能催化 H_2O_2 产生羟基自由基。按照经典的 Fenton 试剂反应理论，pH 值升高不仅抑制了羟基自由基的产生，而且使溶液中的 Fe^{2+} 以氢氧化物的形式沉淀而失去催化能力。当 pH 值过低时，溶液中的 H^+ 浓度过高，Fe^{3+} 不能顺利地被还原为 Fe^{2+}，催化反应受阻。即 pH 值的变化直接影响到 Fe^{2+}、Fe^{3+} 的络合平衡体系，从而影响 Fenton 试剂的氧化能力。一般废水 pH 值在 3 左右降解率较高。

(2) H_2O_2 投加量

采用 Fenton 试剂处理废水的有效性和经济性主要取决于 H_2O_2 的投加量。一般随着 H_2O_2 用量的增加，有机物降解率先增大，而后出现下降。

(3) 催化剂投加量

$FeSO_4 \cdot 7H_2O$ 是催化 H_2O_2 分解生成羟基自由基最常用的催化剂。与 H_2O_2 相同，一般情况下，随着 Fe^{2+} 用量的增加，废水 COD 的去除率先增大，而后呈下降趋势。其原因是：在 Fe^{2+} 浓度较低时，Fe^{2+} 的浓度增加，H_2O_2 产生的羟基自由基增加，所产生的羟基自由基全部参与了与有机物的反应；当 Fe^{2+} 的浓度过高时，部分 H_2O_2 发生无效分解，释放出 O_2。

(4) 反应温度

对于一般的化学反应，随着反应温度的升高，反应物分子平均动能增大，反应速率加快。对于 Fenton 反应系统，温度升高，羟基自由基的活性增大，有利于羟基自由基与废水中有机物的反应，可提高废水 COD 的去除率；当温度过高时，会促使 H_2O_2 分解为 O_2 和 H_2O，不利于羟基自由基的生成，反而会降低废水 COD 的去除率。

7. 2. 28　Fenton 试剂与其他方法有哪些联用?

为进一步提高对有机物的去除效果，以标准 Fenton 试剂为基础，通过改变和耦合反应条件，改善反应机制，得到了一系列机理相似的类 Fenton 试剂，如光-Fenton 试剂、电-Fenton 试剂和混凝-Fenton 试剂等。

(1) 光 Fenton 法

① UV-Fenton 法　当有光辐射（如紫外光、可见光）时，Fenton 试剂氧化性能有很大的改善。UV-Fenton 法也叫光助 Fenton 法，是普通 Fenton 法与 UV-H_2O_2 两种系统的复合，与该两种系统相比，其优点在于降低了 Fe^{2+} 用量，提高了 H_2O_2 的利用率。这是由于 Fe^{3+} 和紫外线对 H_2O_2 的催化分解存在协同效应。该法存在的主要问题是太阳能利用率仍然不高，能耗较大，处理设备费用较高。

② UV-草酸铁络合物-H_2O_2 法　当有机物浓度高时，被 Fe^{3+} 络合物所吸收的光量子数很少，且需较长的辐照时间，H_2O_2 的投加量也随之增加，羟基自由基易被高浓度的 H_2O_2 所清除。因而，UV-Fenton 法一般只适宜于处理中低浓度的有机废水。当在 UV-Fenton 体系中引入光化学活性较高的物质（如含 Fe^{3+} 的草酸盐和柠檬酸盐络合物）时，可有效提高对紫外线和可见光的利用效果。

(2) 电-Fenton 法

光-Fenton 法比普通 Fenton 法提高了对有机物的矿化程度，但仍存在光量子效率低和自动产生 H_2O_2 机制不完善的缺点。电-Fenton 法利用电化学法产生的 H_2O_2 和 Fe^{2+} 作为 Fenton 试剂的持续来源，与光-Fenton 法相比具有以下优点：一是自动产生 H_2O_2 的机制较完善；二是导致有机物降解的因素较多（除羟基自由基的氧化作用外，还有阳极氧化、电吸附等）。由于 H_2O_2 的成本远高于 Fe^{2+}，所以通过电化学法将自动产生 H_2O_2 的机制引入 Fenton 体系具有很大的实际应用意义，可以说电-Fenton 法是 Fenton 法发展的一个方向。

(3) 混凝-Fenton 法

混凝法对疏水性污染物有效，Fenton 试剂氧化法对水溶性物质的处理效果良好，而且，低剂量的 Fenton 反应能降低有机物的水溶性，有助于混凝，因而混凝-Fenton 法在处理难生物降解废水时可以取得良好的处理效果。

7. 2. 29　化学混凝的原理是什么?

通常化学混凝机理一般有四种，即压缩双电层、吸附电中和、吸附架桥、网捕作用。压缩双电层是指向废水中投加电解质，降低胶体的 ζ 电位，使胶体颗粒相互积聚沉降；吸附电中和是指胶粒表面不同电荷部分中和或全部中和，从而降低了胶粒间的排斥力，从而去除胶粒，胶体双电层结构示意见图 7-6。

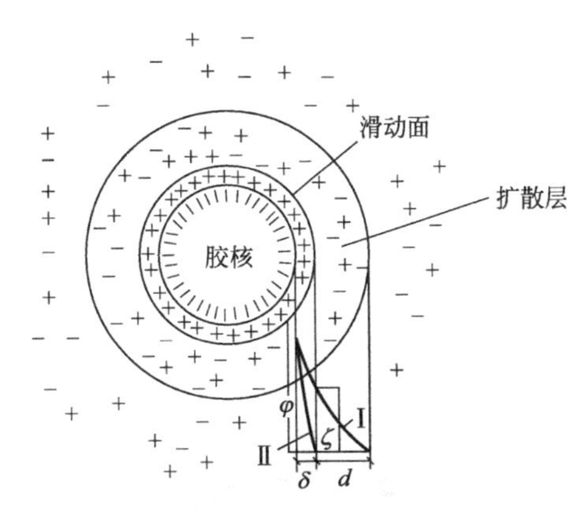

图 7-6 胶体双电层结构示意

吸附架桥作用是指三价的离子或高分子絮凝剂溶于水后，会形成线性的高分子聚合物，线性结构的高分子聚合物可以吸附相聚较远的胶粒，进而形成粗大的絮凝体得以沉降；网捕作用是指向水中投加金属离子化学药剂会有大量沉淀产生，沉淀物在沉降的过程中会吸附和网捕水中胶粒，与其同时沉降。

7.2.30 影响混凝的主要因素有哪些?

影响混凝效果的因素较复杂，主要有水温、水质和水力条件等。

① 水温对混凝效果有明显影响。水温高时效果好，水温低时效果差。无机盐类的水解是吸热反应，水温低时水解反应困难，而且水温低，黏度大，水中杂质的热运动减慢，彼此碰撞机会少，不利于脱稳胶粒相互絮凝。水的黏度大，水流剪力大，会影响絮凝体的成长，影响后续沉淀处理的效果。

② 任何混凝过程都有最佳的 pH 值存在，使得混凝反应速度最快，絮凝体溶解度最小，混凝作用最大。不同混凝药剂的最佳 pH 值可以通过试验确定。

③ 胶体杂质浓度对混凝效果的影响非常明显。过高或过低的胶体杂质浓度都不利于混凝。

④ 混凝剂对混凝效果的影响也非常明显。其种类、投加量和投加顺序对混凝效果都会产生影响。混凝剂的选择主要取决于胶体和细小悬浮颗粒的性质、浓度，如果水中胶体物质较多，ζ 电位较高，则应先投加无机混凝剂使其脱稳凝聚；如絮体细小，还需要投加高分子混凝剂或助凝剂；任何废水的混凝处理都有最佳投加量，应当通过试验确定其最佳值；当使用多种混凝剂时，混凝剂投加顺序会明显影响混凝效果，投加顺序应当通过试验确定。

⑤ 水力条件对混凝效果的影响同样不容忽视。搅拌对混凝效果的影响很大，其主要指标是搅拌强度和搅拌时间。在混凝的混合阶段，要求混凝剂和废水迅速均匀地混合，搅拌强度要适当大些，搅拌时间应在 10～30s。在反应阶段，既要创造足够的碰撞机会和良好的吸附条件让絮体有足够的成长机会，又要防止生成的小絮体被打碎，因此搅拌强度要逐渐减小，而反应时间要长，可为 15～30min。搅拌的最佳参数一般由试验确定。

第8章 污泥处理

8.1 污泥处理概述

8.1.1 污泥的来源有哪些?

在工业废水和生活污水的处理过程中，产生大量固体悬浮物质，是由有机残片、细菌菌体、无机颗粒、胶体等组成的极其复杂的非均质体，这些物质统称为污泥。污泥量通常占污水量体积的0.3%～0.5%，质量约为污水处理量的1%～2%。而污水效率的提高，会使污泥量增加，对于深度处理，污泥量会增加0.5～1倍。

污泥的来源分为两大类：

(1) 污水中早已存在的

如各种自然沉淀中截留的悬浮物质。

(2) 污水处理过程中形成的

如生物处理和化学处理过程中，由原来的溶解性物质和胶体物质转化而成的悬浮物质。

城市污水厂的污泥主要有：栅渣、沉砂池沉渣、初沉池污泥和二沉池生物污泥等。栅渣呈垃圾状，沉砂池沉渣中密度较大的无机颗粒含量较高，所以这两者一般作为垃圾处置。初沉池污泥还含有病原体和重金属化合物等。二沉池污泥基本上是微生物机体，含水率高，数量多。这两者因富含有机物，容易腐化、破坏环境，必须妥善处置。

工业废水处理后产生的污泥，有的和城市污水厂处理后产生的污泥相同，有的不同，有些特殊的工业污泥有可能作为资源利用。

8.1.2 污泥的分类及其特性有哪些?

污泥的分类见表8-1。

表 8-1　污泥的分类

按成分不同分			按来源不同分			
名称	成分	性质	名称		来源	性质
污泥	以有机物为主要成分，如活性污泥和生物膜、厌氧消化处理后的消化污泥等，以及污水固相有机污染物沉淀后形成的污泥	易于腐化发臭，颗粒较细，相对密度较小（约为 1.02～1.06），含水率高且不易脱水，属于胶状结构的亲水性物质 初次沉淀池和二次沉淀池的沉淀物均属污泥	生污泥或新鲜污泥	初次沉淀污泥	来自初次沉淀池	其性质随污水的成分而异
				剩余活性污泥	来自活性污泥法的二次沉淀池	
				腐殖污泥	来自生物膜法的二次沉淀池	
沉渣	以无机物为主要成分，如石灰中和沉淀、混凝沉淀和化学沉淀的沉淀物	颗粒较粗，相对密度较大（约为 2），含水率低且易脱水，流动性差 沉砂池与某些工业废水处理沉淀池的沉淀物均属沉渣	消化污泥		生物泥经厌氧消化或好氧消化处理后，为消化污泥或熟污泥	
			化学污泥		用化学沉淀法处理污水后产生的沉淀物为化学污泥，也称作化学沉渣	

污泥的性质指标主要有以下几种：

(1) 含水率

污泥中所含水分的质量与污泥总质量之比的百分数称为污泥含水率。污泥的含水率一般较大，相对密度接近 1，可用式(8-1) 表示。

$$\frac{V_1}{V_2}=\frac{W_1}{W_2}=\frac{100-p_2}{100-p_1}=\frac{c_1}{c_2} \tag{8-1}$$

式中　V_1，W_1，c_1——污泥含水率变为 p_1 时的污泥体积、质量与固体物浓度；

V_2，W_2，c_2——污泥含水率变为 p_2 时的污泥体积、质量与固体物浓度。

(2) 挥发性固体（灼烧减重）

近似等于有机物含量。

(3) 灰分（灼烧残渣）

无机物含量，可以通过烘干、高温焚烧称重测得。

(4) 可消化程度

污泥中可被消化处理的有机物数量。污泥中的有机物，一部分是可被无机化的，另一部分是不易或不能被无机化的。可消化程度用式(8-2) 表示。

$$R_d=\left(1-\frac{p_{v2}p_{s2}}{p_{v1}p_{s1}}\right)\times 100\% \tag{8-2}$$

式中　R_d——可消化程度，%；

p_{s1}，p_{s2}——生污泥及消化污泥的无机物含量，%；

p_{v1}，p_{v2}——生污泥及消化污泥的有机物含量，%。

(5) 湿污泥相对密度

湿污泥质量（污泥中所含水分质量+干固体质量）与同体积水质量的比值。由于水的相对密度为1，所以湿污泥相对密度由式（8-3）确定。

$$\gamma=\frac{100\gamma_s}{p\gamma_s+(100-p)} \tag{8-3}$$

式中 γ——湿污泥相对密度；

p——湿污泥含水率，%；

γ_s——干污泥相对密度。

干污泥相对密度，即污泥中干固体物质平均相对密度，可由式（8-4）计算。

$$\gamma_s=\frac{100\gamma_f\gamma_v}{100\gamma_v+p_v(\gamma_f-\gamma_v)} \tag{8-4}$$

式中 p_v，γ_v——有机物所占比例及其相对密度，有机物相对密度一般等于1；

γ_f——无机物的相对密度，一般为2.5～2.65，以2.5计。

式（8-4）可化简为 $\gamma_s=\frac{250}{100+1.5p_v}$，即湿污泥相对密度可由式（8-5）计算。

$$\gamma=\frac{25000}{250p+(100-p)\times(100+1.5p_v)} \tag{8-5}$$

(6) 污泥肥分

污泥中含有的大量植物生长所必需的肥分（氮、磷、钾）、微量元素及土壤改良剂（有机腐殖质）。我国城市污水处理厂的污泥肥分见表8-2。

表8-2 我国城市污水处理厂污泥肥分

污泥类别	总氮/%	磷(以 P_2O_5 计)/%	钾(以 K_2O 计)/%	有机物/%
初沉污泥	2～3	1～3	0.1～0.5	50～60
活性污泥	3.3～7.7	0.78～4.3	0.22～0.44	60～70
消化污泥	1.6～3.4	0.6～0.8		25～30

(7) 污泥重金属离子含量

污泥重金属离子含量决定于城市污水中工业废水所占的比例及工业性质。当城市污水以生活污水为主时，重金属物质的含量一般都较低；当城市污水中含有较多工业污水时，重金属物质明显偏高。

8.1.3 污泥处理的目标是什么?

① 使污水处理厂能够正常运行，确保污水处理效果；

② 使有毒有害物质得到妥善处理和利用；

③ 使容易腐化发臭的有机物得到稳定处理；

④ 使有用物质能够得到综合利用，变害为利。

总之，污泥处理的目的是使污泥减量、稳定、无害化及综合利用。

8.1.4 如何计算初沉污泥量与剩余污泥量?

(1) 初沉污泥量

$$V=\frac{10c_0Q\eta}{10^3(100-p)\rho} \tag{8-6}$$

式中 c_0——污水中悬浮物浓度，mg/L；

Q——污水流量，m^3/d；

η——去除率，%；

ρ——沉淀污泥密度，g/cm^3；

p——污泥含水率，%。

式（8-6）适用于初次沉淀池，二次沉淀池的污泥量也可近似地按该式计算（此时取$\eta=80\%$）。

(2) 剩余污泥量

$$Q_s=\frac{\Delta X}{fX_r} \tag{8-7}$$

$$f=\frac{\text{MLVSS}}{\text{MLSS}}\approx 0.75$$

式中 ΔX——挥发性剩余污泥量，kg/d；

X_r——回流污泥浓度，g/L。

(3) 消化污泥量

$$V_d=\frac{(100-p_1)V_1}{100-p_d}\left[\left(1-\frac{p_{v1}}{100}\right)+\frac{p_{v1}}{100}\left(1-\frac{R_d}{100}\right)\right] \tag{8-8}$$

式中 V_d——消化污泥量，m^3/d；

p_d——消化污泥含水率，%，取周平均值；

V_1——生污泥量，m^3/d，取周平均值；

p_1——生污泥含水率，%，取周平均值；

p_{v1}——生污泥有机物含量，%；

R_d——可消化程度，%，取周平均值。

8.1.5 污泥中水分含量对污泥处理的影响是什么?

初次沉淀污泥含水率介于95%～97%，剩余活性污泥的含水率可达99%以上。因此活性污泥的体积非常大，对污泥的后续处理造成困难。减小污泥的体积可为后续处理创造有利条件，如后续处理是厌氧消化，消化池的容积、加热量、搅拌能耗都可大大降低。如后续处理为机械脱水，则可减少混凝剂用量，机械脱水设备的容量也可大大减小。

8.2 污泥的处理工艺

8.2.1 污泥处理的一般工艺是什么?

污泥处理的工艺一般有以下几种：

① 生污泥→浓缩→消化→自然干化→最终处理

② 生污泥→浓缩→消化→机械脱水→最终处理

③ 生污泥→浓缩→消化→最终处理

以上以消化处理为主，消化过程产生的生物能即沼气，可作能源使用。

④ 生污泥→浓缩→自然干化→堆肥→最终处理

⑤ 生污泥→湿污泥池→最终处理

以上以堆肥，农用为主，当附近又符合农用肥料条件及附近有农、林、牧或蔬菜基地时可考虑采用。

⑥ 生污泥→浓缩→自然干化→堆肥→最终处理

以上以干燥焚烧为主，当污泥不适合消化处理或不符合农用条件或受污水处理厂用地面积的限制等地区可考虑采用。

8.2.2　我国污泥处理的现状是什么?

随着我国污水处理能力的飞速发展，污泥作为污水处理的中间产物却一直没有得到妥善和有效处理。在 20 世纪 90 年代之前，我国城市污泥处理工艺一般采用浓缩、中温消化、干化脱水流程为主导，但是缺乏污泥最终处置手段。进入 20 世纪 90 年代后，我国污水处理厂建设规模与数量大幅度增加，但是污泥处理主要采用延时曝气和好氧消化进行处理，污泥处置主要采用堆肥农用、填埋和综合利用等多种形式。从国内已建成运行的城市污水处理厂来看，污水污泥处理工艺大体可归纳为 3 种工艺流程，见表 8-3。

表 8-3　污水处理厂污泥处理工艺流程

序号	污泥处理流程	应用比例/%
1	浓缩池→消化池(好氧或厌氧)→其他(脱水或干化场)→最终处置	40.53
2	浓缩池→其他(脱水或干化场)→最终处置	55.42
3	双层沉淀池污泥→其他(干化场)→最终处置	4.05

调查发现，在我国大多数污水处理厂都是采用浓缩脱水来处理污泥，而采用稳定化处理的污水处理厂不到 20%。大部分的污水处理厂污泥处理的不到位在很大程度上影响了污泥的最终处置，污水处理厂污泥处理工艺统计见表 8-4。

表 8-4　污水处理厂污泥处理工艺统计

工艺	水厂个数/座	比例/%	工艺	水厂个数/座	比例/%
脱水	84	60.4	外运	16	14.42
浓缩	7	5.0	堆肥农用	15	13.51
脱水+浓缩	25	18	露天堆放	2	1.80
稳定处理	23	16.6	焚烧	2	1.80
填埋	70	63.03	自然干化综合利用	6	5.41

污泥农用在国内并没有得到推广，主要原因是使用后的土地板结、作物减产明显。中国农业科学研究院与中国农业大学研究发现，由于中国污泥中含盐量、重金属含量较高，农用地污泥造成土壤中重金属富集、土壤矿化度升高，污泥农用在国内逐步退

出，现主要使用在城市绿化中。污泥堆肥在中国也没有市场，污泥堆肥后的肥料肥效低、生产成本高导致销售成本高，中国农业科学研究院对污泥肥的跟踪研究发现重金属在土壤中逐步积累，作物中也开始富集重金属。日本是全球食物监管最严格的国家，严禁污泥肥料进入农田。目前国内污泥肥料基本没有进入农田，主要是政府采购进入市政绿化。

8.2.3 如何进行污泥的储存与运输？

初沉池或污泥浓缩池可短期储存污泥，也可单独建立污泥储存池。如果停留时间大于2～3d，污泥会腐化变质，脱水性能变差，因而需要在储存构筑物中曝气。若存储构筑物是密闭的，可用氯、铁盐或过氧化氢等物质，控制臭气产生。

好氧或厌氧消化池单独设置的存储构筑物可以长期储存污泥。污泥的运输方法有：带式输送机、螺旋输送机、泵送方式、管道运输、卡车运输、驳船运输及它们的组合方法。

带式输送机一般输送脱水后的污泥。螺旋输送机则用于较短距离的运送。泵送方式一般是污泥通过螺杆泵或挤压泵送入，但只能满足短距离小流量的运输。长距离输送时可以采用管道。管道分为重力管道和压力管道，重力管道距离不宜太长，坡度常用0.01～0.02，管径不小于200mm，中途应设清通口。压力管输送时，需要进行详细的水力计算。

卡车运输的污泥多为终端产品，其运输量较小，且要采取严格的防止气味及污泥外漏的措施，避免造成环境污染，故最好使用液槽车，如果运输脱水泥饼，可用翻斗车，便于装卸。驳船适用于不同含水率的污泥，含水率较高、流动性能较好的污泥可以采用污泥泵装船或卸船。脱水泥饼可采用抓斗或皮带输送机装船或卸船。

8.3 污泥浓缩

8.3.1 污泥中含有的水分有哪些分类？

污泥中含有的水分可分四类：颗粒间的间隙水或游离水，约占总水分的65%～85%；毛细水，即颗粒间毛细管内的水，约占总水分的15%～20%；吸附水，即吸附在污泥颗粒上的水分；结合水，即污泥颗粒内部水，吸附水和结合水约占总水分的10%。

8.3.2 污泥浓缩的作用是什么？

初次沉淀污泥含水率介于95%～97%，剩余活性污泥达99%以上。因此，污泥的体积非常大，对污泥的后续处理造成困难。污泥浓缩的作用是使污泥初步脱水，缩小污泥体积，为后续处理创造条件。

8.3.3 重力浓缩的概念及其特点是什么？

重力浓缩是一种沉降分离工艺。它是依靠污泥中的固体物质的重力作用进行沉降与压密，即在沉淀中形成高浓度污泥层达到浓缩污泥的目的。重力浓缩是利用重力作用的自然沉降分离方式，不需要外加能量，是一种最节能的污泥浓缩方法。

重力浓缩的特点：工艺简单有效，但停留时间较长时可能产生臭味，而且并非适用于所有的污泥。如果应用于生物除磷剩余污泥浓缩时，会出现磷的大量释放，其上清液需要采用化学法进行除磷处理。重力浓缩适用于初沉污泥、化学污泥和生物膜污泥。

8.3.4 重力浓缩的常见类型是什么？

根据运行情况，重力浓缩分为间歇式和连续式两种。

(1) 间歇式重力浓缩池

间歇式重力浓缩池（见图 8-1）是一种圆形水池，底部有污泥斗。工作时，先将污泥充满全池，经静置沉降、浓缩压密，池内将分为上清液、沉降区和污泥层，定期从侧面分层排出上清液，为此应在浓缩池深度方向的不同高度设上清液排除管。浓缩后的污泥从底部泥斗排出。间歇式浓缩池主要用于污泥量小的处理系统。浓缩池一般不少于两个，一个工作，另一个进入污泥，两池交替使用。

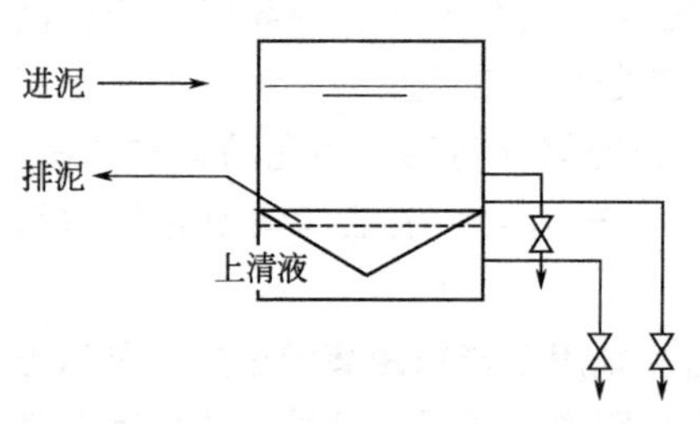

图 8-1 间歇式重力浓缩池

间歇式浓缩池的主要设计参数是水力停留时间，停留时间由试验确定。时间过短，浓缩效果差；过长会造成污泥厌氧发酵。无试验数据时，可按 12～24h 设计。当以浓缩后的湿污泥作肥料时，污泥浓缩和贮存可采用方形或圆形湿污泥池，有效水深采用 1～1.5m，池底坡 0.01，坡向一端。

(2) 连续式重力浓缩池

连续式重力浓缩池如图 8-2 所示。污泥由中心管连续进泥，上清液由溢流堰出水，浓缩污泥用刮泥机缓缓刮至池中心的污泥斗并从排泥管排出，连续式重力浓缩池特点是装有与刮泥机一起转动的垂直搅拌栅，能使浓缩效果提高 20%以上。因为搅拌栅通过缓慢旋转（圆周速度 2～20cm/s），可形成微小涡流，有助于颗粒间的凝聚，并可造成空穴，破坏污泥网状结构，促使污泥颗粒间的空隙水与气泡逸出。

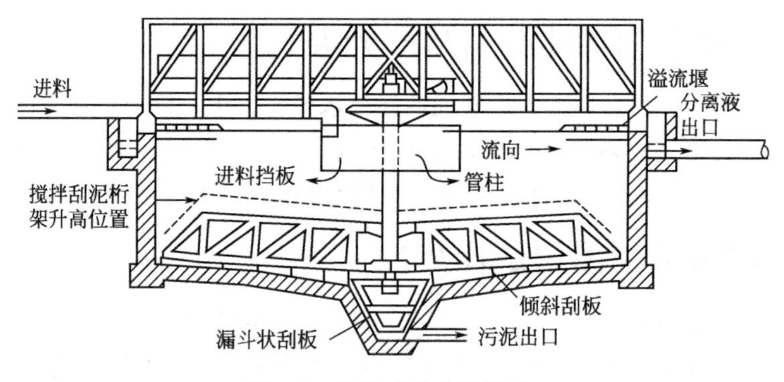

图 8-2 连续式重力浓缩池

8.3.5 气浮浓缩的概念及其特点是什么？

气浮浓缩是采用压力溶气浮选方法，通过压力溶气罐溶入过量空气，然后突然减压释放出大量的微小气泡，并附着在污泥颗粒周围，使其相对密度减小而强制上浮，从污泥表层获得浓缩。因此气浮法对于密度接近于 1g/cm^3 的污泥尤其适用。如活性污泥

（相对密度 1.005），生物过滤法污泥（相对密度 1.025），尤其是采用接触氧化法时，脱落的生物膜含大量气泡，相对密度更接近于 1，用浮选浓缩较为有利。

气浮浓缩法操作简便，运行中有一定臭味，动力费用高，对污泥沉降性能（SVI）敏感，适用于剩余污泥产量不大的活性污泥法处理系统，尤其是生物除磷系统的剩余污泥。

8.3.6 离心浓缩的概念及其特点是什么？

离心浓缩是利用污泥中的固体、液体的密度差，在离心力场所受到的离心力的不同而被分离。

由于离心力几千倍于重力，因此离心浓缩占地面积小，造价低，且效果好，操作简便，但运行费用和机械维修费用较高。离心浓缩主要用于浓缩剩余活性污泥等难脱水污泥或场地狭小的场合。

8.3.7 离心浓缩的常见类型是什么？

离心浓缩工艺最早始于 20 世纪 20 年代初，当时采用的是原始的筐式离心机，后经过盘嘴式等几代更换，现在普遍采用的是卧螺式离心机。与离心脱水的区别在于离心浓缩用于浓缩活性污泥时，一般不需加入絮凝剂调质，只有需要浓缩污泥含固率大于 6%时，才加入少量的絮凝剂，而离心脱水机要求必须加入絮凝剂进行调质。

离心机的种类：连续式离心机、间歇式离心机、转盘式（Disk）离心机和篮式（Basket）离心机。常用离心机的运行参数和效果见表 8-5。

表 8-5 离心机的运行参数和效果

污泥种类	离心机	Q_0/(L/s)	C_0/%	C_u/%	固体回收率/%	混凝剂量/(kg/t)
剩余活性污泥	转盘式	9.5	0.75～1.0	5.0～5.5	90	不用
剩余活性污泥	转盘式	25.3	—	4.0	80	不用
剩余活性污泥(经粗滤以后)	转盘式	3.2～5.1	0.7	5.0～7.0	93～87	不用
剩余活性污泥(经粗滤以后)	转盘式	3.8～17.1	0.7	6.1	97～80	不用
剩余活性污泥	篮式	2.1～4.4 0.63～0.76 4.75～6.30	0.7 1.5 0.44～0.78	9.0～10 9～13 5～7	90～70 90 90～80	不用 — 不用
剩余活性污泥	转筒式	6.9～10.1	0.5～0.7	5～8	65 85 90 95	不用 少于 2.62 2.62～4.54 4.54～6.8

注：表中 Q_0 为容量，C_0 为供给污泥固体重量分数，C_u 为浓缩污泥固体质量分数。

8.4 污泥的稳定

8.4.1 什么是污泥稳定？

污泥稳定即降解污泥中的有机物质，进一步减少污泥含水量，杀灭污泥中的细菌、病原体等，消除臭味。污泥稳定是污泥能否资源化并有效利用的关键步骤。

8.4.2 污泥好氧消化的原理是什么？

根据消化原理污泥的消化可以分为好氧消化和厌氧消化两类。

好氧消化即在不投加底物的条件下，对污泥进行较长时间的曝气，使污泥中的微生物处于内源呼吸阶段进行自身氧化。好氧消化一般适用于污泥量不大时。

好氧消化的优点：污泥中可生物降解的有机物的降解程度提高；上清液 BOD 浓度低；消化污泥的肥分高，易被植物吸收；消化污泥量少、无臭、稳定、易脱水、处置方便；运行管理方便简单，构筑物基建费用低。但好氧消化池运行耗能多，运行费用高；不能回收沼气；消化后的污泥进行重力浓缩时，上清液 SS 浓度高；由于好氧消化不加热，温度对有机物分解程度影响较大。

污泥好氧消化处于内源呼吸阶段，细胞质反应方程如下：

$$C_5H_7NO_2+7O_2 \longrightarrow 5CO_2+3H_2+H^+ +NO_3^-$$

在好氧消化中，氨氮被氧化为 NO_3^-，pH 值将降低，故需要有足够的碱度来调节，以便使好氧消化池内的 pH 值维持在 7 左右。池内溶解氧不得低于 2mg/L，并应使污泥保持悬浮状态，因此必须要有充足的搅拌强度，污泥的含水率在 95%左右，以便于搅拌。

8.4.3 污泥好氧消化的工艺类型有哪些？

污泥好氧消化一般有三种工艺：CAD 工艺、A/AD 工艺、ATAD 工艺。

(1) CAD 工艺

传统的好氧消化工艺（Conventional Aerobic Digestion，CAD）的构造及设备与传统活性污泥法相似，但污泥停留时间很长，其常用的工艺流程主要有连续进泥和间歇进泥两种，如图 8-3 所示。

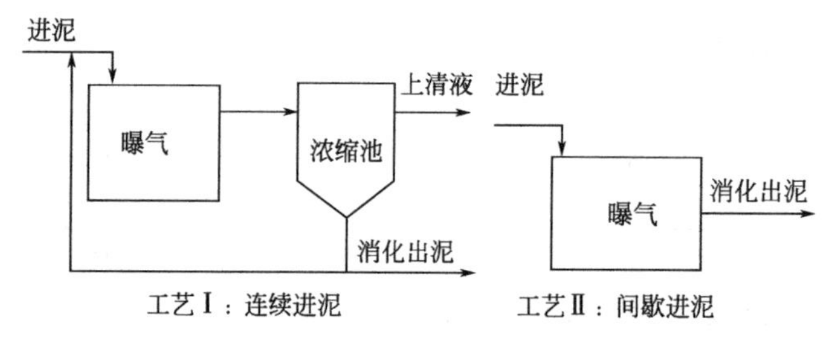

图 8-3 CAD 工艺流程

一般规模较大的污水处理厂的好氧消化池采用连续进泥的方式，运行方式与活性污泥法相似。规模较小的污水处理厂的好氧消化池可采用间歇进泥的方式，定期进泥和排泥，通常每天一次。

影响 CAD 运行的因素有以下几个方面：

① 温度 温度对好氧消化的影响很大，温度高时，微生物代谢活性强，即比衰减速率较大，达到要求的有机物 VSS 去除率所需的 SRT 短。当温度降低时，为达到污泥稳定处理的目的，则要延长污泥停留时间。

温度对反应速率的影响可用式(8-9) 表示：

$$k_2/k_1=\theta(T_2-T_1) \tag{8-9}$$

式中 k_1，k_2——温度 T_1、T_2 时的反应速率；

T_1，T_2——温度，℃；

θ——温度系数，$\theta=1.058$。

② 停留时间 SRT VSS 的去除率随着 SRT 的增大而提高，但是相应地处理后剩余物中的惰性成分也不断增加，当 SRT 增大到某一个特定值，即使再增大 SRT，VSS 的去除率也不会再明显提高。对活性污泥比耗氧速率（SOUR）也存在着相似的规律，SOUR 随 SRT 的增大而逐渐下降，当 SRT 增大到某一个特定值，即使再增大 SRT，SOUR 也不会有明显下降。这一特定的点与进泥的性质、可生物降解性及温度有较大关系，一般温度为 20℃时，SRT 为 25～30d。

③ pH 值 污泥好氧消化的速率在 pH 值接近中性时最大，当 pH 值较低时，微生物的新陈代谢受到抑制，有机物的去除率随之降低。在 CAD 工艺中，会发生硝化反应，消耗碱度，引起 pH 值下降至 4.5～5.5。因此大部分的 CAD 工艺中都要添加化学药剂，如石灰等来调节 pH 值。

④ 曝气与搅拌 在好氧消化中，确定恰当的曝气量是很重要的。一方面，要为微生物好氧消化提供充足的氧源（消化池内 DO 浓度大于 2.0mg/L），同时满足搅拌混合的要求，使污泥处于悬浮状态；另一方面，若曝气量过大会增加运行费用。好氧消化可采用鼓风曝气和机械曝气，在寒冷地区采用淹没式的空气扩散装置有助于保温，而在气候温暖的地区可采用机械曝气。当氧的传输效率太低或搅拌不充分时，会出现泡沫问题。

⑤ 污泥类型 CAD 消化池内污泥停留时间与污泥的来源有关。一般认为，CAD 适用于处理剩余污泥，而对初沉污泥，则需要更长的停留时间。这是因为初沉池污泥以可降解颗粒有机物为主。微生物首先要氧化分解这部分有机物，合成新的细胞物质，只有当有机物不足时，才会消耗自身物质，进入内源呼吸阶段。

CAD 工艺具有运行简单、管理方便、基建费用低等优点。但由于需长时间连续曝气，运行费用较高，受气温影响较大，在低温时处理效果变差，而且对病原菌的灭活能力较低。另外，CAD 工艺中会发生硝化反应，一方面消耗碱度，引起 pH 值下降；另一方面因硝化反应耗氧，而致使供氧的动力费用提高。这就促使人们对传统好氧消化工艺进行改造，提出了缺氧/好氧消化工艺（A/AD）。

(2) A/AD 工艺

缺氧/好氧消化工艺（Anoxic/Aerobic Digestion，A/AD）即在 CAD 工艺的前端加一段缺氧区，使污泥在该段发生反硝化反应，其产生的碱度可补偿硝化反应中所消耗的碱度，所以不必另行投碱就可使 pH 值保持在 7 左右。A/AD 工艺需氧量比 CAD 工艺要少。

图 8-4 中介绍了 A/AD 工艺三种常见的工艺流程图。其中，Ⅰ工艺可实现对间歇进泥的 CAD 工艺的改造，通过间歇曝气产生好氧和缺氧期，并要在缺氧期加搅拌设备而使污泥处于悬浮状态，促使污泥发生充分的反硝化。Ⅱ工艺、Ⅲ工艺是将缺氧区和好氧区分建在两个池子里，而且两种工艺都需要硝化液回流，以提供反硝化所需的硝酸盐。

A/AD 消化池内污泥浓度及污泥停留时间等都与 CAD 工艺相似。CAD 和 A/AD

工艺的主要缺点是供氧的动力费较高、污泥停留时间较长，特别是对病原菌的去除率低。将温度提高到高温范围（43～70℃）会大大提高对病原菌的去除，由此开发了高温好氧消化工艺。

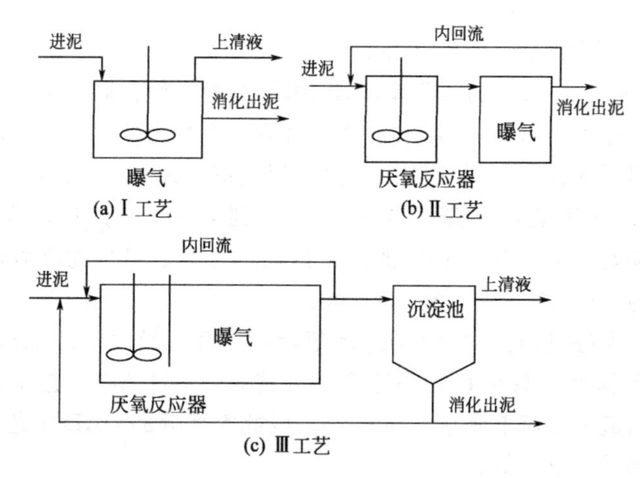

图 8-4　A/AD 工艺流程

(3) ATAD 工艺

自热高温好氧消化工艺（Autoheated Thermophilic Aerobic Digestion，ATAD）利用有机物好氧氧化所释放的代谢热，达到并维持高温，而不需要外加热源。由于采用较高的温度，消化时间大大缩短（约 6d）。高温好氧消化具有较高的悬浮固体去除率，并且能达到杀灭病原菌的目的，ATAD 工艺流程见图 8-5。

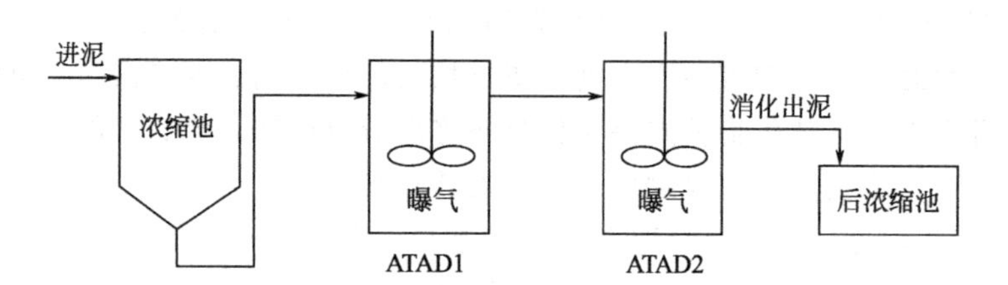

图 8-5　ATAD 工艺流程

达到自热高温好氧消化通常需要以下 3 个条件：

① 进泥首先要经过浓缩，MLSS 浓度达 40000～60000mg/L（或 VSS 浓度最少为 25000mg/L），这样才能产生足够的热量。

② 反应器要加盖，采用封闭的反应器，同时反应器外壁还要采取绝热措施，以减少热传导的热损失。

③ 采用高效氧转移设备减少蒸发热损失，有时甚至采用纯氧曝气。

为防止短流并尽量杀灭病原菌，典型的 ATAD 系统一般采用间歇（分批）操作，至少两个反应器串联运行。第一段温度通常为 45℃左右，一般不超过 55℃。第二段温度通常为 50～60℃，一般不超过 70℃。

ATAD 工艺的影响因素有以下几个方面：

① 进泥的要求　进入 ATAD 的污泥均应先进行浓缩，一方面可以减少消化反应器的体积，降低搅拌和曝气的能耗。另一方面可以提供足够的热量，使反应器温度达到高

温范围。一般污泥经过重力浓缩即可满足要求。污泥负荷为 $F/M=0.1\sim0.15$kg BOD_5/(kgML VSS·d) 的污泥适合用 ATAD 法处理。

② 曝气和搅拌　ATAD 采用高效率的曝气系统，氧转移率一般大于 15%，这样不仅可以减少能量消耗，还可降低因供氧造成的热能损失。在 ATAD 中由于进泥的浓度相当高，再加上高温的作用，一般会有泡沫产生，有时甚至相当严重。因此在 ATAD 设备中应提供相应的泡沫控制设备。

③ pH 值　在 ATAD 中由于高温抑制了硝化细菌的生长繁殖，硝化作用一般不会发生，因此需氧量会比 CAD 大大降低，同时在 CAD 中由于硝化作用而使 pH 值降低的问题也得到了解决。实际上，在 ATAD 中 pH 值通常可以达到 7.2～8.0，而 pH 值的提高也会相应地提高对病原菌的灭活。

ATAD 法能加快生物反应速率，使需要的消化池容积缩小，能杀灭大部分的病原细菌、病毒和寄生虫；同时由于高温抑制了硝化作用，大大减少了氧的需求。这些优点使得 ATAD 在北美和欧洲的一些小型污水厂被广泛采用。

20 世纪 80 年代以后，人们又开发了一种两段污泥消化工艺将自热高温好氧消化工艺与中温厌氧消化工艺相结合，即以一个一段的高负荷 ATAD 系统对污泥进行预处理后再进入中温厌氧反应器。工艺流程如图 8-6 所示。

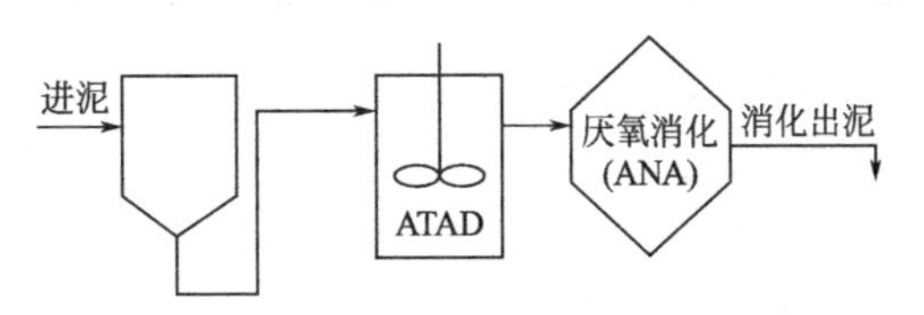

图 8-6　两段污泥消化工艺

污泥好氧消化工艺比较如表 8-6 所示。

表 8-6　污泥好氧消化工艺比较

工艺	优点	缺点
CAD	工艺成熟	动力费用高
	机械设备简单	对病原菌的灭活率低
	操作运行简单	需要相当长的 SRT
	能够在一池中同时实现浓缩和污泥稳定	相当大的反应器体积
		由于硝化作用使 pH 值下降
	上清液 BOD 含量低	消化污泥的脱水性能差
A/AD	提供 pH 值控制	工艺较新，运行经验少
	其他同 CAD	动力费用仍较高
		其他同 CAD
ATAD	SRT 短、反应器体积小	机械设备复杂
	抑制硝化作用，需氧量相对少	泡沫问题
	没有 pH 值下降	新工艺，经验少
	对病原菌的杀灭效果好	动力费仍旧相当高
	比 CAD、A/AD 能耗低	需增加浓缩工序
	脱水性能可能优于 CAD 及 A/AD	进泥中应含有足够的可降解固体

8.4.4 污泥厌氧消化的原理及其影响因素是什么?

厌氧消化是在无氧条件下，污泥中的有机物由厌氧微生物进行降解和稳定的过程。厌氧消化的原理同厌氧生物处理的基本原理（详见第 6.1 节）。

污泥厌氧消化的条件与影响因素有以下几点。

(1) 温度

污泥厌氧消化在适宜的温度下，细菌发育正常，有机物也能完全分解，产气量高。根据温度不同，污泥厌氧消化可以分为低温消化（可不控制消化温度）、中温消化及高温消化（见表 8-7）。

表 8-7 三种消化的温度

低温消化	中温消化	高温消化
≤30℃	30～35℃	50～56℃

注意在厌氧消化操作过程，尽量保持温度恒定。在 0～56℃时，产甲烷菌没有特定的温度限制，而当产甲烷菌在一定温度范围内被驯化后，温度变化（±2℃）可能严重影响甲烷消化作用，其中高温消化对温度变化很敏感。

(2) 污泥投配率

污泥投配率即每日加入消化池的新鲜污泥体积与消化池体积的比率（见表 8-8）。

表 8-8 不同温度的污泥投配率

低温消化	中温消化	高温消化
5%～6%	6%～8%	8%～12%

一般来讲，污泥投配率大，有机物分解程度减少，产气量下降，所需消化池容积小；污泥投配率小，则产气量增加，所需消化池容积大。因此，若要求产气量多，采用下限值；若以污泥处理为主，则可采用上限值。

(3) 营养与碳氮比

投配污泥供给消化池的营养，C/N 比是营养配比中最重要的参数。C/N 比过高，细菌氮量不足，消化液缓冲能力降低，pH 值容易降低；C/N 比太低，含氮量过多，pH 值可能上升到 8.0 以上，脂肪酸的铵盐发生积累，使有机物分解受到抑制。对于污泥消化处理来说，C/N 比以（10～20）∶1 较合适，因此，初次沉淀污泥的消化比较好，剩余活性污泥的C/N比约为 5∶1，不宜单独进行消化处理。各种污泥的 C/N 比情况如表 8-9 所示。

表 8-9 各种污泥的 C/N 比情况

基质名称	生物固体种类		
	初次沉淀污泥	剩余活性污泥	混合污泥
碳水化合物/%	32.0	16.5	26.3
脂肪、脂肪酸/%	35.0	17.5	28.5

续表

基质名称	生物固体种类		
	初次沉淀污泥	剩余活性污泥	混合污泥
蛋白质/%	39.0	66.0	45.2
C/N 比	(9.4～10.35)∶1	(4.6～5.04)∶1	(6.80～7.5)∶1

(4) 搅拌

搅拌使鲜污泥与熟污泥均匀接触，加强热传导，均匀地供给细菌养料，打碎液面上的浮渣层，提高消化池的负荷。无搅拌设备的消化池，消化时间需 30～60d。有搅拌设备的消化池，消化时间需 10～15d。

(5) 酸碱度

酸碱度影响消化系统的 pH 值和消化液的缓冲能力，因此消化系统中有一定的碱度要求。若碱度不足，可投加石灰、无水氨或碳酸铵进行调节。大量投加石灰会使碱度偏高，泥量增加，因此应适量使用。甲烷菌的最佳 pH 值为 7.0～7.5。

(6) 有毒物质含量

有毒物质含量包括重金属：Na^+、K^+、Ca^{2+}、Mg^{2+}、NH_4^+，表面活性剂以及 SO_4^{2-}、NO_2^-、NO_3^- 等。其中重金属离子能与酶及蛋白质结合，产生的物质对酶有混凝沉淀作用；多种金属离子共存时，对甲烷细菌的毒性有互相对抗作用；NH_4^+ 的毒性主要是 C/N 比起作用；表面活性剂硬性洗涤剂（ABS）允许质量浓度为 400～700mg/L，软性洗涤剂（LAS）允许浓度可更高些。

阴离子的抑制作用主要来自 SO_4^{2-} 和 NO_3^-。因硫酸还原和 NO_3^- 反硝化都在厌氧条件下进行，且都是微生物的作用过程，反硝化菌和硫酸还原菌与产甲烷菌相比有争夺电子供体的优势，所以厌氧消化中可能有 H_2S 和 N_2 存在。

当消化池中 SO_4^{2-}（≥5000mg/L）和 NO_3^-（COD/NO_3^--N≤4.1）浓度过高时，会对产甲烷过程产生抑制作用。

8.4.5 污泥厌氧消化的工艺类型有哪些?

厌氧消化工艺主要分为以下 3 类。

(1) 标准消化法

标准消化法（一级消化法）原理如图 8-7 所示。生物泥可在 1d 内从 2～3 个入口分批加入池内，一般为 2～3 次。随着分解的进行逐渐分成明显的三层，自上而下分别为浮渣层、分离液层和污泥层。污泥层的上部仍可进行消化反应，下层较稳定，稳定后的污泥最后沉积于池底。分离液通常返回到污水处理厂入口，但这样容易造成污水综合处理效率降低。

(2) 快速厌氧消化法

图 8-8 是一级快速消化池工作原理图。它与标准消化池的最大差别是消化池内设有搅拌装置，因此混合均匀，操作性能好，可以解决池内沉淀问题，故被逐渐推广使用。

(3) 二级厌氧消化法

图 8-9(a) 为二级厌氧消化法示意图。由于它能在各种负荷下操作，故不能确定为

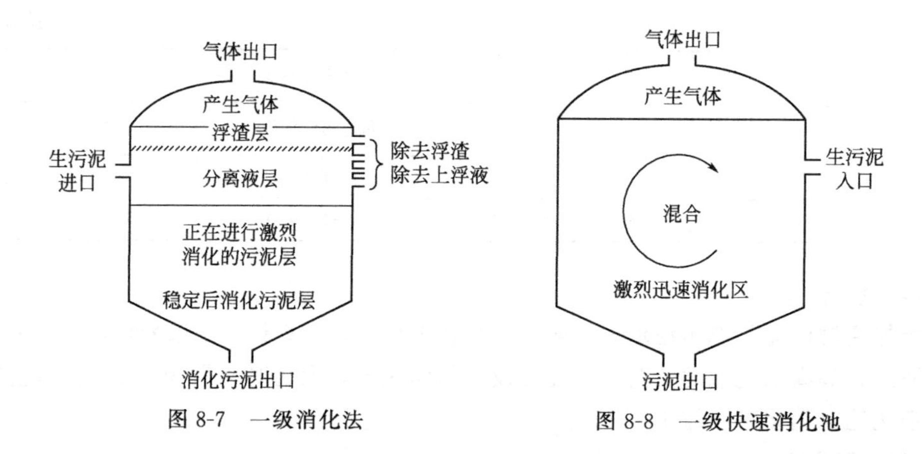

图 8-7　一级消化法　　　图 8-8　一级快速消化池

属于标准消化法或快速消化法。此种方法在第二个消化池内污泥沉降浓缩分离的同时，仍可产生一部分气体，该工艺适合于初沉池污泥或混有少量二沉池污泥的混合污泥的厌氧消化，且运转效果较好。对于活性污泥或其他深度处理污水的污泥，由于消化后难以沉淀分离，则不宜采用此种工艺，而应当采用厌氧接触消化法，如图 8-9(b) 所示。该工艺的特点是将第一快速消化池排出的污泥在第二消化池内进行沉降处理，而第二消化池底部引出物中的微生物，作为菌种回流到第一消化池，这种工艺比一级消化池分解速度更快。

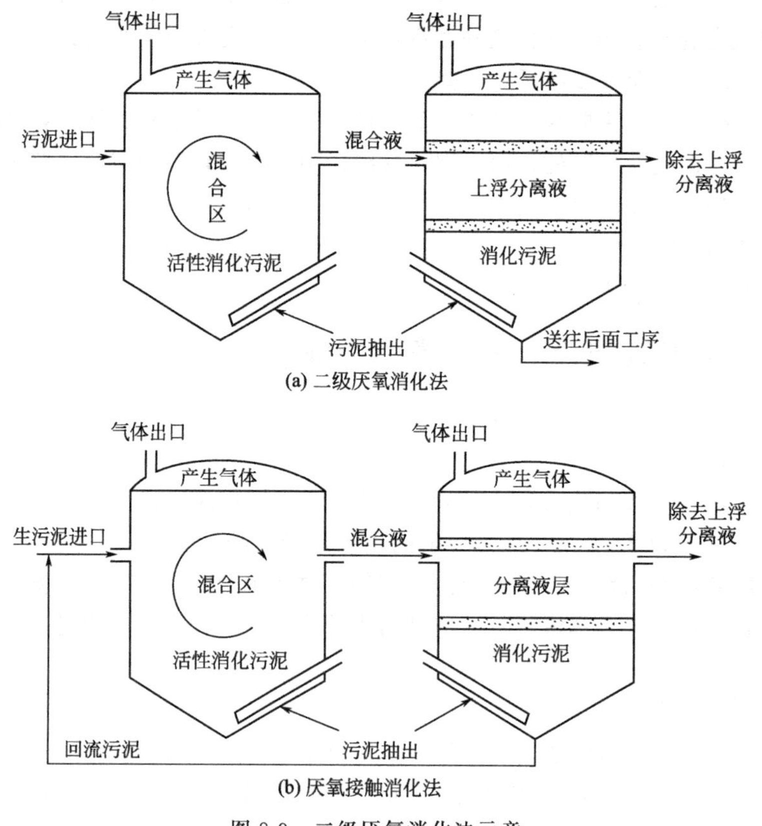

图 8-9　二级厌氧消化法示意

(4) 两相厌氧消化法

两相消化是根据消化机理进行设计。目的是使消化过程中三个阶段的菌种群有更适合生长繁殖的环境。厌氧消化可分为水解与发酵阶段、产氢产乙酸阶段、产甲烷阶段。各阶段的菌种、消化速度对环境的要求及消化产物等都不相同，使运行管理产生诸多不便。采用两相消化法，即把第一阶段、第二阶段与第三阶段分别在两个消化池中进行，使各自都有最佳环境条件。故两相消化具有池容积小，加温与搅拌能耗少，运行管理方便，消化更彻底的优点。

两相消化的设计：第一相消化池的容积用投配率为100%，即停留时间为1d，第二相消化池容积采用投配率为15%～17%，即停留时间为6～6.5d。第二相消化池有加温、搅拌设备及集气装置，产气量约为1.0～1.3m^3/kg，每去除1kg有机物的产气量约为0.9～1.1m^3/kg。

近年来，两相式污泥消化工艺在国外竞相开发，其特点主要是根据污泥和固体有机物厌氧生物处理的三阶段理论，构造并控制第一段生物反应器，将生物固体中的有机物进行液化与酸性发酵，然后进入第二段的厌氧生物反应器进行碱性发酵，产生甲烷。

8.4.6 消化池的加热方法有哪些?

消化池加温的目的在于，维持消化池的消化温度（中温或高温），使消化能有效地进行。加温方法有以下几种。

(1) 池内加热

用热水或蒸汽直接通入消化池或通入设在消化池内的盘管进行间接加热。但这种方法目前很少用，主要有以下3点原因：①污泥中的含水率增加；②局部污泥受热过高；③污泥在盘管外壁结壳。

(2) 池外加热

池外间接加温是用套管式泥-水热交换器把生污泥加温到足以达到消化温度、补偿消化池壳体及管道的热损失。这种方法可有效地杀灭生污泥中的寄生虫卵。

(3) 利用沼气对消化池加温

以沼气为锅炉燃料，加温生污泥，所需沼气量可根据生污泥量、泥温、当地气候条件，通过计算确定。

① 生污泥耗热量

$$Q_1=V'/24\times(T_D-T_s)\times4186.8 \tag{8-10}$$

式中 V'——每日投入消化池的生污泥量，m^3/d；

T_D——消化温度，℃；

T_s——生污泥原温度，℃。

采用日平均最低的温度计算得Q_{1max}。

② 池体耗热量

$$Q_2=\sum KF(T_D-T_A)\times1.2 \tag{8-11}$$

式中 F——池体散热总面积，m^2；

T_A——池体外介质（空气或土壤）的日平均最低温度，℃；

K——池盖、池壁、池底的传热系数，kJ/(m^2·h·℃)。

③ 管道、热交换器等耗热量

$$Q_3=\sum KF(T_m-T_A)\times 1.2 \tag{8-12}$$

式中 K——管道、热交换器传热系统，kJ/(m²·h·℃)；

F——管道、热交换器表面积，m²；

T_m——锅炉出口和入口的热水（或蒸汽）温度平均值，℃；

T_A——管道、热交换器外介质（空气或土壤）的日平均最低温度，℃。

④ 总耗热量

$$Q=Q_1+Q_2+Q_3 \tag{8-13}$$

8.4.7 消化池的搅拌方法有哪些？

搅拌的目的是使池内污泥的浓度与温度均匀，防止污泥分层或形成浮渣层，缓冲池内碱度，从而提高污泥分解的速度。消化池内各处污泥混合均匀的标准是污泥浓度相差不超过10%。消化池的搅拌方法有沼气搅拌、泵加水射器搅拌及联合搅拌。消化池的搅拌可连续搅拌，也可间歇将全池污泥搅拌一次，间隔时间为5～10h。

(1) 沼气搅拌

经空气及压缩后的沼气通过消化池顶盖上面的配气环管，通入每根立管。这样的方式使搅拌比较充分，促进厌氧分解，缩短消化时间。消化池立管的数量可由搅拌气量及立管内的气流速度决定。搅拌气量按每1000m³计，池容按5～7m³/min计，气流速度按7～15m/s计。立管末端在同一平面上（距池底1～2m）或在池壁与池底连接面上。沼气搅拌消化池如图8-10所示。

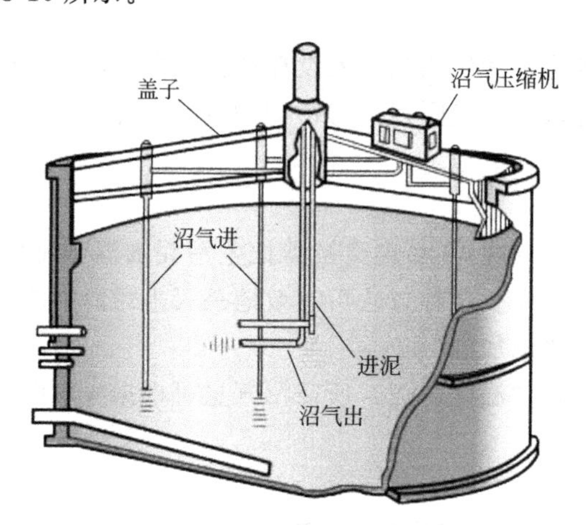

图8-10 沼气搅拌消化池

$$N=VW \tag{8-14}$$

式中 N——空气压缩机功率，W；

V——消化池有效容积，m³；

W——单位池容所需功率，一般用5～8W/m³。

(2) 泵加水射器搅拌

生污泥用污泥泵加压后，射入水射器，也可由中位管压入消化池进行补充搅拌，水射器顶端浸没在污泥面以下0.2～0.3m，泵压应大于0.2MPa，生污泥量与水射器吸入的污泥量之比为1∶(3～5)。消化池池径大于10m时，可设2个或2个以上水射器。泵加水射器搅拌如图8-11所示。

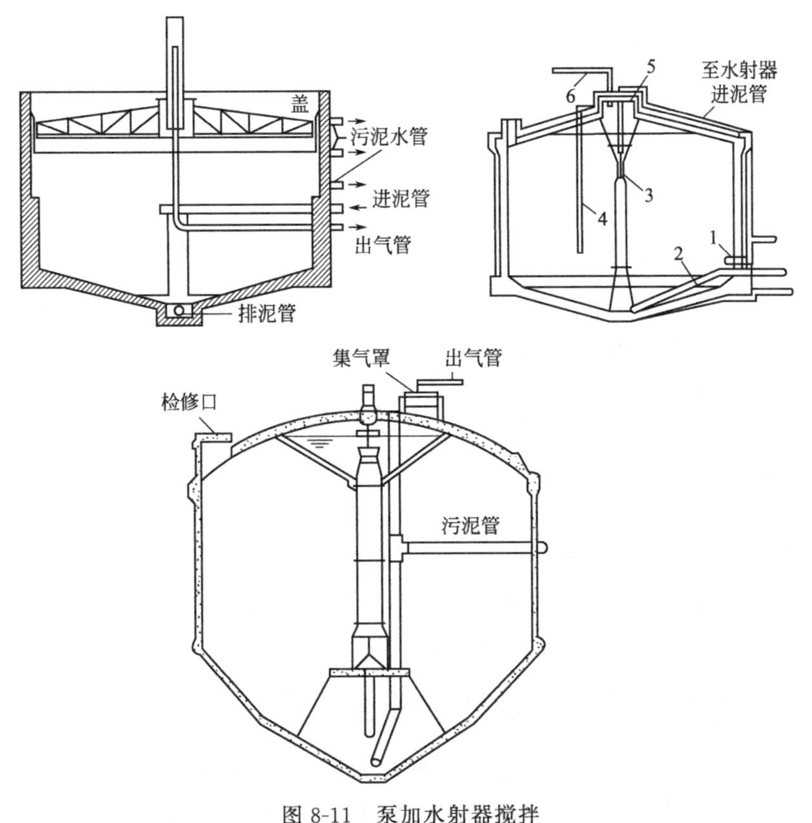

图 8-11　泵加水射器搅拌

1—中位管；2—排泥管；3—水射器；4—蒸汽管；5—进泥管；6—消化气管

(3) 联合搅拌法

联合搅拌法即把生污泥加温、沼气搅拌联合在一个装置内完成。经空气压缩机加压后的沼气以及经污泥泵加压后的生污泥分别从热交换器（兼做生、熟污泥与沼气的混合气）的下端射出，并把消化池中的熟污泥吸抽出来，共同在热交换器中加热混合，然后从消化池的上部污泥面以下喷入，完成加温搅拌。若池径大于 10m，则可设置 2 个或 2 个以上的热交换器。

8.4.8　消化池是如何启动的？

将每天排放的初次沉淀污泥和浓缩后的活性污泥投入消化池，然后加热，使每小时温度升高 1℃，当温度升高到消化温度时，维持温度，然后逐日加入新鲜污泥，直至设计泥面，停止加热，维持消化温度，使有机物水解、液化，约需 30～40d，待污泥成熟、产生沼气后，方可投入运行。

8.4.9　消化池的运行过程中的异常现象及对策是什么？

(1) 产气量下降

① 投加的污泥浓度太低，甲烷菌的底物不足，应设法提高投配污泥浓度。

② 消化污泥排量过大，使消化池内甲烷菌减少，破坏甲烷菌与营养平衡，应减少排泥量。

③ 消化池温度降低，可能是投配的污泥过多或加热设备发生故障，应减少投配量和排泥量，检查加温设备，保持消化浓度。

④ 由于池内浮渣与沉砂增多，使消化池容积减少，应检查池内搅拌效果及沉砂池的沉砂效果，并及时排出浮渣与沉砂。

⑤ 有机酸累计，碱度不足，应减少投配量，继续加热，观察池内碱度变化，如不能改善，则应投加碱度，如石灰、碳酸钙等。

(2) 上清液水质恶化

表现在 BOD_5 和 SS 浓度增加，可能是由于排泥量不够，固体负荷较大，消化程度不够，搅拌过度等。可分析上述可能原因，分别加以解决。

(3) 沼气的气泡异常

① 连续地喷出　这是消化状态严重恶化的征兆。可能由于排泥量过大，池内污泥量不足，或有机物负荷较高，或搅拌不充分。应减少或停止排泥，加强搅拌，减少污泥投配。

② 大量气泡剧烈喷出　产气量正常。池内由于浮渣层过厚，沼气在层下聚集，一旦沼气穿过浮渣层，就有大量沼气喷出，应破碎浮渣层充分搅拌。

③ 不起泡　可暂时减少或终止投配污泥。

8.4.10　污泥稳定对污泥处理有什么作用?

城镇污水及各种有机污水处理过程中产生的污泥都含有大量有机物，如果将这种污泥投放到自然中，其有机物在微生物的作用下继续腐化分解，对环境造成伤害，所以需采用措施降低其有机物含量或使其暂时不产生分解。

通过处理避免发生生物反应或者使生物反应朝着希望的方向进行，使污泥中的有机物质分解成为稳定的物质，去除臭味，杀死寄生虫卵，改善污泥的脱水性质，减少污泥量，为能够用于农业、林业和城市绿化或者在垃圾填埋场最终处置创造条件。

8.4.11　什么是污泥的生物稳定和化学稳定?

(1) 生物稳定

生物稳定就是人工创造一定的条件，使那些挥发组分的微生物得以去除，使其转化为稳定的微生物或不易降解有机物的微生物。污泥的生物稳定又分为污泥的好氧生物稳定（好氧消化）及污泥的厌氧生物稳定（厌氧消化）。

(2) 化学稳定

通过一个投加装置对待稳定污泥投加化学药剂，杀死微生物，使有机物短期内不腐败。化学稳定法有石灰稳定法、氯稳定法和臭氧稳定法。

① 石灰稳定法　即向污泥中投加石灰，使污泥的 pH 值提高到 11～11.5，在 15℃下接触 4h，能杀死全部大肠杆菌及沙门伤寒杆菌，但对钩虫、阿米巴孢囊的杀伤力较差。经石灰稳定后的污泥脱水性能可得到大大改善，不仅污泥的比阻减小，泥饼的含水率也可降低。但石灰中的钙可与水中的 CO_2 和磷酸盐反应，形成碳酸钙和磷酸钙的沉淀，使得污泥量增大。石灰的投加量与污泥的性质和固体含量有关，石灰稳定法的投加量见表 8-10。

表 8-10 石灰稳定法的投加量

污泥类型	污泥固体浓度/%		$Ca(OH)_2$ 投加量/[g/g(SS)]	
	变化范围	平均值	变化范围	平均值
初沉污泥	3～6	4.3	60～170	120
活性污泥	1～1.5	1.3	210～430	300
消化污泥	6～7	6.5	140～250	190
腐化污泥	1～4.5	2.7	90～510	200

② 氯稳定法 氯能杀死各种致病微生物，有较长期的稳定性。但氯化过程中会产生各种氯代物有机物（如氯胺等），造成二次污染，此外污泥经氯化处理后，pH 值降低，使得污泥的过滤性能变差，给后续处置带来一定困难。大规模的氯稳定法应用较少，但当污泥量少，且可能含有大量的致病微生物，如处理医院污水产生的污泥，采用氯稳定法仍为一种安全有效的方法。

③ 臭氧稳定法 臭氧稳定法是近年来国外研究较多的污泥稳定法，与氯稳定法相比，臭氧不仅能杀灭细菌，而且对病毒的灭活也十分有效，此外，臭氧稳定也不存在氯稳定时带来的二次污染的问题，经臭氧处理后，污泥处于好氧状态，无异味，是目前污泥稳定最安全有效的方法。该方法的缺点是臭氧发生器的效率仍较低，建设及运营费用较高。但对危险性很高的污泥，采用臭氧稳定法，仍为一种最安全的选择。

8.5 污泥的脱水

8.5.1 什么是污泥的脱水?

将污泥含水率降至 80%以下的操作称为脱水。脱水后的污泥具有固体特性，成泥块状，能装车运输，便于最终处置与利用。脱水的方法有自然脱水和机械脱水。自然脱水的方法有干化场，所使用的外力为自然力（自然蒸发、渗透等）；机械脱水的方法有真空过滤、压滤、离心脱水等，所使用的外力为机械力（压力、离心力等）。

8.5.2 污泥调理的目的是什么?

在污泥脱水之前需要通过物理、化学或物理化学作用，改善污泥的脱水性能，该操作称为污泥调理。污泥调理的目的是破坏污泥的胶状结构，减小水与污泥固体颗粒的结合力，改善污泥的脱水性能，加速污泥的脱水过程。

8.5.3 污泥的加药调理应注意哪些问题?

药剂的投加范围很大，因此在特定情况下，最好是经过试验决定最佳剂量。投加药剂时最好以液体的形式，若投加颗粒状药剂，需设置足够大的溶药箱，同时计量泵应可变速，以调节流量。聚合物添加剂在使用前，建议向厂家咨询使用方法和投加量信息。

8.5.4 常用的污泥调理方法有哪些?

污泥调理的方法有化学调理法、物理调理法、热工调理法等。

(1) 化学调理法

化学调理法就是在需要脱水的污泥中加入化学混凝药剂，使污泥颗粒，包括细小的颗粒及胶体颗粒凝聚、絮凝，以改善其脱水性能，需设置药剂溶解、配置、投加设备。调理所使用的药剂分为无机调理剂和有机调理剂。无机调理剂有铁盐、铝盐和石灰等。有机调理剂有聚丙烯酰胺等。无机调理剂价格低廉，但会增加污泥量，而且污泥的 pH 值对调理效果影响较大；而有机调理剂则与之相反。综合应用 2～3 种絮凝剂，混合投配或顺序投配能提高效能。城镇污水处理厂采用有机调理剂时，典型污泥的高分子有机调理混凝剂的投加量见表 8-11。

表 8-11　典型污泥的高分子有机调理混凝剂的投加量　　单位：kg/t（干污泥）

污泥种类	带式压滤机	离心脱水机
初沉污泥	1～4	1～2.5
剩余活性污泥	4～10	5～8
初沉污泥与剩余活性污泥	2～8	2～5
初沉污泥与生物滤池剩余污泥	2～8	—
初沉污泥经厌氧消化后	2～5	3～5
初沉污泥和剩余污泥经厌氧消化后	1.5～8.5	2～5

(2) 物理调理法

物理调理有加热、冷冻、添加惰性助滤剂和淘洗等方法。向被调理的污泥中投加不会产生化学反应的物质，作为污泥的支架结构，以降低或改善污泥的可压缩性。主要投加的物质有：烟道灰、硅藻土、焚烧后的污泥灰、粉煤灰等。

(3) 热工调理法

① 热处理法对污泥加热可加速离子的热运动，提高离子碰撞结合的频率，达到离子互相间的凝聚。同时污泥中的细胞受热膨胀破裂，释放出蛋白质、胶质、矿物质和细胞膜碎片。胶体结构被破坏，大量释放出内部结合水，产生脱水收缩作用。

② 将含大量水分的污泥冷冻，温度下降到凝固点以下，然后加热溶解。污泥经过冷冻、溶解过程，温度大幅度变化使胶体颗粒脱稳凝聚，颗粒由细变大，失去了毛细状态。

8.5.5　机械脱水的原理是什么?

机械脱水时以过滤介质两面的机械力差作为推动力，使污泥水分被强制通过过滤介质，形成滤液；而固体颗粒被截留在介质上，形成滤饼，从而达到脱水目的。机械力的种类有压力、真空吸力、离心力等，脱水方式称为过滤脱水和离心脱水，相应的设备有压力过滤机、真空过滤机和离心机。

8.5.6　什么是过滤脱水?

过滤脱水是在外力（压力或真空）作用下，将湿污泥用滤层（多孔性材料如滤布、金属丝网）过滤，使水分（滤液）渗过滤层，脱水污泥（滤饼）则被截留在滤层上。污泥过滤性能主要取决于滤饼和滤布（或滤网）的阻力。

过滤脱水常用的设备有带式压滤机和板框式压滤机。

8.5.7 什么是真空过滤机?

转筒式真空过滤机结构见图 8-12，主要设备由两大部分组成：半圆形污泥槽和过滤转筒。转筒半浸没在污泥中，转筒外覆滤布，筒壁分成的若干隔间分别由导管连于回转阀座上。根据转动时各间隔所处位置的不同，与固定阀座上抽气管或压气管接通。当隔间位于过滤段时，与抽气管接通，污泥水通过滤布被抽走，固体被截留在滤布上。当转到脱水段时，仍与抽气管接通，水分继续被抽走，泥层逐渐干燥，形成滤饼。当转到排泥段时，由真空抽吸，改为正压吹脱段，滤饼被吹离滤布并被用刮刀刮下，通过装运小斗或皮带运输机运走。泥槽底部设有搅拌器，用于防止固体沉积。

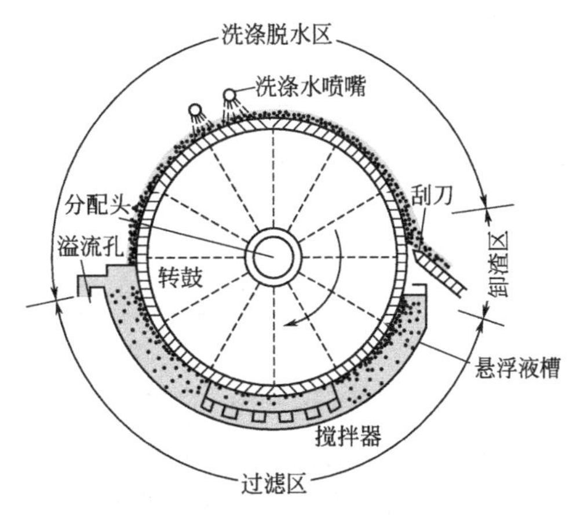

图 8-12 转筒式真空过滤机结构

真空过滤机的特点是适应性强、连续运行、操作平稳、全过程自动化；缺点是多数污泥需经调理才能过滤，且工序多、费用高。此外，过滤介质（滤网或滤布）紧包在转筒上，再生与清洗不充分，容易堵塞，因此真空过滤机现已应用较少。

8.5.8 什么是带式压滤机?

带式压滤机结构见图 8-13，由上、下两组同向移动的回转带组成，上面为金属丝网做成的压榨带，下面为滤布做成的过滤带。污泥由一端进入，在向另一端移动的过程中，先经过浓缩段，主要依靠重力过滤，使污泥失去流动性，然后进入压榨段。由于上、下两排支承辊滚压轴的挤压而得到脱水。滤饼含水率可降至 80%～85%。这种脱水设备的特点是把压力直接加到滤布上，用滤布的压力或张力使污泥脱水，而不需真空或加压设备，所以消耗动力少，并可以连续运行。带式压滤机工艺简单，是目前广为采用的污泥脱水设备。

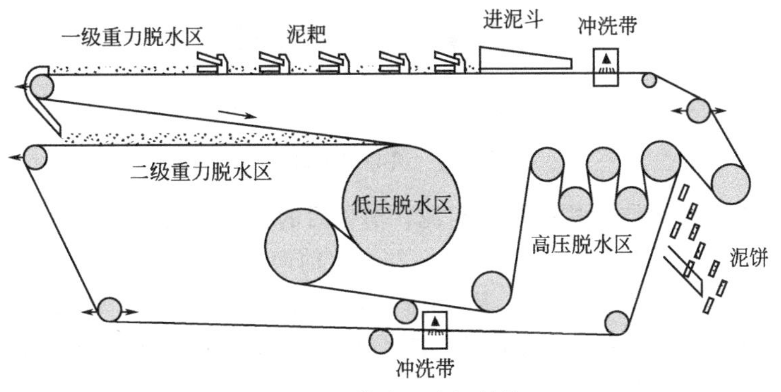

图 8-13 带式压滤机结构

8.5.9 什么是板框式压滤机?

板框式压滤机工作原理是在密闭的状态下，高压泵打入的污泥经过板框的挤压，使污泥内的水通过滤布排出，达到脱水目的。板框式压滤机（见图 8-14）主要由止推板、滤板、滤框、横梁、压紧板、液压连体装置等构成。

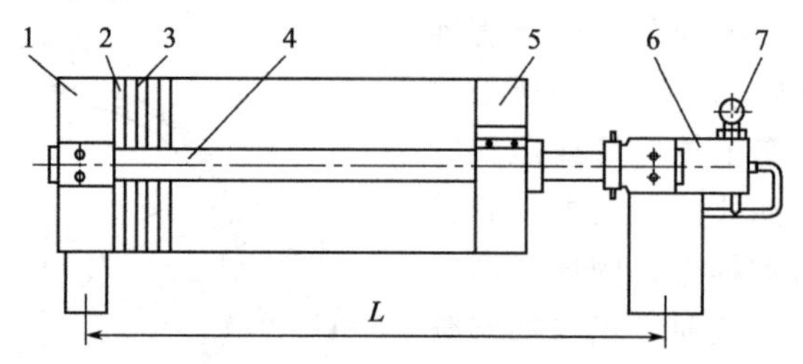

图 8-14 板框式压滤机

1—止推板；2—滤框；3—滤板；4—横梁；5—压紧板；6—液压连体装置；7—压力表

板框式压滤机的优点为：价格低廉，擅长无机污泥的脱水，泥饼含水率低。与其他形式脱水机相比，板框式压滤机的缺点是占地面积较大，易堵塞，需要使用高压泵，不适用于油性污泥的脱水，难以实现连续自动运行。

8.5.10 什么是离心脱水机?

完成离心脱水的设备为离心脱水机。离心脱水机的种类很多，其中以中低速转筒式离心机在污泥脱水中应用最为普遍。该机的主要构件是转鼓和装于筒内的螺旋输送器（见图 8-15）。污泥通过空心转轴连续进入筒内，由转鼓带动污泥高速旋转，在离心脱水机的作用下，向筒壁运动，达到泥水分离。螺旋输送器与转鼓同向旋转，但转速不同，使输送器的螺旋刮刀对转鼓有相对转动，将泥饼由左端推向右端，最后从排泥口排出，澄清水则由另一端排水口流出。

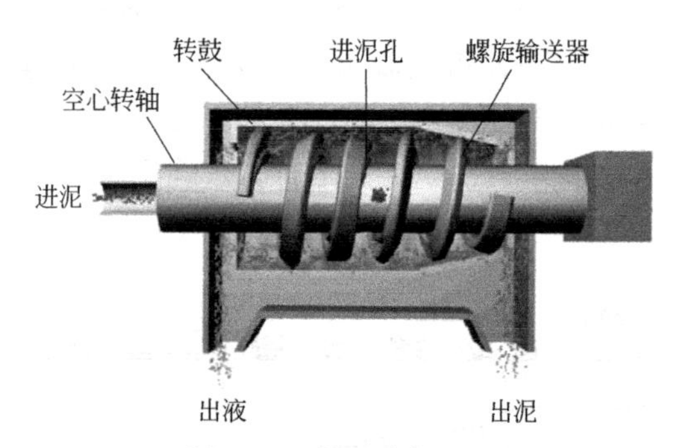

图 8-15 离心脱水机

经离心脱水的污泥特性按初沉淀污泥、消化后的初沉污泥、混合污泥、消化后的混合污泥顺序，其含水率相应可降至 65%～75%（前两者）和 76%～82%（后两者）；固体回收率为 85%～95%（前两者）及 50%～80%和 50%～70%。若投加调理剂，四种污泥的回收率可高于 95%。显而易见，离心脱水机排出的滤液含有大量的悬浮固体，必须返回污水处理系统进行处理。

离心机的优点是设备小、效率高、分离能力强、操作条件好（密封、无气味）；缺点是制造工艺要求高、设备易磨损、对污泥的预处理要求高，而且必须使用高分子聚合电解质作为调理剂。

8.5.11 脱水机常见的故障及对策是什么？

(1) 真空脱水机

过滤介质紧包在转鼓上，清洗不充分，易于堵塞，影响生产效率。因此可用连带式转筒真空过滤机，用轮轴把过滤介质转出，既便于卸料又宜于介质清洗。

(2) 板框压滤机

污泥颗粒易堵塞滤布网孔和滤板沟槽，应在压滤开始时压力小一点，待污泥在滤布上形成薄层滤饼时，再增大压力。

(3) 带式过滤机

带式过滤机有多种设计，依据的脱水原理也有不同（重力过滤、压力过滤、毛细管吸水、造粒），但它们都有回转带，一边运泥，一边脱水，或只有运泥作用。

(4) 卧式高速沉降离心脱水机

当进料量、浓度变化大时，机器会发生堵料。堵料后，电流升高，机器自动报警停机。由于转鼓内积料未清除，机器无法再次启动，需清除积料。

① 副变频器频率设定参数改为 1，开主机，转速设置为 200～300r/min，少量进水，开副电机，调节副电机控制面板使副电机速度从零逐渐提高，注意电流不大于 16A，当副电机加速至 1500r/min 以上，则加大水量，机器运行 10min，观察出水是否浑浊，逐渐调高主机速度到 1000r/min，同时观察副电机电流。转速平稳后，降低副电机转速至 300r/min，观察副电机电流，注意出渣口是否出泥，出泥结束机器即可恢复正常。

② 把主副电机均设置为反转，主机低速运转，少量进水，副机从零逐渐调高至 1500r/min，加大水量，出渣口为清液时即可。

空车运转电流超高：电压偏低，应检查电压不低于 360V；皮带太紧，应适当松调；差速器或主轴承受损，应检查更换；回转件与机壳碰擦，应停机排除。

8.6 污泥干化

8.6.1 污泥干化的概念是什么？

污泥干化又称污泥除水，是指通过渗滤或蒸发等作用，从污泥中去除大部分含水量的过程，一般指采用污泥干化场（床）等自然蒸发设施。污泥浓缩后，用物理方法进一步降低污泥的含水率，便于污泥的运送、堆积、利用或做进一步处理。

脱水（干化）有自然蒸发法和机械脱水法两种。习惯上称机械脱水法为污泥脱水，称自然蒸发法为污泥干化。两种方法虽不同，但都是进一步降低污泥含水率的措施。

8.6.2 污泥干化的含水率有哪些？

① 污泥含水率为 10%～30%以下，便于保存，便于运输，污泥中即使还有活性菌，一般不会激活，也不易受到空气中细菌、病毒、真菌等侵入而利用污泥的营养

物质来繁殖。同时，污泥含水率较低，其热量就高，如污泥用于发电或烧水泥等就是真正意义的能源资源了。污泥干化时如要求污泥含水率过低，一方面多耗能源；另一方面干化后，污泥还会吸收空气中的水分达到某种温度、湿度条件下的平衡点，即平衡水分。

② 焚烧污泥要50％含水率，是因为焚烧时需要蒸发其中一半的水分所需要的热量，用剩余一半的绝干污泥中的有机质燃烧产生的热量足以提供，同时50％含水率的污泥其形状较易分散，有利于燃烧。需要说明的是，50％含水率污泥只是起码条件。

③ 60％含水率污泥填埋时，其强度基本可以满足压实的要求，不易形成沼泽。80％含水率的污泥变为60％的污泥，其重量减半，延长填埋场的寿命。当然，这也是基本条件，填埋污泥含水率越低越好，不过如果靠干化来降低污泥含水率并达到很低的含水率用于填埋就需要对其进行经济分析。

④ 60％含水率污泥用于农用（系指用于发酵制肥）是基于污泥发酵时，需创造有利于微生物生长的条件。这主要是温度、水分，好氧发酵时还有空气，能否顺利提供给污泥（污泥的孔隙率、污泥堆的空隙率）。不同微生物用不同方法发酵不同有机质含量的污泥，所需的最佳污泥水分并不是一致的，一般在60％以下，但绝不是越低越好。另外，好氧发酵时，污泥含水率为60％，已成固态，更容易造成空气的进入。

8.6.3　污泥脱水与干化差别是什么？

污泥脱水是指将流态的原生、浓缩或消化污泥脱除部分水分，转化为半固态或固态泥块的一种污泥处理方法，经过脱水后，污泥的含水率可以降低到55％～80％。而且污泥脱水一般采用物理方法。污泥脱水后的泥饼含水率仍较高，具有流体性质，其处理成本和难度仍较高，因此有必要进一步减量。

污泥干化就是污泥的进一步脱水减量化，经过干化后污泥的含水率一般在10％～30％之间，分为自然干化和热干化。

8.6.4　污泥干化的设备有哪些类型？

(1) 三通式回转圆筒干燥机

三通式回转圆筒干燥机结构如图8-16所示。

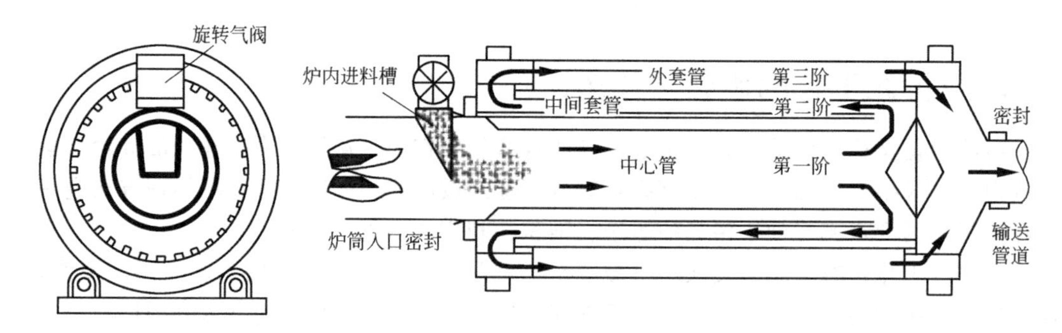

图8-16　三通式回转圆筒干燥机结构

干燥过程介绍：由于普通的回转圆通干燥机，包括三通式回转圆筒干燥机，只能干燥颗粒状的物料。所以，湿污泥首先要与干污泥进行混合，产生含水为40％左右的半干污泥，然后再进入三通式回转圆筒干燥机进行干燥。干湿污泥的比例大约为1.5～2。因此，此系统需要混合机、粉碎机和筛分机。整个系统的投资很大。

污泥干化干燥流程如图8-17所示。

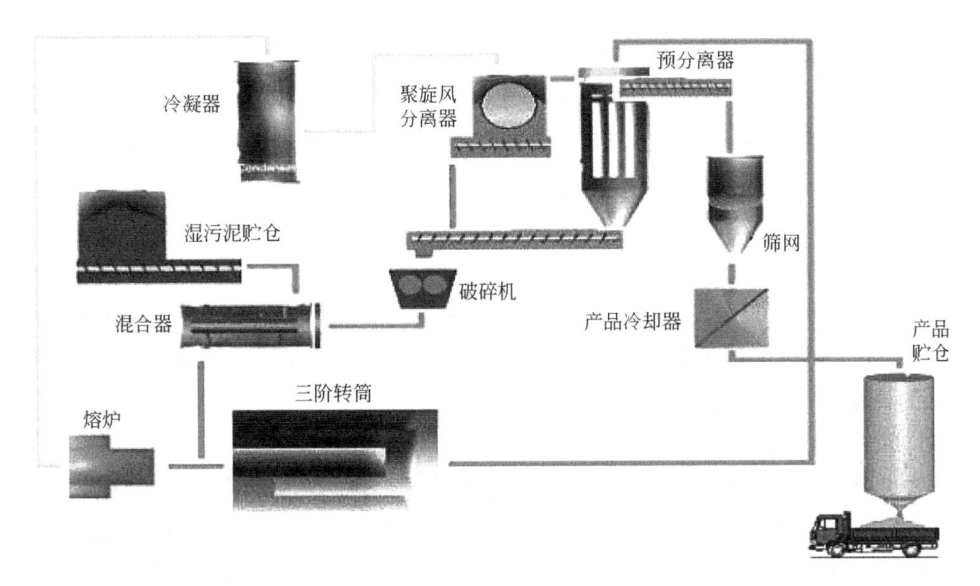

图8-17　污泥干化干燥流程

三通式回转圆筒干燥机运行参数为：热空气进口温度650℃；热空气出口温度100℃；蒸发每千克水需消耗8170kJ的热量。

(2) 普通回转圆筒干燥机

普通回转圆筒干燥机的工艺流程与三通式回转圆筒干燥机相似，只是能耗稍高。

转筒干燥器的主体是略带倾斜并能回转的圆筒体。湿物料从左端上部加入，经过圆筒内部时，与通过筒内的热风或加热壁面进行有效的接触而被干燥，干燥后的产品从右端下部收集。在干燥过程中，物料借助于圆筒的缓慢转动，在重力的作用下从较高端向较低端移动。干燥过程中的所用的热载体一般为热空气、烟道气或水蒸气等。如果热载体（如热空气、烟道气）直接与物料接触，则经过干燥器后，通常用旋风除尘器将气体中挟带的细粒物料捕集下来，废空气则经旋风除尘器后放空。

回转圆筒干燥器是一种处理大量物料干燥的干燥器。由于运转可靠，操作弹性大、适应性强、处理能力大，广泛使用于冶金、建材、轻工等部门。回转圆筒干燥器一般适用于颗粒状物料，也可用部分掺入干物料的办法干燥黏性膏状物料或含水量较高的物料，并已成功地用于溶液物料的造粒干燥中。

回转圆筒干燥机的筒体内壁上装有抄板，不断地把物料抄起又洒下，使物料的热接触表面增大，以提高干燥速率并促使物料向前移动。因回转圆筒干燥机是传统干燥设备之一，由于有其他干燥设备不可替代的一些特点，所以在人们不断地进行优化改进后，目前回转圆筒干燥机已经被广泛使用于冶金、建材、化工等领域。

(3) 间接加热式回转圆筒干燥机

间接加热式回转圆筒干燥机的工艺流程也与三通式回转圆筒干燥机相似。该干燥机需要在通入热空气下，再利用热媒对内部抄板和圆筒内壁进行加热。间接加热式回转圆通干燥机采用间接加热干燥机内部的抄板，而造粒后的污泥的表面仍然较黏，黏着在抄板上，没有及时脱落，导致过于超温（干污泥的着火点为240℃）。当通入空气时（间接加热式回转圆通干燥机需要通入空气，以带出蒸发的水分），其中的氧含量较高，从而可能引起爆炸。

(4) 带粉碎装置的回转圆筒干燥机

带粉碎装置的回转圆筒干燥机可直接干燥湿污泥，因此不需要混合过程，也就不需要混合机、粉碎机和筛分机，并且回转圆筒干燥机很短，整个系统的投资小。但是，对于湿污泥的干燥，其最终水分只能为30%～40%。如果干燥到10%以下水分，就需要两级干燥。

如果干燥后的污泥用于焚烧，30%～40%含水率已经足够。由于直接干燥湿污泥，并且回转圆筒干燥机很短，因此可采用较高的进口温度。对于污泥干燥，其进口温度可达850℃以上。所以热能消耗比上述的所有回转圆筒干燥机都低，蒸发每千克水需消耗7659kJ的热量（两级干燥）。

(5) 带式干燥机

带式干燥机由若干个独立的单元段组成（见图8-18）。每个单元段包括循环风机、加热装置、单独或公用的新鲜空气抽入系统和尾气排出系统。对干燥介质数量、温度、湿度和尾气循环量操作参数，可进行独立控制，从而保证带式干燥机工作的可靠性和操作条件的优化。带式干燥机操作灵活，湿物进料，干燥过程在完全密封的箱体内进行，劳动条件较好，避免了粉尘的外泄。

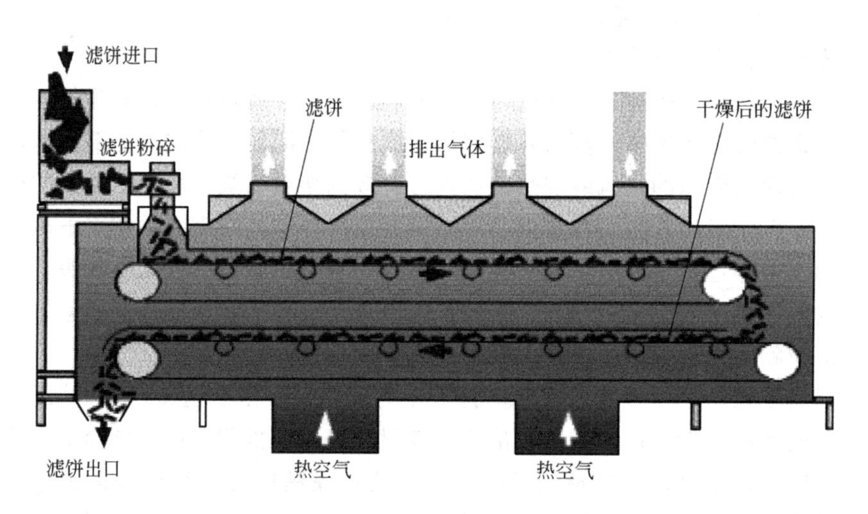

图8-18　带式干燥机构造示意

物料由加料器均匀地铺在网带上，网带采用12～60目不锈钢丝网，由传动装置拖动在干燥机内移动。干燥机由若干单元组成，每一单元热风独立循环，部分尾气由专门排湿风机排出，废气由调节阀控制，热气由下往上或由上往下穿过铺在网带上的物料，加热干燥并带走水分。网带缓慢移动，运行速度可根据物料温度自由调整。干燥后的成品连续落入收料器中，上下循环单元根据用户需要可灵活配备，单元数量可根据需要选取。

(6) 桨叶式干燥机

空心桨叶干燥机主要由带有夹套的W形壳体和两根空心桨叶轴及传动装置组成。轴上挂列着中空叶片，轴端装有热介质导入的旋转接头。干燥水分所需的热量由带有夹套的W形槽的内壁和中空叶片壁传导给物料。物料在干燥过程中，带有中空叶片的空心轴在给物料加热的同时又对物料进行搅拌，从而进行加热面的更新。空心桨叶干燥机是一种连续传导加热干燥机。

加热介质为蒸汽、热水或导热油。加热介质通入夹套内和两根空心桨叶轴中，以传导加热的方式对物料进行加热干燥，不同的物料空心桨叶轴结构有所不同。

物料由加料口加入，在两根空心桨叶轴内的搅拌作用下，更新界面，同时推进物料至出料口，被干燥的物料由出料口排出。

(7) 盘式干燥机

盘式干燥机的能源采用天然气或沼气，利用热油炉加热导热油，然后通过导热油在干燥器圆盘和热油炉之间的循环，将热量间接传递给污泥颗粒，从而使污泥干化。污泥涂层机为盘式工艺的重要设备，循环的干燥污泥颗粒在此被涂覆上一层薄的湿污泥，涂覆过的污泥颗粒被送入污泥颗粒干燥器，均匀地散在顶层圆盘上。通过与中央旋转主轴相连的耙臂上的耙子的作用，污泥颗粒在上层圆盘上做圆周运动，从圆周内逐渐扫到圆周的外延，然后散落到第二层圆盘上。借助于旋转耙臂的推动作用，污泥颗粒从干燥器的上部圆盘通过干燥器直至底部圆盘。每个污泥颗粒平均循环5～7次，每次都有新的湿污泥层涂覆到输入的颗粒表面，最后形成一个坚硬的圆形颗粒。

干燥后的颗粒进入分离料斗，一部分颗粒被分离出再返回涂层机，另一部分粒径合格颗粒通过进一步冷却后送入颗粒储存料仓。

排气风机将污泥干燥器中的气体抽出，经冷凝器去除气体中的气态水后，送入热油锅炉中，经高温焚烧，彻底去除气味后高空排放。

盘式干燥机与桨叶式干燥机相似，优点是工艺简单，尾气量少，容易处理，也需要由蒸汽或导热油提供热量，所以需要锅炉及锅炉房。但是盘式干燥机的传热效果是上述所有干燥机中最差的，因此盘式干燥机的体积庞大，造价高。

(8) 蝶式干燥机

蝶式干燥机可以对污泥进行半干或全干处理。其产品也是粉状，其设备在污泥干燥方面应用较少。

(9) 太阳能干燥系统

将脱水后的污泥放置于温室中，利用太阳能蒸发污泥中的水分即可获得60%～80%的干化污泥，运行中可利用搅拌轮将污泥翻转平铺在地板上，或增加强制通风以提高蒸发效率。这种干燥系统设计简单，投资运行费用低，但需要很大的占地面积，适合于产泥量较低，污泥用作农业应用，并需长期储存的情况。

(10) 流化床干燥器

流化床干燥器的热能来自蒸汽，通过换热器将热量间接传递给污泥，从而使污泥干化。工艺的主要设备为流化床干燥器。污泥直接送入流化床干燥器内，无需任何前段准备。污泥在流化床干燥器内通过激烈的流态化运动，形成均匀的污泥颗粒，经干化后的细颗粒在旋风除尘器中被收集，然后与少量湿污泥混合后送回污泥干燥器。经除尘后的气体中含有大量的气态水，需要经过污水厂出水冷却回收气态水后方可进入鼓风机，经增压后返回流化床干燥器。

在运行期间，循环的气体自成惰性化，氧气的含量降低到几乎为零。流化床干燥机的干化能力由能量的供应所决定，即由热油温度或蒸气温度决定。根据所能获得的热量和床内的固定温度，一个特定的水蒸发量被确定。进料量的波动或进料水分的波动，在连续供热温度保持恒定的情况，会使蒸发率发生变化。一旦温度变化，自动控制系统分别通过每台泵的变频调速控制器调节给供料分配器供料泵的供料速率，从而使干燥机的温度保持恒定。根据污泥的特性和污泥的含水率，污泥的进料量有所变化。

干化颗粒经冷却后，通过被密闭安装在惰性气体环境中的传送带送至干颗粒储存料仓。为保证安全，料仓同时被惰性气体化。干化系统中产生的少量废气被送入生物过滤器，经生物除臭处理后排入大气。

8.6.5 污泥直接加热干化工艺是什么?

污泥直接加热干化工艺按热介质与污泥接触方式可分为直接加热式、间接加热式和直接与间接混合加热式三种。直接和间接加热方式的划分在于热源利用的形式区别，具体来说就是直接作为介质还是间接作为换热的介质进行加热。

直接干化是利用燃烧装置向干化设备提供热风和烟气，污泥与热风和烟气直接接触，在高温作用下污泥中的水分被蒸发。此技术热传输效率及蒸发速率较高，可使污泥的含固率从25%提高至85%～95%。但由于与污泥直接接触，热介质将受到污染，排出的废水和水蒸气须经过无害化处理后才能排放，热介质与干污泥需加以分离，给操作和管理带来一定的困难。闪蒸式干燥器、转筒式干燥器、带式干燥器以及流化床干燥器等都属于直接干化类型。其中，直接加热转鼓式干燥器是最常用的直接干化设备。

8.6.6 污泥间接加热干化工艺是什么?

与直接干化法相对应的是间接干化法，由加热设备提供的蒸汽或热油首先加热容器，再通过容器表面将热传递给污泥，使污泥中的水分蒸发。间接干化技术主要有盘式干燥、膜式干燥、空心桨叶式干燥、涂层干燥技术等。该技术有效避开污泥的塑性阶段，且污泥有机物不易破坏，另外还具有工厂化操作、占地少、自动化程度高、易操作等优点。

8.6.7 污泥直接与间接混合加热干化工艺是什么?

污泥直接与间接混合加热干化技术是对流和传导技术的整合，涡轮薄层干燥器、Schwing 的二级干化系统、新型流化床干燥器以及带式干燥器都属于这种类型。

涡轮薄层干燥工艺既采用热传导也采用热对流，其有效的热对流占换热总量 40%左右，热传导占 60%以上，其优点在于污泥干燥处理后含水率小于 5%，仅为脱水后含水率 70%～80%污泥体积的 20%～25%，减量率大于 70%，在保证对微生物及病菌彻底消灭的同时，保护污泥中的植物养分和生物能不被破坏。该污泥干化工艺运行经济，运行费用低。污泥干化过程中，无废气排放，冷凝水也可循环使用，不会造成二次污染。

8.7 污泥的最终处置

8.7.1 污泥的最终处置有哪些？

污泥经过浓缩、稳定及脱水处理后，不仅体积大大减小，而且在一定程度上得到了稳定，但污泥作为污水处理过程中的副产物，还需考虑其最终去向，即最终处置。污泥最终处置的方法有综合利用、湿式氧化、焚烧等，也可以和城市垃圾一起填埋。

8.7.2 污泥的焚烧及其影响因素是什么？

焚烧是污泥最终处置的最有效和彻底的方法。焚烧时借助辅助燃料，使焚烧炉内温度升至污泥中有机物的燃点以上，令其自燃。如果污泥中的有机物的热值不够，则需不断添加辅助燃料，以维持炉内的温度。燃烧过程中所产生的废气（SO_2、CO_2 等）和炉灰，须分别进行处理。

影响污泥焚烧的基本条件包括：温度、时间、氧气量、挥发物含量以及泥气混合比等因素。温度超过 800℃的有机物才能燃烧，1000℃时开始可以消除气味。焚烧时间越长越彻底。焚烧时必须有氧气助燃，氧气通常由空气供应。空气量不足燃烧不充分；空气量过多，加热空气要消耗过多的热量，一般以 50%～100%的过量空气为宜。挥发物含量高，含水率低，有可能维持自燃，否则尚需添加燃料。维持自燃的含水量与挥发物质量之比应小于 3.5。

8.7.3 什么是污泥的完全燃烧？

① 污泥的完全燃烧是指污泥所含水分被完全蒸发、有机物质被完全焚烧，焚烧的最终产物是 CO_2、H_2O、N_2 等气体及焚烧灰。

② 由于污泥所含有机物质可燃，其燃烧热值的计算式为：

$$Q=2.3a\left(\frac{100p_v}{100-G}-b\right)\left(\frac{100-G}{100}\right) \tag{8-15}$$

式中 Q——污泥的燃烧热值，kJ/kg（干）；

p_v——有机物质含量，%；

G——机械脱水时所加无机混凝剂量，当用有机高分子混凝剂或未投加混凝剂时，$G=0$；

a，b——经验系数，与污泥性质有关，新鲜初沉污泥与消化污泥：$a=131$，$b=10$；新鲜活性污泥：$a=107$，$b=5$。

8.7.4 什么是污泥的湿式氧化？

湿式氧化是将湿污泥中的有机物在高温高压下利用空气中的氧进行氧化分解的一种处理方法。经浓缩后的污泥（含水率约 96%），在液态下加温加压并压入压缩空气，使有机物被氧化去除，从而改变污泥结构与成分，脱水性能大大提高，有 80%～90%的有机物被氧化。

湿式氧化必须在高温高压下进行，所用的氧化剂为空气中的氧气或纯氧。

$$\text{氧化度}=\frac{\text{湿式氧化前后 COD 值之差}}{\text{湿式氧化前的 COD}}\times 100\% \tag{8-16}$$

湿式氧化的反应温度与反应压力关系如表 8-12 所示。

表 8-12 湿式氧化的反应温度与反应压力关系

反应温度/℃	反应压力/MPa	反应温度/℃	反应压力/MPa
230	4.5～6.0	300	14.0～16.0
250	7.0～8.5	320	20.0～21.0
280	10.5～12.0		

影响湿式氧化效率的因素有反应温度、压力、空气量、污泥中挥发性固体的浓度以及含水率等。污泥湿式氧化时，所需的空气量 G（mg/L）可按下式计算：

$$G=\frac{a\text{COD}}{0.232} \tag{8-17}$$

式中 0.232——空气中氧的质量分数；

a——空气过剩系数，试验表明湿式氧化的需氧量与其污泥的 COD 值很接近，即 a 约为 1，工程上采用 1.02～1.05 即可满足要求。

湿式氧化法的特点是能对污泥中几乎所有的有机物进行氧化，不但分解程度高，而且可以根据需要进行调节。经湿式氧化后的污泥，主要为矿化物质，污泥比阻小，一般可直接过滤脱水，而且效率高，滤饼含水率低。湿式氧化法的缺点是要求设备耐高温高压、投资费用大、运行费用高、设备易腐蚀。

8.7.5 常用的污泥焚烧的装置有哪些？

(1) 完全焚烧设备

① 回转窑焚烧炉 回转窑焚烧炉（见图 8-19）的特点是适应广，可焚烧不同性能的废物，机械零件较少，可长时间运转，但其占地面积较大，热效率不及多膛式焚烧炉。

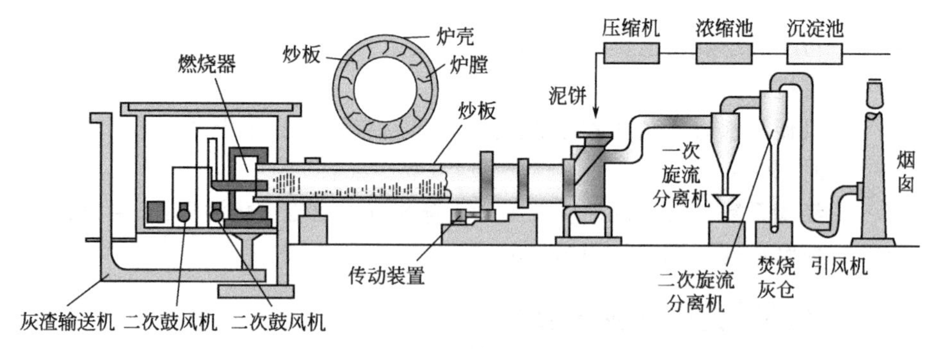

图 8-19 回转窑焚烧炉

回转焚烧炉的前端为干燥带，约占全长的 2/3，在这里污泥被干燥至临界含水率，为 10%～30%，污泥的温度和热气体的湿球温度相同，约为 160℃，进行恒速蒸发，然后温度开始上升，达到着火点；回转焚烧炉的后 1/3 为燃烧带，经蒸馏后的污泥着火燃烧，燃烧受内部扩散控制，燃烧带的温度为 700～900℃。

② 多膛式焚烧炉　多膛式焚烧炉（见图 8-20）是一个垂直的圆柱形耐火衬里的钢制设备，内部有许多水平的有耐火材料构成的炉膛，一层层叠加，一般可含有4～14 个炉膛，从炉子底部到顶部有一个可旋转的中心轴。每个炉膛上有搅拌装置，使污泥以螺旋形轨道通过炉膛，辅助燃料的燃烧器也位于炉膛上。

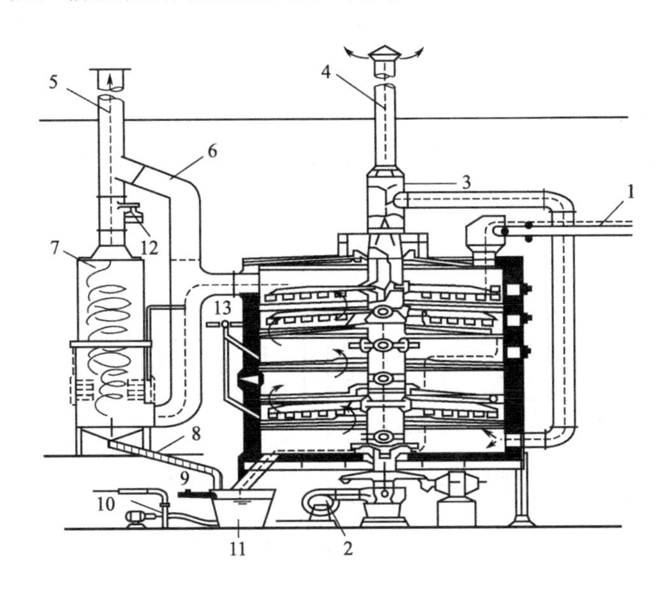

图 8-20　多膛式焚烧炉

1—泥饼；2—冷却空气鼓风机；3—浮动风门；4—废冷却气；5—清洁气体；6—无水时旁通风道；7—旋风喷射洗涤器；8—灰浆；9—分离水；10—砂浆；11—灰桶；12—感应鼓风架；13—轻油

③ 流化床焚烧炉　流化床焚烧炉（见图 8-21）系统由风箱、空气分配器、流化床

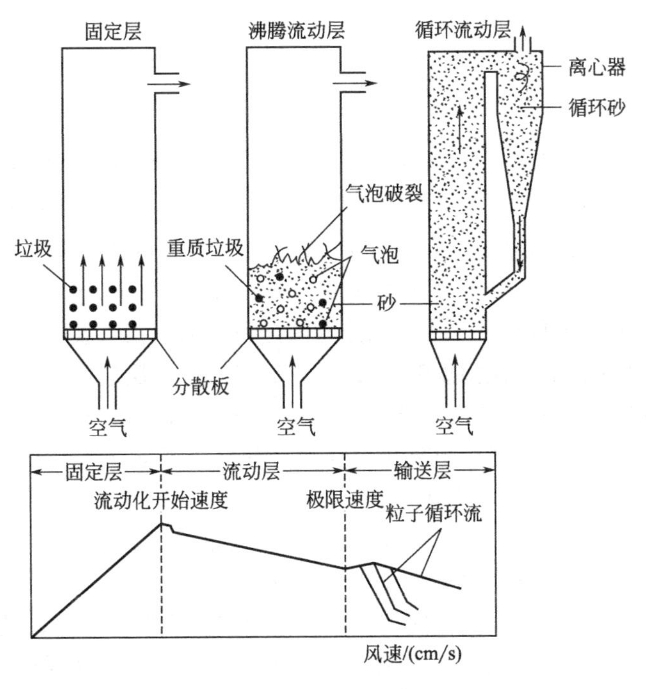

图 8-21　流化床焚烧炉

和分离区组成。流化床的特点是利用硅砂为热载体，在预热空气的喷流下，形成悬浮状态，泥饼加入后，与灼热的砂层进行激烈混合焚烧。通常，污泥焚烧的床温为730～870℃，自由空域温度高20～40℃。在自由空域里，气体残留时间通常为5～7s，足以破坏大部分有机物。

流化床是较好的热氧化器，其焚烧气体外排较少，采用适当气体净化器，流化床焚烧炉即可满足严格的气体排放标准。

（2）湿式燃烧设备

湿式燃烧设备（见图8-22）主要包括：浓缩池、污泥与空气加压混合装置、热交换装置、气液分离器及固液分离装置。

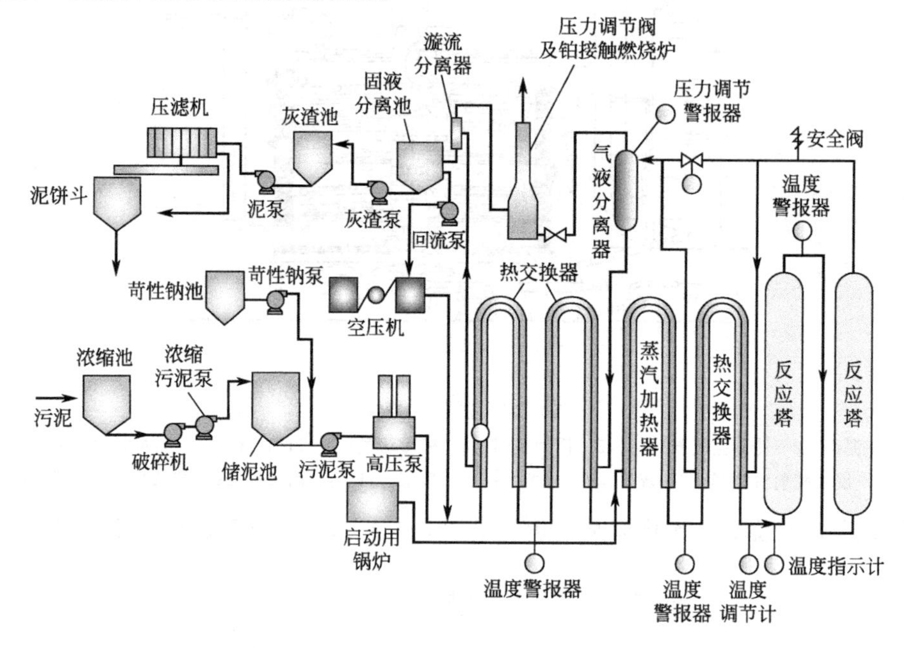

图8-22 湿式燃烧设备

① 污泥与空气加压混合　污缩污泥泵将污泥送至储泥池，再用污泥泵、高压泵加压至9.5MPa。氧化污泥的空气用空压机加压至9.5MPa，使两者混合后，压入热交换器、蒸汽加热器及热交换器的内管中。为了防止热交换器内壁结垢，可从苛性钠池用苛性钠泵加入苛性钠溶液，以降低原污泥硬度，加入量为1.0～2.0g/L污泥。

② 热交换　在热交换器内，与氧化分离液进行逆向交换，使泥气混合液升至130℃左右，然后进入热交换器，使温度升至200～210℃，进入反应塔反应。

③ 反应　反应塔的进口温度为200～210℃，塔内压力为8.5MPa，污泥中的有机物与还原性无机物被氧化，释放出氧化反应热，使反应温度继续上升，至反应塔的出口温度可达235～250℃，总反应时间约1h。

④ 汽液分离与固液分离　从反应塔流出的氧化混合液进入热交换器的夹层，再到气液分离器，依靠旋流及密度差将气体与固液分离。气体经水清洗后，用压力调节阀及铂接触燃烧炉燃烧脱臭排入大气。固体、液体通过热交换器的夹层，进行热交换，使温度降低至40～45℃，压力经减压阀降低至大气压后流入旋流分离器，气体也至燃烧炉脱臭。混合液进入固液分离池，沉渣用灰渣泵抽送到灰渣池，再用泥泵压入压滤机脱

水，泥饼经泥饼斗外运，上清液用回流泵送至初次沉淀池。

8.7.6 什么是污泥的综合利用？

污泥中含有营养物质及其他有价值的物质，因此，综合利用是污泥最终处置的最佳选择。污泥综合利用的方法及途径随污泥的性质及利用价值而异，可以将处理后的污泥回用于农业、建筑及化工业等，变废为宝，化害为利，使之资源化。

污泥中含有许多有用物质，可通过以下几个方面加以利用。

(1) 制造建筑材料

污泥焚烧后掺加黏土和硅砂制砖；或在活性污泥中加进木屑、玻璃纤维压制板材；以无机物为主要成分的沉渣，可用以填路和填坑。

(2) 用作农肥和改良土壤

浓缩消化后的污泥，若其中重金属离子含量在容许范围内，可直接用于农作物。有机污泥中含有丰富的植物营养物质，如城市污泥中含氮2%～7%，磷1%～5%，钾0.1%～0.8%。消化污泥除钾的含量较少外，氮、磷含量与厩肥差不多。活性污泥的氮、磷含量为厩肥的4～5倍。此外，污泥中还含有硫、铁、钙、钠、镁、锌、铜、钼等微量元素和丰富的有机物与腐殖质。用有机污泥施肥，既有良好的肥效，又能使土壤形成团粒结构，起到改良土壤的作用。但污泥用作农肥时，必须满足相关控制标准，以免造成污泥中重金属及其他有害物质在作物中富集。

(3) 制取沼气

有机污泥经厌氧分解后产生的沼气可作为能源。

(4) 其他用途

污泥中的蛋白质用作饲料，或从中提取维生素B12、维生素A、维生素B1等化学药物。从工业废水处理排除的泥渣中可以回收工业原料，例如，轧钢废水中的氧化铁皮，高炉煤气洗涤水和转炉烟气洗涤水的沉渣，均可作为烧结矿的原料；电镀废水的沉渣为各种贵金属、稀有金属或重金属的氢氧化物或硫化物，可通过电解还原或其他方法将其回收利用。许多无机污泥或泥渣可作为铺路、制砖、制纤维板和水泥的原料。

8.7.7 什么是污泥的热解？

污泥的热解是指利用污泥中有机物的热不稳定性，在无氧条件下对其加热，使有机物产生热裂解，有机物根据其碳氢比例被裂解，形成利用价值较高的气相和固相，这些产品具有易储存、易运输及使用方便等优点。

8.7.8 什么是污泥的填埋？污泥的填埋类型有哪些？

当污泥不符合利用条件或当地需求，可利用干化污泥填埋。用过滤器或离心机进行污泥脱水，并将脱水后污泥进行土地填埋。污泥的填埋类型有以下几种。

(1) 填地

污泥干化后，含水率为70%～80%。用于填地的污泥含水率以65%左右为宜。因此在填地前可添加适量的硬化剂，一方面调节含水率，另一方面可加速固化。硬化剂为石灰、粉煤灰等。

填地宜为分层填地，如污泥填高累计0.5～0.3m后，覆盖厚度为0.5m的砂土层，压实，再填污泥。如用污泥焚烧灰填地，可不必分层也不用砂土层。为防止蚊蝇栖息及臭味外溢，填地时需覆盖塑料薄膜。

（2）填海造地

潜水海滩及海湾处可用污泥填海造地。填海造地应严格遵守以下规定：

① 必须建围堤，不得使污泥污染海水，渗水应收集处理。

② 污泥及焚烧灰、重金属离子应符合标准。

（3）投海处置

投海是污泥综合利用后的另一种最终处置方法。沿海地区将生物固体投海处置已有多年历史，并积累了一定的经验。

生物固体的投海主要有两种方法：一种是驳船装运；另一种是用管道把污泥输送到深海区域，利用海洋的潮流作用将其迅速扩散、稀释。海域的潮汐与流动状态、深海生态与自净能力、生物固体的性质决定了污泥投海后的环境影响行为。

由于生物固体含量大，含有有机物成分高，毒性有机物和重金属种类多，含量高，倒入海洋会造成众多不良后果，所以大部分国家和地区已禁止直接向海洋中倾倒污泥。

9.1 深度处理概述

9.1.1 深度处理的概念及其特点是什么?

污水深度处理，也称高级处理或三级处理。污水深度处理是将二级处理出水再进一步进行物理、化学和生物处理，以便有效去除污水中各种不同性质的杂质，从而满足用户对水质的使用要求。

目前污水处理常着重于污染物降解，而忽视了污水的资源化再利用，不符合循环经济理念。城市污水经过传统的二级处理后，虽然绝大部分悬浮固体和有机物被去除，但出水要达到某些回用标准还有一定的距离，尤其 COD 的去除有待进一步提高，所以需要进一步深度处理。

深度处理可以进一步净化水质，出水水质较好，甚至可以达到饮用水水质标准，但处理费用相对较高、投资较大。

9.1.2 深度处理的分类有哪些?

污水深度处理除了主要的处理方法，如化学混凝、沉淀和气浮、消毒等，还有活性炭吸附法、离子交换法、膜分离法、高级氧化法、湿式氧化法、湿式催化氧化法、超临界水氧化法、光化学催化氧化法、电化学氧化法、臭氧法等。根据处理的原理可以将其分为物理法、化学法、生物法、物理化学法四类。

(1) 物理法

物理法通过机械截流等原理将污染物从水中除去。最简单的机械截流方法是过滤，单纯的过滤通常采用石英砂为滤料，对悬浮物及胶体有较好的去除效果，出水的浊度、SS 通常较低，对 COD 及色度也有一定的效果。

(2) 化学法

化学法通过化学沉淀、化学氧化等原理将污染物从水中除去。混凝沉淀工艺是污水深度处理中最常用的工艺，我国大多数污水厂在深度处理中采用此方法。化学氧化是各种高级氧化技术的基础，使用各种化学氧化剂将污染物氧化成微毒无害的物质或转化成易处理的形态。常用的化学氧化剂 H_2O_2、ClO_2、$KMnO_4$ 等。

(3) 生物法

生物法利用微生物自身可对有机物、含氮化合物、含磷化合物等物质进行分解吸收来产生能量及营养物质的特性，培养出某些特定的微生物，利用它们的这种特点处理污水中的污染物质，达到水质净化的目的。生物处理法一般运行费较低，生物驯化成熟后，通常无需人工强化，在其自身生长的过程中就可将水中的污染物质去除，流程简单，易于管理。生物法包括好氧处理和厌氧处理两大类。

(4) 物理化学法

物理化学法借助物理化学的共同作用将污染物从水中除去。常见的有吸附、离子交换、膜处理法等。这些方法处理对象范围广，不会引入反应副产物，已成为水处理技术新的发展方向。但这些方法处理设备复杂，运行管理费用较高。

用于深度处理的物理法、化学法已在前面的章节中进行了介绍，本章重点介绍用于深度处理的生物法及物理化学法。

9.1.3 深度处理的对象有哪些？采用什么处理技术？

根据二级处理技术净化功能对城市污水所能达到的处理程度，在处理水中，一般情况下还含有相当数量的污染物，这些污染物即是深度处理的对象，主要有水中残存的悬浮物（包括活性污泥颗粒）、色度、臭味；水中残存的 BOD_5、COD 等有机物；氮、磷营养元素；细菌、病毒等有毒有害物质及部分溶解性无机物、无机盐。

对于残存的有机物，悬浮状态的可以采用微滤、混凝沉淀等处理技术；溶解状态的可采用混凝沉淀、吸附、臭氧氧化等技术；对于营养元素，可采用吹脱法、生物脱氮等技术进行脱氮；可采用化学除磷法、生物除磷法进行除磷；对于细菌病毒，可采用臭氧氧化、消毒等技术进行去除；对于溶解性无机物、无机盐，可采用反渗透、电渗析、离子交换、超滤等技术进行去除。

9.1.4 深度处理在污水处理中是如何应用的？

通过二级处理技术净化后，二级处理出水通常还含有 BOD_5、COD、SS、氨氮、磷、细菌及重金属等有害物质。含有以上污染物的污水如果直接排放，对天然水体会造成污染，破坏生态环境，也不适于回用。因此，有必要对其进行深度处理。

经过深度处理可以去除水中残存的悬浮物，脱色，除臭，使水进一步得到澄清；可以进一步降低 BOD_5、COD 等指标，使水进一步稳定；能够脱氮除磷，消除导致水体富营养化的因素；消毒杀菌，去除水中的有毒有害物质。

经过深度处理的水能够排放至任何水体，补充地面水源；回用于农田灌溉、市政杂用等；作为冷却水和工艺用水的补充用水，回用于工业企业；用于防止地面下沉或海水入侵，回灌地下。

9.1.5 污水回用的概念及其特点是什么？

将废水或污水经二级处理和深度处理后回用于生产系统或生活杂用被称为污水回用。污水回用的范围很广，可用于工业上的重复利用、水体的补给水到生活用水。污水回用既可以有效地节约和利用有限的和宝贵的淡水资源，又可以减少污水或废水的排放量，减轻水环境的污染，还可以缓解城市排水管道的超负荷现象，具有明显的社会效益、环境效益和经济效益。

9.1.6 再生水和中水的概念是什么？

再生水一词来源于日本，再生水的定义有多种解释，在污水工程方面称为再生水，在工厂方面称为回用水，一般以水质作为区分的标志。其主要是指城市污水或生活污水经处理后达到一定的水质标准，可在一定范围内重复使用的非饮用水。

再生水是城市的第二水源。城市污水再生利用是提高水资源综合利用率，减轻水体污染的有效途径之一。再生水合理回用既能减少水环境污染，又可以缓解水资源紧缺的矛盾，是贯彻可持续发展的重要措施。

中水即再生水，是指污水经适当处理后，达到一定的水质指标，满足某种使用要求，可以进行有益使用的水。中水一词来源于日本，因其水质介于给水（上水）和排水（下水）之间，故名中水。建筑中水系统是将建筑或小区内使用后的生活污水、废水经适当处理后回用于建筑或小区作为杂用水的供水系统，适用于严重缺水的城市和淡水资源缺乏的地区。

9.1.7 污水回用的对象有哪些？

污水回用的水源可以选择：建筑小区内建筑物杂排水；城市污水处理厂出水；相对洁净的工业排水；小区生活污水或市政排水；建筑小区内的雨水；可利用的天然水体（河、塘、湖、海水等）。

含有《污水综合排放标准》规定的一类污染物（比如重金属污染物）的排水不得作为回用水源，二类污染物超标的排水不宜作为回用水源。

9.1.8 污水回用的水质标准有哪些？

2000年始，由国家组织陆续编制和颁布了一系列城市污水再生利用于不同用途的水质国家标准，即《城市污水再生利用　分类》《城市污水再生利用　城市杂用水水质》《城市污水再生利用　景观环境用水水质》《城市污水再生利用　工业用水水质》及《城市污水再生利用　农田灌溉用水水质》等。这一系列标准的实施使得我国城市污水再生利用有标准可依。

《城市污水再生利用　城市杂用水水质》适用于厕所便器冲洗、道路清扫、消防、城市绿化、车辆冲洗、建筑施工杂用水；《城市污水再生利用　景观环境用水水质》适用于观赏性景观环境用水和娱乐性景观环境用水；《城市污水再生利用　地下水回灌水质》适用于以城市污水再生水为水源，在各级地下水饮用水源保护区外，以非饮用水为目的，采用地表回灌和井灌的方式进行地下回灌；《城市污水再生利用　工业用水水质》适用于以城市污水再生水为水源，作为工业冷却用水、洗涤用水、锅炉用水、工艺用水、产品用水等用水水质控制标准，此项标准在全国范围内首次明确了城市污水再生水利用为工业用水的20项重要的控制项目指标；《城市污水再生利用　农田灌溉用水水质》适用于以城市污水处理厂出水为水源的农田灌溉用水。上述标准内容主要包括水质控制项目、指标限值、利用方式、取样、监测分析方法及频率规定等。

9.1.9　污水回用的常用技术及典型工艺流程有哪些？

通常污水回用处理系统由3种技术组成：前处理技术、中心处理技术和后处理技术。

(1) 前处理技术

前处理技术是为保证中心处理技术能够正常进行而设置的。当以生物处理为中心处理技术时，通常以一般的一级处理技术为前处理技术。当以膜分离为中心处理技术时，则将生物处理也纳入前处理技术内。

(2) 中心处理技术

中心处理技术是各系统的中间环节，起着承前启后的作用。中心处理技术分为两类，一类为生物处理技术；另一类为膜分离技术。

(3) 后处理技术

后处理技术设置的目的是使处理水达到对回用水规定的各项指标。滤池去除悬浮物；通过混凝沉淀去除悬浮物和大分子的有机物；溶解性有机物由生物处理技术、臭氧氧化和活性炭吸附加以去除；杀菌用臭氧和投氯进行。

以下为污水回用的典型工艺流程。

① 以生物处理技术为中心处理技术的工艺（见图9-1）。

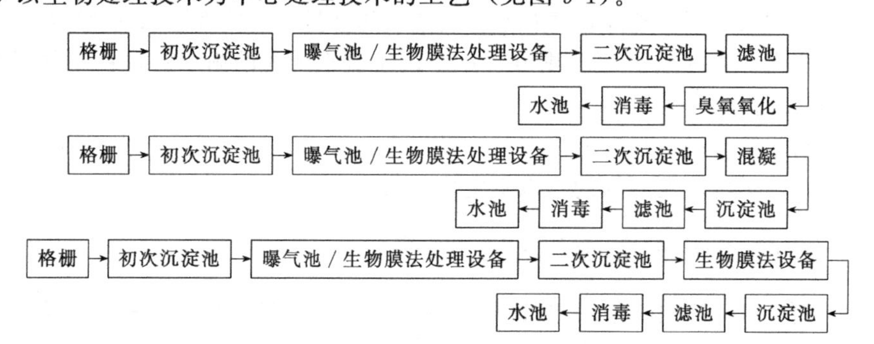

图9-1　以生物处理技术为中心处理技术的污水回用处理工艺

② 以膜分离技术为中心处理技术的工艺（见图9-2）。

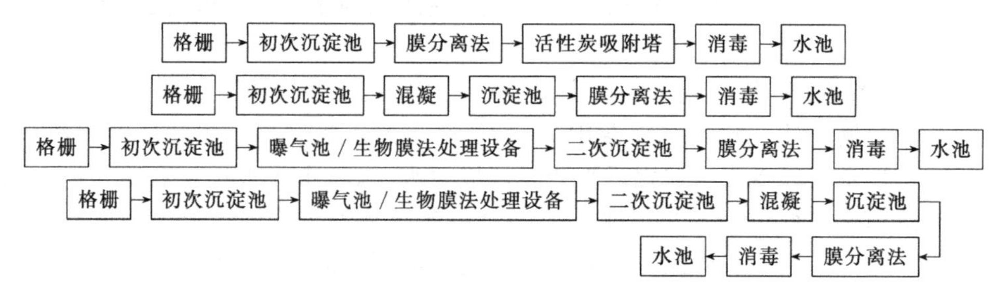

图9-2　以膜分离技术为中心处理技术的污水回用处理工艺

9.2 氮的去除

9.2.1 氮在水中存在的形式及影响因素是什么?

自然界氮素蕴藏量丰富，以三种形态存在：分子氮(N_2)，占大气的 78%；有机氮化合物；无机氮化合物。其中水体中的氮主要包括有机氮和无机氮两大类，其总量称为总氮（英文缩写为 TN)。

有机氮是指以有机化合物形式存在的氮，如蛋白质、氨基酸、肽、尿素、有机胺、硝基化合物、重氮化合物等。农业废弃物和城市生活污水中存在的有机氮主要是蛋白质及其分解产物——多肽和氨基酸。但某些工业废水中可能有其他含氮有机化合物。无机氮指氨氮、亚硝酸盐氮和硝酸盐氮等，它们一部分是有机氮经微生物分解转化作用而产生的，一部分直接来自施用化肥的农田退水和工业排水。

氮在水体中会发生转化。随着时间的延长，有机氮很不稳定，容易在微生物的作用下，分解成无机氮。在无氧的条件下，分解为氨氮；在有氧的条件下，先分解为氨氮，再分解为亚硝酸盐氮与硝酸盐氮，并不断减少。

氨氮在污水中存在形式有游离氨（NH_3）与离子状态铵盐（NH_4^+）两种，其中游离氨的浓度除主要取决于氨氮的浓度外，还随水中的 pH 值和温度的增加而增大。此外，离子强度对游离氨的浓度也会有影响。

水中硝酸盐是含氮有机物经无机化作用最终阶段的分解产物。硝酸盐在缺氧、酸性的条件下可以还原成亚硝酸盐。亚硝酸盐氮是氮循环的中间产物，不稳定。根据水环境条件，可被氧化成硝酸盐氮，也可以被还原成氮。

9.2.2 什么是凯氏氮?

凯氏氮是有机氮与氨氮之和，凯氏氮指标可以用来判断污水在进行生物法处理时氮营养是否充足的依据。生活污水中凯氏氮含量约 40mg/L（其中有机氮约 15mg/L，氨氮约 25mg/L)，总氮与凯氏氮之差值约等于亚硝酸盐氮与硝酸盐氮之和，凯氏氮与氨氮的差值约等于有机氮。

9.2.3 氮的危害是什么?

生活污水和化肥、食品等工业的废水以及农田排水都含有大量的氮。天然水体接纳这些废水后，会发生水体富营养化。水体富营养化是指在人类活动的影响下，生物所需的氮、磷等营养物质大量进入湖泊、河口、海湾等缓流水体，引起藻类及其他浮游生物迅速繁殖，水体溶解氧量下降，水质恶化，鱼类及其他生物大量死亡的现象。在自然条件下，湖泊也会从贫营养状态过渡到富营养状态，不过这种自然过程非常缓慢，而人为排放含营养物质的工业废水和生活污水所引起的水体富营养化则可以在短时间内出现。水体出现富营养化现象时，浮游藻类大量繁殖，形成水华。因占优势的浮游藻类的颜色不同，水面往往呈现蓝色、红色、棕色、乳白色等。这种现象在海洋中则叫做赤潮或红潮。

水中硝酸盐是含氮有机物经无机化作用最终的分解产物。人体摄入硝酸盐后，经肠道中微生物的作用转变成亚硝酸盐而出现毒性作用。亚硝酸盐可使人体正常的血红蛋白氧化为高铁血红蛋白，发生高铁血红蛋白症，失去其输氧的能力，导致组织缺氧。

污水进行生物处理时，氨氮不仅为微生物提供营养，而且对污水的 pH 值起缓冲作用。但氨氮过高时，特别是游离氨浓度较高时，会对微生物的生活活动产生抑制作用。

9.2.4 氮的来源及存在形式是什么？

污水中的氮一方面来自于化肥和农业废弃物，另一方面来自城市生活污水和某些工业废水。城市生活污水中含有丰富的氮，其中粪便是生活污水中氮的主要来源。氨氮的来源主要有制革废水、酸洗废水等工业废水。某些生化处理设施的出水和农田排水中可能含有大量的硝酸盐氮。工业废水中氮的含量见表 9-1。

表 9-1　工业废水中氮的含量　　单位：mg/L

工业废水	总氮	氨氮	工业废水	总氮	氨氮
洗毛废水	584～997	120～640	化工废水	30～76	28～56
含酚废水	14～180	2～10	造纸废水	20～22	4～8
制革废水	30～37	16～20			

9.2.5 氮是如何转化的？

含氮化合物在水体中的转化可分为三个阶段：第一阶段为含氮有机物在水体中逐渐被微生物分解成较简单的化合物，最后生成无机氨氮，称为氨化过程；第二阶段是氨氮在有氧的条件下，转化为亚硝酸盐与硝酸盐，称为硝化过程；第三阶段是亚硝酸盐与硝酸盐在低氧或无氧条件下，被反硝化菌还原转化为氮气，称为反硝化过程。氨化可以在有氧或无氧条件下进行，硝化则只可以在有氧条件下进行。如果水体缺氧，则硝化反应不能进行。

9.2.6 硝化的概念是什么？

传统生物脱氮理论认为氨氮是借助两类不同的细菌（硝化菌和反硝化菌）将水中的氨氮、亚硝酸盐氮、硝酸盐氮转化为氮气而去除。首先在好氧条件下，亚硝酸细菌以氧作为电子受体，将氨氮转化为亚硝酸盐，之后硝酸细菌将亚硝酸盐转化为硝酸盐，这个反应过程称为硝化反应。

9.2.7 反硝化的概念是什么？

硝化反应完成后，反硝化细菌利用各种有机基质作为电子供体，以硝酸盐或亚硝酸盐作为电子受体，进行缺氧呼吸，将硝酸盐或亚硝酸盐转化为氮气，这个过程称为反硝化。

9.2.8 常用的生物脱氮工艺有哪些？

1. 传统脱氮工艺

由巴茨（Barth）开创的传统活性污泥法脱氮工艺为三级活性污泥法流程，是以氨化、硝化和反硝化、生化反应过程为基础建立的。

传统活性污泥法脱氮工艺流程如图 9-3 所示。

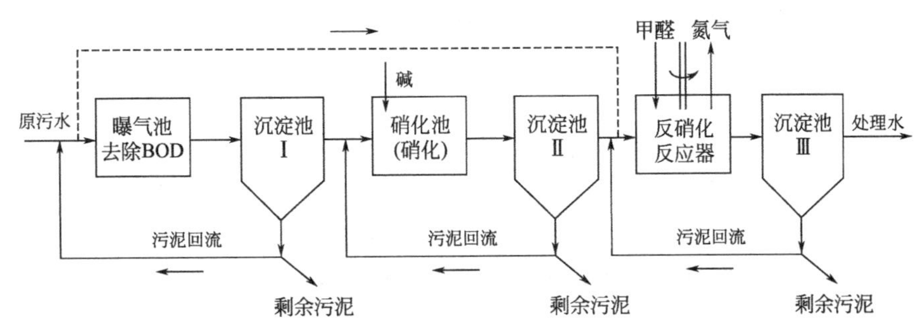

图 9-3 传统活性污泥法脱氮工艺流程（三级活性污泥法）

该工艺流程将去除 BOD_5 与氨化、硝化和反硝化分别在三个反应池中进行，并各自有其独立的污泥回流系统。第一级曝气池为一般的二级处理曝气池，其主要功能是去除 BOD、COD，将有机氮转化为 NH_3-N，即完成有机碳的氧化和有机氮的氨化功能。第一级曝气池的混合液经过沉淀后，出水进入第二级曝气池，称为硝化曝气池。进入该池的污水，其 BOD_5 值已降至 15～20mg/L 的较低水平，在硝化曝气池内进行硝化反应，使 NH_3-N 氧化为 NO_3^--N，同时有机物得到进一步分解，污水中 BOD_5 进一步降低。硝化反应要消耗碱度，所以需投加碱，以防 pH 值下降。硝化曝气池的混合液进入沉淀池，沉淀后出水进入第三级活性污泥系统，称为反硝化反应池，在缺氧条件下，NO_3^--N 还原为气态 N_2，排入大气。因为进入该级的污水中的 BOD_5 值很低，为了使反硝化反应正常进行，所以需要投加甲醇作为外加碳源，但为了节省运行成本，也可引入原污水充作碳源。在这一系统的后面，为了去除由于投加甲醇而带来的 BOD 值，可设后曝气池，经处理后排放水体。

传统活性污泥法脱氮工艺的优点是有机物降解菌、硝化菌、反硝化菌分别在各自反应器内生长增殖，环境条件适宜，并具有各自的污泥回流系统，去除 BOD 和硝化反应都快，而且比较彻底。但也存在处理设备多、造价高、处理成本高、管理不够方便等缺点。

为了减少处理设备，可以将三级活性污泥法脱氮工艺中的去除 BOD 为目的的第一级曝气池和第二级硝化曝气池相合并，将 BOD 去除和硝化两个反应过程放在统一的反应器内进行，于是就产生了两级生物脱氮系统，两级生物脱氮系统工艺流程如图 9-4 所示。

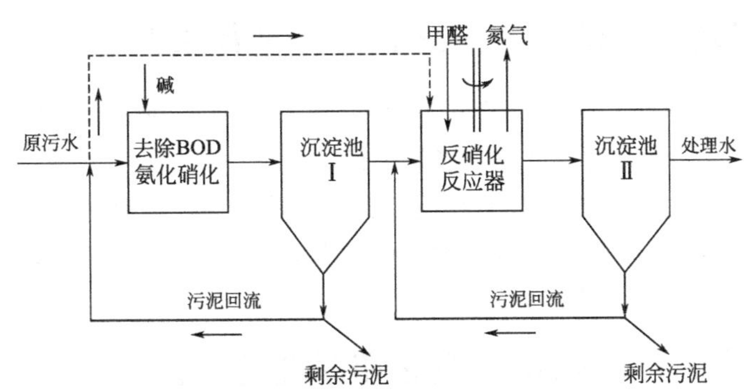

图 9-4 两级生物脱氮系统工艺流程

该两级生物脱氮传统工艺尽管经过改进，仍存在处理设备较多、管理不太方便、造价较高和处理成本高等缺点。因此上述生物脱氧传统工艺目前已很少应用。

2. A/O 工艺

为了克服传统的生物脱氮工艺流程的缺点，根据生物脱氮的原理，在 20 世纪 80 年代初开创了缺氧/好氧活性污泥脱氮系统（A/O），如图 9-5 所示。生物脱氮工艺将反硝化反应器放置在系统之前，所以又称为前置反硝化生物脱氮系统。在反硝化缺氧池中，回流污泥中的反硝化菌利用原污水中的有机物作为碳源，将回流混合液中的大量硝态氮还原成 N_2，而达到脱氮目的。然后在后续的好氧池中进行有机物的生物氧化、有机氮的氨化和氨氮的硝化等生化反应。

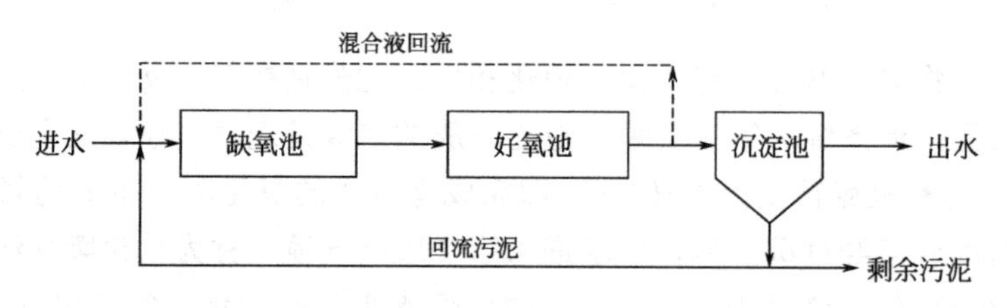

图 9-5　A/O 工艺流程

A/O 工艺有如下优点：

① 流程简单，构筑物少，只有一个污泥回流系统和混合液回流系统，基建费用可大大节省。

② 反硝化池不需外加碳源，降低了运行费用。

③ A/O 工艺的好氧池在缺氧池之后，可以使反硝化残留的有机污染物得到进一步去除，提高出水水质。

④ 缺氧池在前，污水中的有机碳被反硝化菌所利用，可减轻其后好氧池的有机负荷。同时缺氧池中进行的反硝化反应产生的碱度可以补偿好氧池中进行硝化反应对碱度的需求的一半左右。

A/O 工艺的主要缺点是脱氮效率不高，一般为 70%～80%。此外，如果沉淀池运行不当，则会在沉淀池内发生反硝化反应，造成污泥上浮，使处理水水质恶化。尽管如此，A/O工艺仍以它的突出特点而受到重视，该工艺是目前采用比较广泛的脱氮工艺。该工艺可以将缺氧池与好氧池建成合建式曝气池，中间隔以挡板，前段为缺氧反硝化，后段为好氧硝化。该形式特别便于对现有推流式曝气池进行改造。

9.2.9　短程硝化反硝化的概念和原理是什么?

短程硝化反硝化就是将硝化过程控制在 NO_2^- 阶段，阻止 NO_2^- 进一步氧化为 NO_3^-，直接以 NO_2^- 作为电子最终受氢体进行反硝化。

与传统生物脱氮工艺相比，短程硝化反硝化生物脱氮工艺可节约供氧量 25%左右，节约反硝化所需碳源 40%左右，减少污泥生成量，减少硝化过程的投碱量，缩短反应时间，相应减少了反应器容积 30%～40%。

9.2.10　同步硝化反硝化的概念和原理是什么?

传统的脱氮理论认为脱氮需要经过硝化和反硝化两个不同的过程。反硝化是异养兼性厌氧菌，只有在无分子氧并同时存在硝酸离子和亚硝酸离子的条件下，它们才能利用这些离子中的氧进行呼吸，使硝酸盐还原。但是近几年的研究表明，硝化和反硝化可在同一反应器中同时发生，许多实际运行中的好氧硝化池中也常常发现有总氮损失，这一现象被称为同步硝化反硝化（SND）。同步硝化反硝化具有减少碳源、节省曝气量等优点。当前同步硝化反硝化在工程中应用很少，基本处于实验室研究阶段。

9.2.11 厌氧氨氧化的概念和原理是什么?

厌氧氨氧化（Anammox）作用即在厌氧条件下由厌氧氨氧化菌利用亚硝酸盐为电子受体，将氨氮氧化为氮气的生物反应过程。厌氧氨氧化反应是一种化能自养的古菌的反应。该古菌为自养型，只需无机碳源，并且在碳循环过程中发挥着很重要的作用。目前污水的氨氮处理被广为看好，但是由于亚硝酸根含量在大部分污水是不够显著的，所以该技术要结合其他技术来使用。

9.2.12 吹脱法如何除氮?

废水中的氨氮通常以铵离子和游离氨的状态保持平衡而存在。当 pH 为中性时，氨氮主要以铵离子形式存在。当 pH 为碱性时，氨氮主要以游离氨的状态存在。

吹脱法是将废水 pH 调节至碱性，然后通过气液接触将废水中的游离氨吹脱至大气中。用吹脱法处理氨氮时，需考虑排放的游离氨总量应符合氨的大气排放标准，或对气相氨进行催化氧化等处理，以免造成二次污染。

9.2.13 化学沉淀法除氮的原理是什么?

化学沉淀法是向含氨氮废水中投加含 Mg^{2+} 和 PO_4^{3-} 的废水和药剂，与废水生成复合盐 $MgNH_4PO_4$（鸟粪石），从而将氨氮从废水中去除。该法可以同时处理氨氮、磷和含镁废水。其化学反应总式为

$$NH_4{}^{+}+Mg^{2+}+PO_4^{3-} \rightleftharpoons MgNH_4PO_4(s)+H^{+} \tag{9-1}$$

$$K_{sp}=2.5\times10^{-13}$$

反应式表明 $MgNH_4PO_4$ 的生成与 NH_4^+、Mg^{2+}、PO_4^{3-} 离子配比的关系很大，而且当 $[NH_4^+][Mg^{2+}][PO_4^{3-}]$ 大于浓度积 K_{sp}时反应向右进行，溶液中的氨氮就可以去除。反之则不然。同时其他的反应也存在。适宜的 pH 值应该在 9～11 之间。因为此时 H_3PO_4 主要离解成 H^+ 和 HPO_4^{2-}，即此时 Mg^{2+} 和 H_3PO_4 主要生成 $MgHPO_4$。这是最有利于氨去除的 pH 范围。而在酸性环境下，主要生成$Mg(H_2PO_4)_2$，不利于生成 $MgNH_4PO_4$，也就不利于氨氮的去除。而在强碱性条件下，则生成 $Mg(H_3PO_4)_2$，它的浓度积是最小的，仅为 9.8×10^{-25}，此时溶液中几乎不存在 Mg^{2+} 和 PO_4^{3-}，最不利于反应的进行。

9.2.14 折点氯化法除氨的原理和应用效果是什么?

折点氯化法是将氯气或次氯酸钠通入废水中将废水中的氨氮氧化成氮气的化学脱氮工艺。当氯气通入废水中达到某一点时，水中游离氯含量最低，氨的浓度降为零。当氯气通入量超过该点时，水中的游离氯就会增多，因此该点称为折点，该状态下的氯化称为折点氯化。处理实际氨氮废水效果的影响因素较多，主要取决于温度、pH 值及氨氮

浓度。最佳反应条件是 pH 值为 6～7，接触时间为 0.5～2h。

折点氯化法除氨机理反应方程式为：

$$Cl_2 + H_2O \longrightarrow HOCl + H^+ + Cl^-$$

$$NH_4^+ + HOCl \longrightarrow NH_2Cl + H_2O + H^+$$

$$NH_2Cl + HOCl \longrightarrow NHCl_2 + H_2O$$

$$NHCl_2 + HOCl \longrightarrow NCl_3 + H_2O$$

$$2NH_4^+ + 3HOCl \longrightarrow N_2 \uparrow + 5H^+ + 3Cl^- + 3H_2O$$

折点氯化法除氨主要优点是可通过正确控制加氯量，使废水中全部氨氮降为零，同时达到消毒的目的。氯化法的处理率达 90%～100%，处理效果稳定，不受水温影响，在寒冷地区此法特别有吸引力。

折点氯化法除氨投资较少，但运行费用高，副产物氯胺和氯化有机物会造成二次污染，氯化法只适用于处理低浓度（小于 50mg/L）氨氮废水。

9.2.15 沸石离子交换法除氨的原理和应用效果是什么？

离子交换是指在固体颗粒和液体的界面上发生的离子交换过程。沸石离子交换法是选用对 NH_4^+ 离子有较强选择性的沸石作为交换剂，从而达到去除氨氮的目的。沸石具有对非离子氨的吸附作用和与离子氨的离子交换作用，是一类硅质的阳离子交换剂，成本低，对 NH_4^+ 有很强的选择性。沸石不仅可以作为离子交换材料，用于把氨氮从废水中分离出来的分流器；也可以将沸石与生化处理系统有机地结合在一起，作为硝化细菌的载体；作为处理氨氮的工艺，具有较高的去除率和稳定性。

沸石离子交换与 pH 值的选择有很大关系，pH 值在 4～8 的范围是沸石离子交换的最佳区域。当 pH<4 时，H^+ 与 NH_4^+ 发生竞争；当 pH>8 时，NH_4^+ 变为 NH_3 而失去离子交换性能。

离子交换法处理含氨氮 10～20mg/L 的城市污水，出水浓度可达 1mg/L 以下。离子交换法具有工艺简单、投资省、去除率高的特点，适用于中低浓度的氨氮废水，对于高浓度的氨氮废水会因树脂再生频繁而造成操作困难。但离子交换法再生液为高浓度氨氮废水，仍需进一步处理。

9.2.16 膜分离除氨的原理和应用效果是什么？

膜分离除氨是利用膜的选择透过性进行氨氮脱除的一种方法。这种方法操作方便，氨氮回收率高，无二次污染。气水分离膜脱除氨氮即是一种较为理想的方法。

氨氮在水中存在着离解平衡，随着 pH 值升高，氨在水中 NH_3 形态比例升高，在一定温度和压力下，NH_3 的气态和液态两项达到平衡。根据化学平衡原理，在自然界中一切平衡都是相对的和暂时的。化学平衡只是在一定条件下才能保持，假若改变平衡系统的条件之一，如浓度、压力或温度，平衡就向能减弱这个改变的方向移动。脱气膜从废水中脱氨就是遵从这一原理而进行设计的，在膜的一侧是高浓度氨氮废水，另一侧是吸收液（如水、酸性水等）。当左侧温度大于 20℃，pH 值大于 9，左侧气体分压大于右侧气体分压时，并保持一定的压力差，那么废水中的游离氨 NH_4^+ 就变为氨分子 NH_3，并经原料液侧界面扩散至膜表面，在膜表面分压差的作用下，穿越膜孔，进入吸收液，迅速与酸性溶液中的 H^+ 反应生成铵盐。

该过程的实质是扩散与吸收的连续过程，解吸与吸收在膜的两侧同时完成。副产品铵盐的质量浓度可达 20%～30%，成为清洁的工业原料，而废水中的氨氮可以降至 1mg/L 以下，适用于煤化工、制药、冶金等行业的高浓度氨氮废水处理。

脱气膜用于废水脱氨的优点：

① 氨脱除率高，可将废水中氨的含量降到 5mg/L 以下；

② 运行成本低，只有传统工艺的 5%以下；

③ 设备占地面积小，只有传统工艺的 1/3 以下；

④ 无氨气泄露，实现清洁生产。

9.3 磷的去除

9.3.1 磷在水中存在的形式是什么?

磷是一种活泼元素，在自然界中不以游离状态存在，而是以含磷有机物、无机磷化合物及还原态 PH_3 这三种状态存在。污水中含磷化合物可分为有机磷与无机磷两类。

无机磷几乎都以各种磷酸盐形式存在，包括正磷酸盐（PO_4^{3-}）、偏磷酸盐（PO_3^-）、磷酸氢盐（HPO_4^{2-}）、磷酸二氢盐（$H_2PO_4^-$），以及聚合磷酸盐如焦磷酸盐（$P_2O_7^{4-}$）、三磷酸盐（$P_3O_{10}^{5-}$）等。有机磷大多是有机磷农药，如乐果、甲基对硫磷、乙基对硫磷、马拉硫磷等构成，大多呈胶体和颗粒状，不溶于水，易溶于有机溶剂。可溶性有机磷只占 30%左右，多以葡萄糖-6-磷酸、2-磷酸-甘油酸及磷肌酸等形式存在。从有关资料分析可以看出，溶解磷占总磷的 1/3 左右，PO_4^--P 则约占 1/8，而溶解磷中大分子磷占 40%。

9.3.2 磷是怎样转化的? 影响因素有哪些?

水体中的可溶性磷很容易与 Ca^{2+}、Fe^{3+}、Al^{3+} 等离子生成难溶性沉淀物，例如 $AlPO_4$、$FePO_4$ 等，沉积于水体底部成为底泥。聚积于底泥中的磷的存在形式和数量，一方面决定于污染物输入和通过地表与地下径流的排出情况；另一方面决定于水中的磷与底泥中的磷之间的交换情况。沉积物中的磷通过颗粒态磷的悬浮和水流的湍流扩散再度被稀释到上层水体中，或者当沉积物中的可溶性磷大大超过水体中磷的浓度时，则可能重新释放到水体中。

在水中，磷离子以 HPO_4^{2-} 还是以 $H_2PO_4^-$ 形式存在取决于 pH 值，当 pH 值在 2～7 时，水中磷酸盐离子多数以 $H_2PO_4^-$ 形式存在，而 pH 值在 7～12 时，则水中的磷酸盐离子多数以 HPO_4^{2-} 形式存在。所有含磷化合物都是首先转化为正磷酸盐（PO_4^{3-}）后，再转化为其他形式。此时测定 PO_4^{3-} 的含量，测定结果即是总磷的含量。

9.3.3 磷的来源是什么?

污水中的磷部分来源于化肥和农业废弃物，生活中含磷洗涤剂的大量使用也使生活污水中磷的含量显著增加。此外，化工、造纸、橡胶、染料和纺织印染、农药、焦化、石油化工、发酵、医药与医疗及食品等行业排放的废水常含有机磷化合物。

部分工业废水中磷含量见表 9-2。

表 9-2　部分工业废水中磷含量　　单位：mg/L

含酚废水	3～17	化工废水	1～12
制革废水	6～8	造纸废水	8～12

9.3.4　磷的危害是什么?

(1) 磷对人体的危害

高磷洗衣粉对皮肤有直接刺激作用，严重时会导致接触性皮肤炎、婴儿尿布疹等疾病。磷会对神经中枢造成危害，特别是一部分有机磷农药的生物降解性差，易在环境中残留，对人、畜等脊椎动物具有相当高的毒性，会产生抑制胆碱酯酶的作用，影响神经系统功能，引起中毒甚至死亡。

(2) 磷对海洋生物的危害

目前国内外广泛使用的有机磷农药对海洋生物危害巨大，研究表明有机磷能够激活对虾体内的潜伏病原体。鱼、虾等死亡事件层出不穷，已经对海水养殖业形成威胁。

(3) 磷对土壤的污染

磷对土壤的污染主要来源于过量使用农药、化肥及污水灌溉。过量的磷会超过土壤的自净能力，使土壤发生不良变化，导致土壤自然正常功能失调。更严重时会导致毒化空气和水质，通过植物吸收，降低农副产品质量，造成残毒通过植物链传递，最终危害人类生命和健康。

(4) 过量的磷对水体有较大危害，造成水体富营养化

对于引发水体富营养化而言，磷的作用远大于氮的作用，水体中磷的浓度不很高时就可以引起水体富营养化。

9.3.5　化学除磷的概念和工艺是什么?

化学除磷是通过化学沉淀过程完成的。化学沉淀是指通过向污水中投加药剂，其与污水中溶解性的盐类，如磷酸盐混合后，形成颗粒状、非溶解性的物质，污水中进行的不仅仅是沉淀反应，同时还进行着化学絮凝反应。采用的药剂一般有铝盐、铁盐（亚铁盐)、石灰、铁铝聚合物。

化学沉淀工艺可与生物处理工艺结合，形成化学除磷与生物处理协同工艺（见图 9-6)。化学沉淀工艺是按沉淀药剂的投加位置来区分的，实际中常采用的有：前沉淀、同步沉淀和后沉淀。

(1) 前沉淀

在沉淀池前投加金属沉淀剂到原水中。其一般需要设置产生涡流的装置或者供给能量以满足混合的需要。相应产生的沉淀产物（大块状的絮凝体）则在一次沉淀池中通过沉淀而被分离。如果生物段采用的是生物滤池，则不允许使用 Fe^{2+} 药剂，以防止对填料产生危害（产生黄锈)。

前沉淀工艺特别适合于现有污水处理厂的改建（增加化学除磷措施)，因为通过这一工艺步骤不仅可以去除磷，而且可以减少生物处理设施的负荷。常用的沉淀药剂主要是生石灰和金属盐药剂。经前沉淀后剩余磷酸盐的含量为 1.5～2.5mg/L，完全能满足

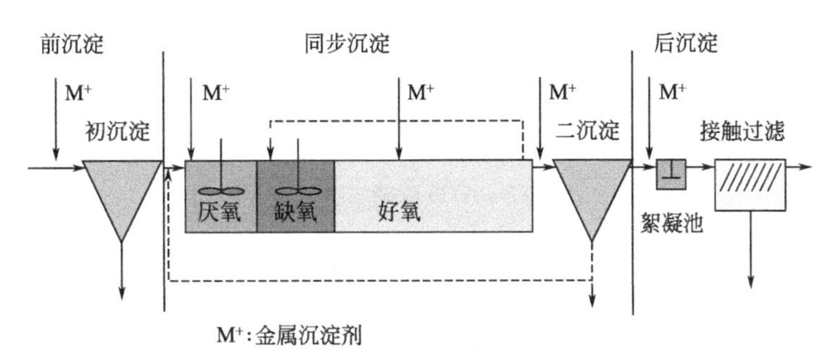

图 9-6 生物处理工艺中化学除磷

后续生物处理对磷的需要。

(2) 同步沉淀

在生物处理过程中投加金属沉淀剂。同步沉淀是使用最广泛的化学除磷工艺，其工艺是将沉淀药剂投加在曝气池出水或二次沉淀池进水中，个别情况也有将药剂投加在曝气池进水或回流污泥渠（管）中。目前很多污水厂都采用同步沉淀，加药对活性污泥的影响比较小。

(3) 后沉淀

沉淀、絮凝以及被絮凝物质的分离在一个与生物设施相分离的设施中进行，向出水中投加金属沉淀剂，一般将沉淀药剂投加到二次沉淀池后的一个混合池中，之后混合沉淀，并在其后设置絮凝池和沉淀池（或气浮池）。

对于要求不严的受纳水体，在后沉淀工艺中可采用石灰乳液药剂，但必须对出水 pH 值加以控制，比如采用沼气中的 CO_2 进行中和。采用气浮池可以比沉淀池更好地去除悬浮物和总磷，但因为需恒定供应空气而运转费用较高。

9.3.6 生物除磷的概念和原理是什么?

生物除磷即借助于聚磷菌去除水中的磷。一些现代生物除磷机理认为：在厌氧条件下，聚磷菌处于压抑状态而分解体内的多聚磷酸盐产生能量，并放出磷酸盐以维持聚磷菌的代谢，同时将胞外有机酸摄入胞内并合成聚 β-羟基丁酸（PHB）；合成 PHB 的能量来自聚磷酸盐分解过程中产生的三磷酸腺苷（ATP）；压抑状态越长，磷释放越彻底，同时也可在胞内合成更多的 PHB。在好氧条件下，聚磷菌利用分解胞内 PHB 产生的 ATP 将废水中的磷酸盐过量摄取到胞内，并转变成聚磷酸盐。

由于厌氧、好氧的交替，聚磷菌可利用胞内和胞外的能量进行分解代谢和合成代谢，因而在与其他微生物的竞争中占优势，可在系统中大量增殖，形成一种稳定的高效除磷污泥体系。

9.3.7 常用的生物除磷工艺有哪些?

(1) A/O 工艺流程

厌氧/好氧活性污泥除磷系统（A/O）由前段厌氧池和后段好氧池串联组成，A/O 除磷工艺流程如图 9-7 所示。

前段为厌氧池，城市污水和回流污泥进入该池，并借助水下推进式搅拌器的作用使其混合。回流污泥中的聚磷酸在厌氧池可吸收去除一部分有机物，同时释放出大量磷。

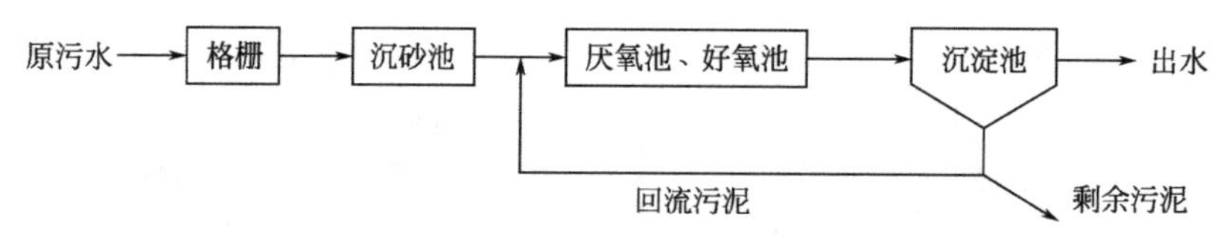

图 9-7　A/O 除磷工艺流程

然后混合液流入后段好氧池，污水中的有机物在其中得到氧化分解，同时聚磷菌将超量地摄取污水中的磷，然后通过排放高磷剩余污泥而使污水中的磷得到去除。好氧池在良好的运行状况下，剩余污泥中磷的含量在 2.5%以上。

A/O 生物除磷工艺的主要特点如下：

① 工艺流程简单。

② 厌氧池在前、好氧池在后，有利于抑制丝状菌的生长。混合液的 SVI 小于 100，污泥易沉淀，不易发生污泥膨胀，并能减轻好氧池的有机负荷。

③ 在反应池内水力停留时间较短，一般厌氧池水力停留时间为 1～2h，好氧池水力停留时间为 2～4h，总共为 3～6h。厌氧池/好氧池水力停留时间之比为 1∶(2～3)。

④ 剩余活性污泥含磷率高，一般为 2.5%以上，故污泥肥效好。

⑤ 除磷率难以进一步提高。当污水 BOD 浓度不高或含磷量高时，则 P/BOD_5 比值高，剩余污泥产量低，使除磷率难以提高。

⑥ 当污泥在沉淀池内停留时间较长时，则聚磷菌会在厌氧状态下产生磷的释放，从而降低该工艺的除磷率，所以应注意及时排泥和使污泥回流。

(2) Phostrip 工艺流程

Phostrip 工艺是由 Levin 在 1965 年首先提出的，该工艺是在回流污泥的分流管线上增设一个脱磷池和化学沉淀池而构成的。Phostrip 除磷工艺流程如图 9-8 所示。

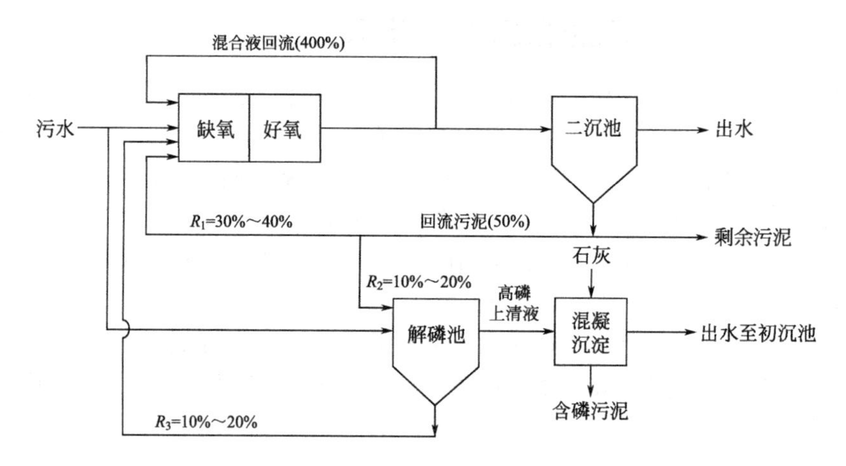

图 9-8　Phostrip 除磷工艺流程

该工艺将 A^2/O 工艺的厌氧段改造成类似于普通重力浓缩池的磷解吸池，部分回流污泥在磷解吸池内厌氧放磷，污泥停留时间一般 5～12h，水力表面负荷小于 $20m^3/(m^2 \cdot d)$。经浓缩后污泥进入缺氧池，解磷池上层清液含有高浓度的磷，将此上层清液排入石灰混凝沉淀池进行化学处理生成磷酸钙沉淀，该含磷污泥可作为农业肥料，而混凝沉淀池出水应流入初沉池再进行处理。Phostrip 工艺不仅通过高磷剩余污泥除磷，而且还通过化学沉淀除磷。该工艺具有生物除磷和化学除磷双重作用，所以 Phostrip 工艺具有高效除磷功能。

9.4 氮和磷的同步去除

9.4.1 A^2/O 工艺如何脱氮除磷?

A^2/O 是 Anaerobic-Anoxic-Oxic 的英文缩写，它是厌氧-缺氧-好氧生物脱氮除磷工艺的简称。A^2/O 工艺是于 20 世纪 70 年代由美国专家在厌氧/好氧除磷工艺（A/O工艺）的基础上开发出来的，该工艺同时具有脱氮除磷的功能，在厌氧/好氧除磷工艺中加一个缺氧池，将好氧池流出的一部分混合液回流至缺氧池前端，以达到硝化脱氮的目的。

(1) A^2/O 工艺原理

A^2/O 生物脱氮除磷工艺流程如图 9-9 所示。在首段厌氧池主要进行磷的释放，使污水中磷的浓度升高，溶解性有机物被细胞吸收而使污水中 BOD 浓度下降；另外 NH_3-N 因细胞的合成而被去除一部分，使污水中 NH_3-N 浓度下降，但 NO_3^--N 含量没有变化。

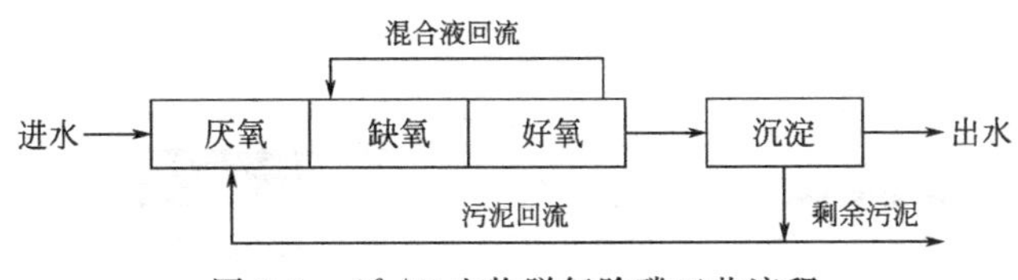

图 9-9 A^2/O 生物脱氮除磷工艺流程

在缺氧池中，反硝化菌利用污水中的有机物作碳源，将回流混合液中带入的大量 NO_3^--N 和 NO_2^--N 还原为 N_2 释放至空气中，因此 BOD_5 浓度继续下降，NO_3^--N 浓度大幅度下降，而磷的变化很小。

在好氧池中，有机物被微生物生化降解后浓度继续下降，有机氮被氨化继而被硝化，使 NH_3-N 浓度显著下降，但随着硝化过程的进展，NO_3^--N 的浓度增加，磷将随着聚磷菌的过量摄取，也以较快的速率下降。所以，A^2/O 工艺可以同时完成有机物的去除、硝化脱氮、磷的过量摄取而被去除等功能。脱氮的前提是 NH_3-N 应完全硝化，好氧池能完成这一功能，缺氧池则完成脱氮功能。

(2) A^2/O 工艺的特点

① 厌氧、缺氧、好氧三种不同的环境条件和不同种类微生物菌群的有机配合，能同时具有去除有机物、脱氮除磷的功能。

② 在同时脱氮除磷去除有机物的工艺中，该工艺流程最为简单，总的水力停留时间也少于同类其他工艺。

③ 在厌氧、缺氧、好氧交替运行下，丝状菌不会大量繁殖，SVI 一般少于 100，不会发生污泥膨胀。

④ 污泥中磷含量高，一般为 2.5%以上。

⑤ 厌氧、缺氧池只需轻搅拌，使之混合，而以不增加溶解氧为度。

⑥ 沉淀池要防止发生厌氧、缺氧状态，以避免聚磷菌释放磷而降低出水水质，以

及反硝化产生 N_2 而干扰沉淀。

⑦ 脱氮效果受混合液回流比大小的影响，除磷效果则受回流污泥中挟带 DO 和硝酸态氧的影响，因而脱氮除磷效率不可能很高。

9.4.2 SBR 工艺如何脱氮除磷?

间歇式活性污泥法（Sequencing Batch Reactor Activated Sludge Process，SBR 活性污泥法），又称为序批式活性污泥法，其污水处理机理与普通活性污泥法完全相同。SBR 法于 20 世纪 70 年代由美国开发，并很快得到了广泛应用，我国于 20 世纪 80 年代中期开始了研究与应用。

(1) SBR 工艺的原理与基本运行程序

SBR 工艺去除污染物的机理与传统活性污泥工艺完全相同，只是运行方式不同。传统工艺采用连续运行方式，污水连续进入生化反应系统并连续排出，SBR 工艺采用间歇运行方式，SBR 基本运行程序如图 9-10 所示。初沉池出水流入曝气池，按时间顺序进行进水、反应（曝气）、沉淀、排水和排泥待机 5 个基本运行阶段，从污水的流入开始到待机时间结束称为一个运行周期，这种运行周期周而复始反复进行，从而达到不断进行污水处理目的，因此，SBR 工艺不需要设置二沉池和污泥回流系统。

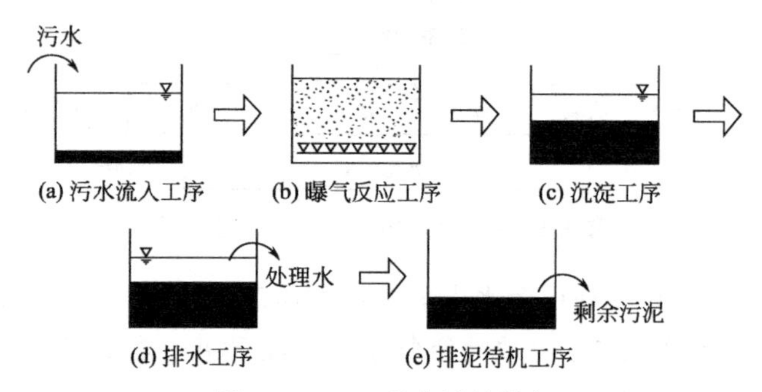

图 9-10 SBR 基本运行程序

(2) SBR 脱氮运行工序

SBR 工艺的脱氮运行工序的功能是去除污水中有机污染物和脱氮。对此，在 SBR 基本运行工序的基础上增加停曝搅拌工序，变为 6 阶段运行。第 1 阶段仍为污水流入工序。第 2 阶段仍为曝气反应工序，此时除进行有机物生化降解外，还要进行氨氮的硝化。第 3 阶段是停曝搅拌工序。在该阶段内停止曝气，采用潜水搅拌机对其混合液进行搅拌混合，反硝化细菌进行反硝化脱氮。由于全部混合液均进行反硝化，总的脱氮效率能达到 70%左右。后面第 4～第 6 运行阶段与 SBR 基本运行工序相同，分别为沉淀工序、排水工序和排泥待机工序。

(3) SBR 除磷运行工序

SBR 除磷运行工序的功能是去除污水中的有机污染物和磷，只要适当改变 SBR 工艺的基本运行工序，就可达到去除污水中有机污染物和除磷的目的。

SBR 除磷运行工序共 5 阶段。在第 1 阶段污水流入的同时，开启潜水搅拌设备，使入流污水与前一周期留在池内的污泥充分混合接触，该阶段工作状态为厌氧，聚磷菌进行磷的释放，为聚磷菌在第 2 阶段的曝气反应工序进行摄磷做准备。第 2 阶段为曝气反应工序。开启曝气系统进行曝气，使池内混合液 DO 保持在 2.0mg/L 以上。此时

BOD_5进行生化降解，聚磷菌过量摄磷。但该阶段曝气时间不宜过长，以免发生硝化，因为硝化产生出的NO_3^--N会干扰第1阶段中磷的释放，降低除磷率。第3阶段为沉淀排泥工序。在该阶段中，沉淀与排泥同步进行，主要目的是防止磷的二次释放，因为聚磷菌在释放磷之前就以剩余污泥的形式排出系统。第4阶段为排水工序，对反应沉淀完成，处理后水排出池体；第5阶段为待机工序，为下一个运行周期做准备。

(4) SBR工艺的特点

① 工艺简单，处理构筑物少，无二沉池和污泥回流系统，基建费和运行费都较低。

② SBR用于工业废水处理，不需设置调节池。

③ 污泥的SVI值较低，污泥易于沉淀，一般不会产生污泥膨胀。

④ 调节SBR运行方式，可同时具有去除BOD和脱氮除磷的功能。

⑤ 当运行管理得当，处理水水质优于连续式活性污泥法。

⑥ SBR的运行操作、参数控制应实施自动化操作管理，以便达到最佳运行状态。

9.4.3 OWASA工艺如何脱氮除磷？

部分城市的城市污水BOD_5浓度往往较低，造成城市污水中的BOD_5/TP和BOD_5/TN太低，使A^2/O工艺脱氮除磷效果显著下降。为了改进A^2/O工艺这一缺点，OWASA（Orange Water and Sewer Authority）工艺（见图9-11）将A^2/O工艺中初沉池的污泥排至污泥发酵池，初沉污泥经发酵后的上清液含大量挥发性脂肪酸，将此上清液投加至缺氧段和厌氧段，使入流污水中的可溶解性BOD_5增加，提高了BOD_5/TP和BOD_5/TN的比值，促进磷的释放与NO_3^--N反硝化，从而使脱氮除磷效果得到提高。

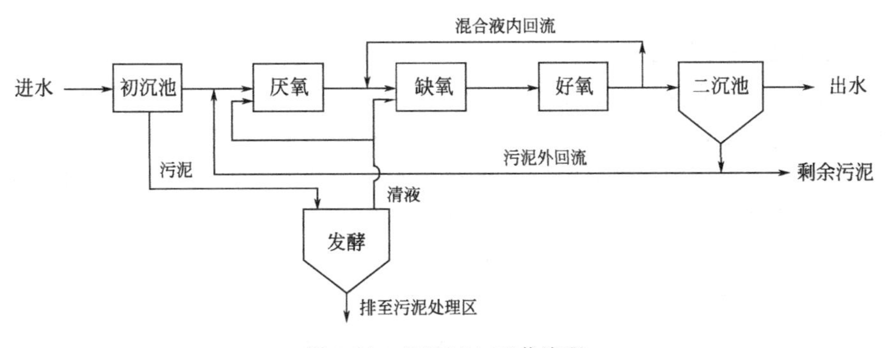

图9-11 OWASA工艺流程

9.4.4 UCT工艺如何脱氮除磷？

A^2/O工艺回流污泥中的NO_3^--N回流至厌氧段，干扰了聚磷菌细胞体内磷的厌氧释放，降低了磷的去除率。UCT（University of Cape Town）工艺（见图9-12）将回流污泥首先回流至缺氧段，回流污泥带回的NO_3^--N在缺氧段被反硝化脱氮，然后将缺氧段出流混合液一部分再回流至厌氧段，这样就避免了NO_3^--N对厌氧段聚磷菌释磷的干扰，提高了磷的去除率，且对脱氮没有影响。该工艺对氮和磷的去除率都大于70%。如果入流污水的BOD_5/TN或BOD_5/TP较低时，为了防止NO_3^--N回流至厌氧段产生

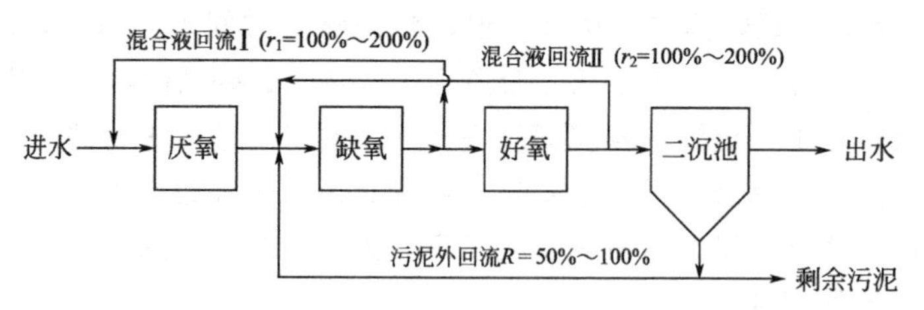

图 9-12　UCT 工艺流程

反硝化脱氮，发生反硝化细菌与聚磷菌争夺溶解性 BOD_5 而降低除磷效果，此时就应采用 UCT 工艺。

9.4.5　CASS 工艺如何脱氮除磷?

由于常规 SBR 工艺在一个池子中根据时间顺序，依次按进水、曝气、沉淀、排水排泥等工序间歇运行，间歇进水与排水给操作带来麻烦，为了处理连续流入的污水，至少需要两个池子交替进水。同时如果要求脱氮除磷就必须延长运行周期，增大池容。为了克服常规 SBR 工艺存在的上述缺点，人们提出了许多 SBR 改进工艺，如连续进水的 ICEAS、DAT-IAT、UNITANK、CASS、MSBR、IDEA、CAST 等工艺。这些 SBR 的改进工艺都保留着常规 SBR 工艺的优点和序批处理周期运行的特点，所以均属于 SBR 工艺的新工艺。下面重点介绍其中的 CASS 工艺。

CASS (Cyclic Activated Sludge System) 工艺与常规 SBR 工艺的不同是在 SBR 池前部设置了预反应区作为生物选择区，其后是主反应区，曝气、沉淀、排水均在同一池子内周期性循环进行。生物选择区与主反应区之间由隔墙隔开，污水由生物选择区通过隔墙进入主反应区，推动水层缓慢上升。预反应区有效容积约占 CASS 反应池总有效容积的15%～20%。

(1) CASS 工艺流程与原理

CASS 工艺流程见图 9-13。原水经预处理后连续进入 CASS 池的前段预反应区，与池中的污泥充分混合，生物选择区（预反应区）中基质浓度较高，菌胶团细菌的比增殖速率比丝状菌的比增殖速率大，抑制了丝状菌的生长和繁殖，有效地防止了污泥膨胀，提高了出水水质和基质降解速率。混合液由生物选择区通过隔墙下部进入主反应区并缓慢上升。CASS 池运行周期一般为 4h，其中曝气 2h、沉淀 1h、排水 1h。在沉淀和排水期间，由于混合液从预反应区缓慢进入主反应区下部，水流呈层流状，不会扰动池中各水层，从而保证了出水水质。在曝气阶段，CASS 池内基质浓度随着曝气时间延长而降低，其生化反应的推动力大，能够提高基质反应速率和有机物去除效率。CASS 池采用

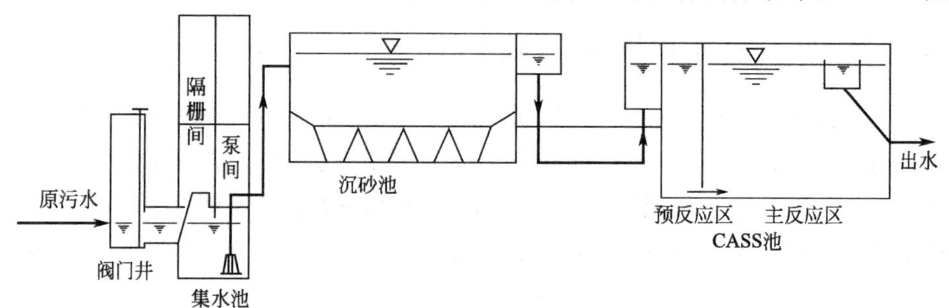

图 9-13　CASS 工艺流程

可升降滗水器排水，其剩余污泥由设置在池内底部的潜污泵排出。CASS 池常采用水下曝气机曝气。

(2) CASS 工艺特征

CASS 工艺具有常规 SBR 工艺的特点。CASS 工艺与常规活性污泥法相比，由于不设一沉池、二沉池和污泥回流设备，所以除具有工艺流程简单、建设费用和运行费用都较省的特点外，CASS 工艺与常规 SBR 工艺相比，最大特点是增设了一个生物选择区，同时连续进水（在沉淀、排水阶段仍连续进水），所以运行管理简单、可靠，能有效防止污泥膨胀，出水水质良好。

9.4.6 什么是反硝化除磷?

反硝化除磷的过程与传统的除磷过程相似，不同的是在吸磷阶段以硝酸盐取代氧气为电子受体进行缺氧摄磷，同时硝酸盐被还原为氮气而得以去除，达到了同时脱氮除磷的目的。反硝化除磷技术中的碳源发挥了“一碳两用”的功能，既合成了聚 β-羟基丁酸盐（PHB），也为反硝化脱氮提供了电子供体，同时节约了曝气量，是一种低费高效的水处理技术。当前反硝化除磷应用工艺主要有 AOA-SBR 工艺、AOA-GS 工艺等。反硝化除磷工艺由于流程长，运行管理复杂，对进水水质的适应性差等原因，至今未能获得广泛应用。

9.5 吸附

9.5.1 吸附的原理及其影响因素是什么?

当流体与多孔固体接触时，流体中某一组分或多个组分在固体表面处产生积蓄，此现象称为吸附。吸附也指物质（主要是固体物质）表面吸住周围介质（液体或气体）中的分子或离子现象。吸附属于一种传质过程，物质内部的分子和周围分子有互相吸引的引力，但物质表面的分子，其中相对物质外部的作用力没有充分发挥，所以液体或固体物质的表面可以吸附其他的液体或气体，尤其是表面面积很大的情况下，这种吸附力能产生很大的作用，所以工业上经常利用大面积的物质进行吸附，如活性炭、水膜等。

在水处理中，吸附速度决定了污水需要与吸附剂接触的时间。吸附速度快，则所需的接触时间就短，吸附设备的容积就小。影响吸附的因素是多方面的，吸附剂的结构、吸附质性质、吸附过程的操作条件等都影响吸附效果。认识和了解这些因素，对选择合适的吸附剂，控制最佳的操作条件都是重要的。

9.5.2 吸附的分类有哪些?

吸附作用的原因之一是由溶质与吸附剂之间的静电引力、范德华引力或化学键力所引起。与此相对应，可将吸附分为三种基本类型。

(1) 交换吸附

交换吸附指溶质的离子由于静电引力作用聚集在吸附剂表面的带电点上，并置换出原先固定在这些带电点上的其他离子。通常离子交换属于此范围。影响交换吸附势的重要因素是离子电荷数和水合半径的大小。

（2）物理吸附

物理吸附指溶质与吸附剂之间由于分子间作用力（范德华力）而产生的吸附。其特点是没有选择性，吸附质并不固定在吸附剂表面的特定位置上而多少能在界面范围内自由移动，因而其吸附的牢固程度不如化学吸附。物理吸附主要发生在低温状态下，过程放热较小，可以是单分子层或多分子层吸附。影响物理吸附的主要因素是吸附剂的比表面积和细孔分布。

（3）化学吸附

化学吸附指溶质与吸附剂发生化学反应，形成牢固的吸附化学键和表面络合物，吸附质分子不能在表面自由移动。吸附时放热量较大，与化学反应的反应热相近，化学吸附具有选择性，即一种吸附剂只对某种或特定几种物质有吸附作用，一般为单分子层吸附。通常需要一定的活化能，在低温时，吸附速率较小。这种吸附与吸附剂的表面化学性质和吸附质的化学性质有密切的关系。

9.5.3 常用的吸附剂有哪些？

目前在废水处理中应用的吸附剂有：活性炭、活化煤、白土、硅藻土、活性氧化铝、焦炭、树脂吸附剂、炉渣、木屑、煤灰、腐殖酸等。其中铝-硅系吸附剂是亲水性的吸附剂，对极性的物质有选择吸附，因此作为吸潮剂、脱水剂和精制非极性溶液的吸附剂。活性炭是疏水性吸附剂，对水溶液中的有机物具有较强的吸附作用，作为城市污水与工业废水处理用的吸附剂。

用于水处理的活性炭一般分为以下几类：

（1）粉状活性炭

一般用木屑、煤为原料，经炭化、活化、磨粉等工艺制成，主要应用于静态吸附操作（间歇式操作）处理给水除臭、除味以及规模较小的工业或城市污水处理。

（2）颗粒活性炭

按不同的材质可分为椰壳活性炭、果壳活性炭和煤质活性炭。

椰壳活性炭是活性炭行业及用户公认的最好的一种活性炭，其吸附速率、吸附能力、强度等各项指标表现优异，可以按照水处理工艺的不同选择不同的材质。

9.5.4 吸附剂是如何再生回用的？

吸附剂在达到饱和吸附后，必须进行脱附再生，才能重复使用。再生是吸附的逆过程，即在吸附剂结构不变化或者变化极小的情况下，用某种方法将吸附质从吸附剂孔隙中除去，恢复它的吸附能力。通过再生使用，可以降低处理成本，减少废渣排放，同时回收吸附质。目前吸附剂的再生方法有加热再生、药剂再生、湿式氧化再生、生物再生等。

（1）加热再生

加热再生分低温和高温两种方法。前者一般用100～200℃蒸汽吹脱使炭再生，适应于吸附浓度较高的简单低分子量的烃类化合物和芳香族有机物的活性炭的再生。低温再生常用于气体吸附的活性炭再生。蒸汽吹脱方法也用于啤酒、饮料行业工艺用水前级处理的饱和活性炭再生。后者适于水处理粒状炭的再生。高温加热再生法通常经过

850℃高温加热，使吸附在活性炭上的有机物经碳化、活化后达到再生目的，吸附恢复率高且再生效果稳定。因此，对用于水处理的活性炭的再生，普遍采用高温加热法。

(2) 药剂再生

药剂再生可分为无机药剂再生和有机溶剂再生两类。无机药剂再生是指用无机酸（硫酸、盐酸）或碱（氢氧化钠）等药剂使吸附质脱除，又称酸碱再生法。例如吸附高浓度酚的炭，用氢氧化钠溶液洗涤，脱附的酚以酚钠盐形式被回收。有机溶剂再生是指用苯、丙酮及甲醇等有机溶剂，萃取吸附在活性炭上的吸附质。吸附高浓度酚的炭也可用有机溶剂再生。处理焦化厂煤气洗涤废水用的活性炭饱和后也可用有机溶剂再生。采用药剂洗脱的化学再生法，有时可从再生液中回收有用的物质，再生操作可在吸附塔内进行，活性炭损耗较小，但再生不太彻底，微孔易堵塞，影响吸附性能的恢复率，多次再生后吸附性能明显降低。

(3) 湿式氧化再生

湿式氧化再生通常用于再生粉末活性炭。湿式氧化法适宜处理毒性高、生物难降解的吸附质。这种再生法的再生系统附属设施多，所以操作较麻烦。

(4) 生物再生

生物再生是利用经过驯化培养的菌种处理失效的活性炭，使吸附在活性炭上的有机物降解并氧化分解成 CO_2 和 H_2O，恢复其吸附性能，这种利用微生物再生饱和炭的方法，仅适用于吸附易被微生物分解的有机物的饱和炭，而且分解反应必须彻底，如果处理水中含有生物难降解或难脱附的有机物，则生物再生效果将受影响。

9.5.5 活性炭吸附的特点及影响因素有哪些?

活性炭吸附法是利用活性炭中毛细管具有很强的吸附能力的特点，达到去除污染物的目的，由于炭粒的表面积较大，所以能与气体（杂质）充分接触。该方法具有结构简单的优点，有较高的效率，但活性炭吸附到一定量时会达到饱和，就必须再生或更换活性炭。活性炭存在吸附量有限、抗湿性能差、再生困难、造价高、寿命不长等特点。

影响活性炭吸附的因素如下：

(1) 活性炭吸附剂的性质

活性炭是非极性分子，易于吸附非极性或极性很低的吸附质。表面积越大，吸附能力就越强，活性炭吸附剂颗粒的大小、细孔的构造和分布情况以及表面化学性质等对吸附也有很大的影响。

(2) 吸附质的性质

取决于其溶解度、表面自由能、极性、吸附质分子的大小和不饱和度、吸附质的浓度等。

(3) 废水 pH 值

活性炭在酸性溶液中比在碱性溶液中有较高的吸附率。pH 值会对吸附质在水中存在的状态及溶解度等产生影响，从而影响吸附效果。

(4) 共存物质

共存多种吸附质时，活性炭对某种吸附质的吸附能力比只含该种吸附质时的吸附能力差。

(5) 接触时间

应保证活性炭与吸附质有一定的接触时间，使吸附接近平衡，充分利用吸附能力。

(6) 活性炭化学性

活性炭的吸附除了物理吸附，还有化学吸附。活性炭的吸附性既取决于孔隙结构，又取决于化学组成。

(7) 温度

温度对活性炭吸附的影响较小。

9.5.6 吸附的工艺和设备有哪些?

吸附的操作方式分为间歇式和连续式。

(1) 间歇式吸附

间歇式吸附是将废水和吸附剂放在吸附池内搅拌30min左右，然后静置沉淀，排除澄清液。间歇式吸附主要用于少量废水的处理和实验研究，在生产上一般要用两个吸附池交换工作。在一般情况下，都采用连续的方式。

(2) 连续式吸附

连续式吸附可以采用固定床、移动床和流化床。固定床连续吸附方式是废水处理中最常用的。吸附剂固定填放在吸附柱（或塔）中，所以叫固定床。移动床连续吸附是指在操作过程中定期地将接近饱和的一部分吸附剂从吸附柱排出，并同时将等量的新鲜吸附剂加入柱中。流化床连续吸附是指吸附剂在吸附柱内处于膨胀状态，悬浮于由下而上的水流中。由于移动床和流化床的操作较复杂，在废水处理中较少使用。

在一般的连续式固定床吸附柱中，吸附剂的总厚度为3～5m，分成几个柱串联工作，每个柱的吸附剂厚度为1～2m。废水从上向下过滤，过滤速度在4～15m/h之间，接触时间一般不大于30～60min。为防止吸附剂层的堵塞，含悬浮物的废水一般先应经过砂滤，再进行吸附处理。吸附柱在工作过程中，上部吸附剂层的吸附质浓度逐渐增高，达到饱和而失去继续吸附的能力。随着运行时间的推移，上部饱和区高度增加而下部新鲜吸附层的高度则不断减小，直至全部吸附剂都达到饱和，出水浓度与进水浓度相等，吸附柱全部丧失工作能力。

在实际操作中，吸附柱达到完全饱和及出水浓度与进水浓度相等是不可能的，也是不允许的。通常是根据对出水水质的要求，规定一个出水污染物质的允许浓度值。当运行中出水达到这一规定值时，即认为吸附层已达到穿透，这一吸附柱便停止工作，进行吸附剂的更换。

9.5.7 固定床吸附装置的工作过程及特点是什么?

固定床吸附是水处理工艺中最常用的一种方式。当废水连续通过填充吸附剂的设备（吸附塔或吸附池）时，废水中的吸附质便被吸附剂吸附。吸附剂使用一段时间后，需要对吸附剂进行再生。吸附和再生可在同一设备中交替进行，也可将失效的吸附剂卸出送到再生设备再生。

固定床吸附装置根据水流方向又分为升流式和降流式。降流式固定床型吸附塔构造示意如图9-14所示。降流式吸附床出水水质较好，但经过吸附层的水头损失较大，为防止吸附层堵塞，需要定期进行反冲洗。在升流式吸附床中，当发现水头损失增大时，可以适当提高水流速度，使填充层稍有膨胀（上下层不能互相混合）就可达到自清的目的，因而不用单独进行反冲洗。升流式吸附床的优点是水头损失增加较慢，运行时间较长；缺点是由于流量变动或操作一时失误就会使吸附剂流失。

9.5.8 移动床吸附装置的工作过程及特点是什么?

移动床吸附装置如图 9-15 所示。原水从吸附塔底部流入和吸附剂进行逆流接触，处理后的水从塔顶流出。再生后的吸附剂从塔顶加入，接近吸附饱和的吸附剂从塔底间歇地排出。这种方式较固定床能充分地利用吸附剂的吸附容量，并且水头损失小。因为采用升流式，被截留的污染物和吸附剂间歇地从塔底排出，所以不需要反冲洗设备。移动床吸附装置占地面积较小，设备简单，操作管理方便，出水水质好，在较大规模的废水处理中应用较多。

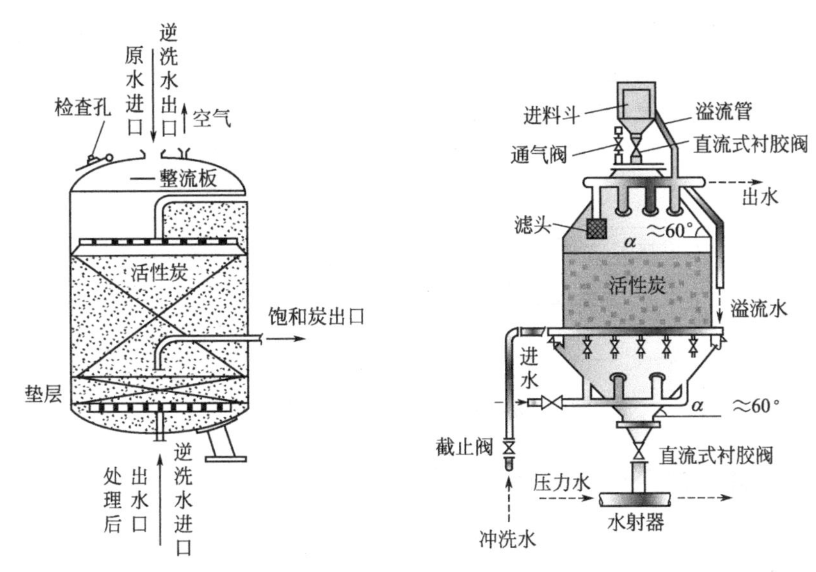

图 9-14 降流式固定床型吸附塔构造示意　　图 9-15 移动床吸附装置

9.5.9 流化床吸附装置的工作过程及特点是什么?

流化床吸附装置操作方式的特殊之处在于吸附剂在塔内处于膨胀状态或流化状态，吸附剂与水的接触面积大，因此处理负荷高，吸附塔容积较小，降低了费用。流化床中被处理的废水与吸附剂基本上是逆流接触。这种操作适于处理含悬浮物较多的废水，不需要进行反冲洗。流化床一般连续投加和卸除吸附剂，空塔速度要求上下层不能混合，保持吸附剂成层状向下移动，操作要求严格。为克服这个缺点，开发出多层流化床。这种床每层的吸附剂可以混合，新的吸附剂从塔顶投入，依次下移，移动到底部时达到饱和状态卸出。

9.5.10 混合接触式吸附装置的工作过程及特点是什么?

混合接触式吸附装置是带有搅拌设备的吸附池，污水和吸附剂投入池内进行搅拌，使其充分接触，然后静置沉淀，排除澄清液，或用压滤机等固液分离设备间歇地把吸附剂从液相中分离出来。此法多用于小型的污水处理和试验研究，因操作是间歇进行，所以生产上一般要用两个吸附池交替工作，吸附剂添加量为0.1%～0.2%。

9.5.11 粉末活性炭活性污泥法的工艺特点及应用有哪些?

该工艺是将活性炭直接加入曝气池中，使生物氧化与物理吸附同时进行。该工艺具有抗冲击负荷的能力，可以去除难降解的污染物、色度及氨氮，提高污泥的沉降性能；还可以减轻由于工业废水的流入而对污泥硝化反应所产生的抑制作用。活性炭的投加量一般为20～200mg/L。随着污泥龄的加长，单位活性炭去除有机物量的增加，系统的处理效率提高。

某企业印染产品以化纤织物和棉布染色为主，废水中含有纤维、浆料、染料、助剂、油以及漂白剂等。废水排放方式为半连续，具有色度深、水温高、悬浮物高、瞬时排放浓度高、水质变化大、难降解有机物比例高、可生化性差等特点，属于较难处理的工业废水之一。通过采用物化预沉—生物接触氧化—物化二沉工艺，并在生化段投加少量的粉末活性炭，对生物处理进行强化，最终达标排放。

粉末活性炭活性污泥法工艺流程如图9-16所示。

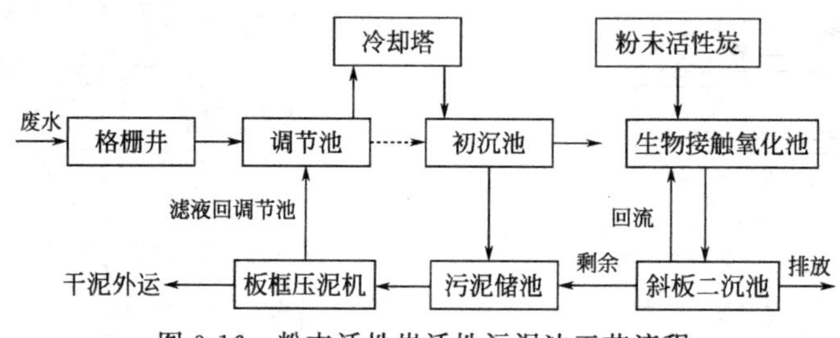

图9-16 粉末活性炭活性污泥法工艺流程

9.5.12 吸附法在污水中的应用有哪些?

利用吸附作用进行物质分离已有很长的历史。在水处理领域中吸附法主要用以脱除水中的微量污染物，应用范围包括脱色，除臭味，脱出重金属、各种溶解性有机物、胶体物及余氯等；也可以作为二级处理后的深度处理，以保证回用水的质量。

利用吸附法进行水处理，具有使用范围广、处理效果好、可回收有用物料、吸附剂可重复使用等优点，但对进水预处理要求较高，运转费用较贵，系统庞大，操作较麻烦。由于吸附法对进水的预处理要求高，吸附剂的价格昂贵，因此在废水处理中，吸附法主要用于去除废水中的微量污染物，达到深度净化的目的，或是从高浓度的废水中吸附某些物质达到资源回收和治理的目的，如废水中少量重金属离子的去除、有害的生物难降解有机物的去除、脱色除臭等。

9.5.13 活性焦吸附原理与工艺特点有哪些?

在相界面上，物质浓度自动发生累计或浓集的现象称为吸附。在废水处理中，主要利用固体物质表面对废水中物质的吸附作用。吸附法就是利用多孔性的固体物质使废水中的一种或多种物质被吸附在固体表面而去除的方法。具有吸附能力的多孔性固体物质称为吸附剂，而废水中被吸附的物质称为吸附质。

活性焦作为吸附剂，根据吸附过程中，活性焦分子与污染物分子之间的作用力不同，吸附可分为物理吸附和化学吸附。

活性焦吸附工艺特点：

① 处理程度高，应用范围广。对废水中绝大多数有机物都有效，包括生物难降解的有机物；

② 处理后的水可以回用；

③ 脱色能力强；

④ 不产生臭气、氮氧化物及噪声等；

⑤ 占地面积小；

⑥ 不产生污泥、浓水。载有有机污染物的活性焦输送到有机物热解/活性焦再生机组中进行热解处理，热解过程中将有机物裂解、气化，转化成由甲烷、乙烷、水蒸气等成分组成的混合气；

⑦ 适应性强，对水量及有机物负荷的变动具有较强的适应性；

⑧ 活性焦可再生重复使用。

9.5.14 活性焦吸附设计参数有哪些?

(1) 温度

物理吸附过程是放热过程，温度增加，吸附量减少，反之吸附量增加。温度对气相吸附影响较大，对液相吸附影响较小。

(2) 废水的 pH 值

活性焦一般在酸性溶液中比在碱性溶液中有更高的吸附量。

(3) 接触时间

进行吸附时，应保证吸附质与吸附剂活性焦有一定的接触时间，使吸附接近平衡，达到吸附平衡所需的时间取决于吸附速度。活性焦吸附时间一般可以维持在 30～120min。

(4) 共存物质

物理吸附时，吸附剂可吸附多种吸附质。一般多种吸附质共存时，吸附剂对某种吸附质的吸附能力比只含该种吸附质时的吸附能力差。

(5) 吸附质的浓度及溶解度

吸附质浓度较低时，吸附剂表面未充分利用，因此提高吸附质浓度会增加吸附量，但浓度提高到一定程度后，再提高浓度时，吸附量虽有所增加但速度减慢。当全部吸附表面被吸附质占据时，吸附量就达到极限状态，吸附量不再随吸附质浓度增加而增加。一般吸附质的溶解度越低，越容易被吸附。

(6) 吸附剂的性质

活性焦是一种非极性吸附剂或疏水性吸附剂，一般易吸附非极性或极性很低的吸附质。另外，活性焦的颗粒大小、细孔的构造和分布情况对吸附也有很大影响。一般在吸附中，活性焦的颗粒直径在 3～8mm，可以获得较好的效果。

9.6 离子交换

9.6.1 什么是离子交换法?

离子交换法是液相中的离子和固相中离子间所进行的一种可逆性化学反应。当液相中的某些离子较为离子交换固体所喜好时，便会被离子交换固体吸附，为维持水溶液的电中性，离子交换固体必须释出等价离子回溶液中。离子交换是一种属于传质分离过程的单元操作，是可逆的等当量交换反应。

9.6.2 什么是离子交换剂的有效 pH 值范围?

H 型阳树脂和 OH 型阴树脂在水中电离出 H^+ 和 OH^-，表现出酸碱性。根据活性基团在水中离解能力的大小，树脂的酸碱性也有强弱之分。强酸或强碱性树脂在水中离解度大，受 pH 值影响小；弱酸或弱碱性树脂离解度小，受 pH 值影响大。因此弱酸或弱碱性树脂在使用时对 pH 值要求很严，各种树脂在使用时都有适当的 pH 值范围。各类型交换树脂的有效 pH 值范围见表 9-3。

表 9-3 交换树脂的有效 pH 值范围

树脂类型	强酸性离子交换树脂	弱酸性离子交换树脂	强碱性离子交换树脂	弱碱性离子交换树脂
有效 pH 值范围	1～14	5～14	1～12	1～7

9.6.3 什么是交换容量与交联度?

交换容量是离子交换树脂最重要的性能，定量地表示树脂的交换能力的大小。交换容量的单位是 mol/kg（干树脂）或 mol/L（湿树脂)。交换容量又可分为全交换容量与工作交换容量。前者指一定量的树脂所具有的活性基团或可交换离子的总数量，后者指树脂在给定工作条件下实际的交换能力。

交联度是指交联剂占树脂单位质量比的百分数。交联度对树脂的许多性能具有决定性的影响。

9.6.4 常见的离子交换剂有哪些?

水处理中用的离子交换剂主要有磺化煤和离子交换树脂。磺化煤利用天然煤为原料，经浓硫酸磺化处理后制成，但交换容量低，机械强度差，化学稳定性较差，已逐渐为离子交换树脂所代替。离子交换树脂是人工合成的高分子聚合物，由树脂本体（又称母体或骨架）和活性基团两部分组成。

9.6.5 废水水质如何影响交换剂的交换能力?

废水中的悬浮物会堵塞树脂孔隙，油脂会包住树脂颗粒，这些都会使交换能力下降，因此当这些物质含量较多时，应进行预处理。预处理的方法有过滤、吸附等。

废水中某些高分子有机物与树脂活性基团的固定离子结合力很大，一旦结合就很难进行再生，降低树脂的再生率和交换能力。为了减少树脂的有机污染，可选用低交联度的树脂，或者废水进行离子交换处理之前进行预处理。

废水中 Fe^{3+}、Cr^{3+}、Al^{3+} 等高价金属离子可能引起树脂中毒，当树脂受铁中毒时，会使树脂颜色变深。从阳离子交换树脂的选择性可看出，高价金属离子易被树脂吸附，再生时难于把它洗脱下来，结果会降低树脂的交换能力。为了恢复树脂的交换能力可用高浓度酸长时间浸泡。

离子交换树脂是由网状结构的高分子固体附在母体上的许多活性基团构成的不溶性高分子电解质。强酸和强碱树脂活性基团的电解能力很强，交换能力基本上与 pH 值无关，但弱酸树脂在低 pH 值时不电离或部分电离，因此在碱性条件下，才能得到较大的交换能力，而弱碱性树脂在酸性溶液中才能得到较大的交换能力。螯合树脂对金属的结合力与 pH 值有很大关系，对每种金属都有适宜的 pH 值。另外，有些杂质在废水中存在的状态与 pH 值有关，例如含铬废水中，$Cr_2O_7^{2-}$ 与 CrO_4^{2-} 两种离子的比例与 pH 值有关，用阴离子树脂去除废水中的六价铬，其交换能力在酸性条件下比在碱性条件下为高，因为同样交换一个二价阴离子，$Cr_2O_7^{2-}$ 比 CrO_4^{2-} 多一个铬。

水温高时可加速离子交换的扩散，但各种离子交换树脂都有一定的允许使用温度范围。水温超过允许温度时，会使树脂交换基团被分解破坏，从而降低树脂的交换能力，所以温度太高时，应进行降温处理。

废水中如果含有氧化剂（如 Cl_2、O_2、$H_2Cr_2O_7$ 等）时，会使树脂氧化分解。强碱阴树脂容易被氧化剂氧化，使交换基团变成非碱性物质，可能完全丧失交换能力。氧化作用也会影响交换树脂的母体，使树脂加速老化，结果交换能力下降。为了减轻氧化剂对树脂的影响，可选用交联度大的树脂或加入适当的还原剂。另外，用离子交换树脂处理高浓度电解质废水时，由于渗透压的作用也会使树脂发生破碎现象，处理这种废水一般可选用交联度大的树脂。

9.6.6　离子交换系统的操作步骤有哪些?

离子交换的运行操作包括四个步骤：交换、反洗、再生、清洗。

① 交换过程主要与树脂层高度、水流速度、原水浓度、树脂性能以及再生程度等原因有关。

② 反洗的目的在于松动树脂层，以便下一步再生时，注入的再生液能分布均匀，同时也及时地清除积存在树脂层内的杂质、碎粒和气泡。

③ 再生也就是交换的逆过程。借助具有较高浓度的再生液流过树脂层，将先前吸附的离子置换出来，使其交换能力得到恢复。

④ 清洗是将树脂层内残留的再生废液清洗掉，直到出水水质符合要求为止。清洗时用水量一般为树脂体积的 4～13 倍。

9.6.7　常见的离子交换装置有哪些?

离子交换装置按照进行方式的不同，可分为固定床和连续床两大类。固定床又可分为单层床、双层床、混合床，其中单层固定床离子交换器是最常用、最基本的一种方式（见图 9-17）。在固定装置中，离子交换树脂装填在离子交换器内，形成一定的高度。在整个操作过程中，树脂本身都固定在容器内而不往外输送。连续床又分为移动床和流动床，连续床是与固定床相对而言，并在固定床基础上发展起来的。

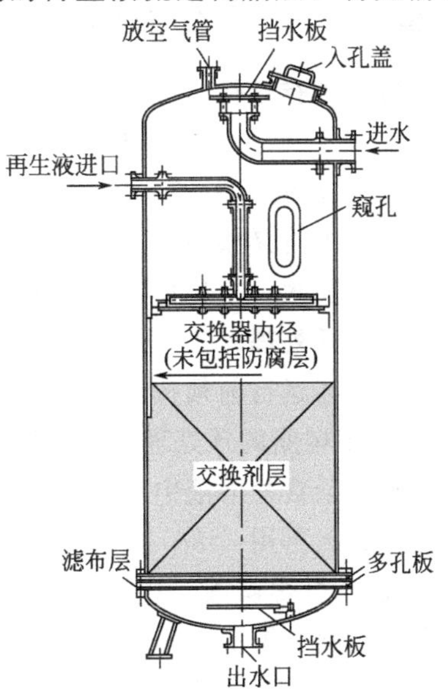

图 9-17　单层固定床离子交换器

固定床依据原水与再生液的流动方向，又分为顺流再生固定床和逆流再生固定床两种形式。原水与再生液分别从上而下以同一方向流经离子交换器的，称为顺流再生固定床。顺流再生固定床树脂层下部再生程度差，软化出水剩余硬度较高，且容易提前超标。因此，顺流再生固定床只适用于设备较小，原水硬度较低的场合。

原水与再生液流向相反的固定床，称为逆流再生固定床。常见的是再生液向上流，水流向下流的逆流再生固定床。这种运行方式可以提高出水水质，适合于处理高硬度水。运行若干周期后要进行一次大反洗，以便去除树脂层里的污物和碎粒。

9.6.8 离子交换剂是如何再生回用的？

在树脂失效后，必须再生才能再使用。通过树脂再生，一方面可恢复树脂的交换能力，另一方面可以回收有用物质。化学再生是交换的逆过程。根据离子交换平衡式：

$$RA+B^{+} \rightleftharpoons RB+A^{+} \tag{9-2}$$

如果显著增加A离子的浓度，在浓差作用下，大量A离子向树脂内部扩散，而树脂内的B离子则向溶液扩散，反应向左进行，从而达到树脂再生的目的。

9.6.9 离子交换在废水处理中是如何应用的？

离子交换法处理工业废水的主要用途是回收有用的金属，例如氢型强酸性树脂回收电镀废水中的Cr^{3+}、Cu^{2+}；氯型强碱性大孔树脂去除含汞废水中的Hg^{2+}；氯型强碱性树脂回收HCl废水中的Fe^{2+}、Fe^{3+}；强酸性树脂去除纸浆废水中的本质素磺酸钠。

9.6.10 离子交换法在污水处理中的优缺点是什么？

离子交换法具有去除率高，可浓缩回收有用物质，设备较简单，操作控制容易等优点。但目前应用还受到离子交换剂品种性能成本的限制，对预处理要求较高，离子交换剂的再生和再生液的处理也是一个难题。

9.6.11 离子交换树脂应用应注意哪些问题？

(1) 贮存运输

① 应贮存在密封容器内，避免受冷或曝晒。

② 贮存温度为4～40℃。

③ 树脂贮存期为2年，超过2年复检合格方可使用。若发现树脂失水，不能直接向树脂中加水，应先加入适量浓食盐水，使树脂恢复湿润。

(2) 预处理

树脂在运行前须按以下步骤进行预处理。

① 阳树脂的预处理　首先使用饱和食盐水，取其量约等于被处理树脂体积的2倍，将树脂置于食盐溶液中浸泡18～20h，然后放尽食盐水，用清水漂洗净，使排出水不带黄色；其次再用2%～4% NaOH溶液，其量与上述相同，在其中浸泡2～4h（或小流量清洗），放尽碱液，冲洗树脂直至排出水接近中性为止；最后用5% HCl溶液，其量与上述相同，浸泡4～8h，放尽酸液，用清水漂流至中性待用。

② 阴树脂的预处理　其预处理方法中的第一步与阳树脂预处理方法中的第一步相同；而后用5% HCl浸泡4～8h，然后放尽酸液，用水清洗至中性；最后用2%～4%

NaOH 溶液浸泡 4～8h，放尽碱液，用清水洗至中性待用。

(3) 防止树脂污染

树脂污染有几种情况，一种为原水中有机物和胶体硅；另一种是重金属污染；还有一种是树脂本身长期运行中高分子裂解，造成破碎或交换容量下降，所以必须区别污染中毒的原因区别处理。

9.7 渗析和电渗析

9.7.1 什么是膜分离法?

膜分离法是利用特殊的薄膜对液体中的某些成分进行选择性透过方法的总称。膜分离法是以外界能量或化学位差为推动力，依靠膜的选择性透过作用进行物质的分离、纯化与浓缩的一种技术。根据溶质或溶剂透过膜的推动力不同，膜分离法可分为 3 类：

① 以电动势为推动力的方法：电渗析；

② 以浓度差为推动力的方法：扩散渗析、自然渗透；

③ 以压力差为推动力的方法：反渗透（RO)、超滤（UF)、微滤（MF)、纳滤(NF)。

常用的膜分离法基本特征见表 9-4。

表 9-4 常用的膜分离法基本特征

特征	膜分离法			
	电渗析	纳滤	反渗透	超滤
去除对象	离子	离子、小分子	离子、小分子	大分子、微粒
操作压力	—	0.5～2.5MPa	2～7MPa	0.1～1.0MPa
膜孔径		1～50nm	2～3nm 以下	5nm～0.1μm
推动力	电位差	压力差	压力差	压力差
能耗	较高	较低	较高	较低
进水水质要求	较高	高	高	不高
运行维护	设备维护清洗困难	耐污染，运行压力低，膜通量高，装置运行费用低	操作压力大，设备复杂。反渗透膜清洗比较困难	操作压力低，设备简单，超滤膜清洗比较困难

9.7.2 膜分离法的特点是什么?

① 在膜分离过程中，不发生相变化，能量转换效率高；

② 一般不需要投加其他物质，可节省化学药品；

③ 膜分离过程中，分离和浓缩同时进行，能回收有价值的物质；

④ 根据膜的选择透过性和膜孔径的大小，可将不同粒径的物质分开，这使物质得到纯化而又不改变其原有特性；

⑤ 膜分离过程中，不会破坏对热敏感和对热不稳定的物质，可在常温下得到分离；

⑥ 膜分离法适应性强，操作及维护方便，易于实现自动化控制。

9.7.3　渗析法的概念及其装置特点是什么？

依靠分子自然扩散作为透过薄膜的动力的膜析法是扩散渗析法，简称渗析法。

图 9-18 所示是利用扩散渗析法处理钢铁厂酸洗废水的示意图。在渗析槽中装设一系列间隔很近的阴离子交换膜，把整个槽子分割成两组相邻的小室。一组小室流入废水，另一组小室流入清水，流向是相反的。由于扩散作用，废水中的氢离子、铁离子和硫酸根离子向清水扩散，但是，由于阴离子交换膜的阻挡，只有硫酸根离子较多地透过薄膜，进入清水；当硫酸根离子透过薄膜时也挟带一些铁离子过去，但这是少量的。这样，酸洗废水中的硫酸和硫酸亚铁就在一定程度上得到了分离。

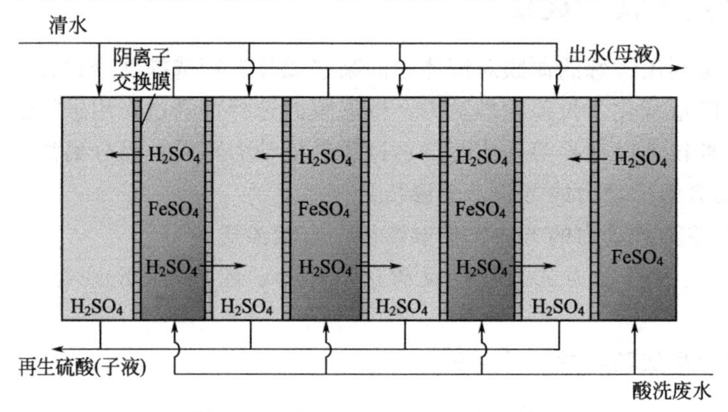

图 9-18　扩散渗析法示意

9.7.4　什么是电渗析法？其原理是什么？

电渗析是在直流电场的作用下，利用阴阳离子交换膜对溶液中阴阳离子的选择透过性，即阳膜只允许阳离子通过，阴膜只允许阴离子通过，而使溶液中的溶质与水分离的一种物理化学过程。电渗析系统由一系列的阴阳膜交替排列于两电极之间，组成许多由膜隔开的小水室（见图 9-19）。

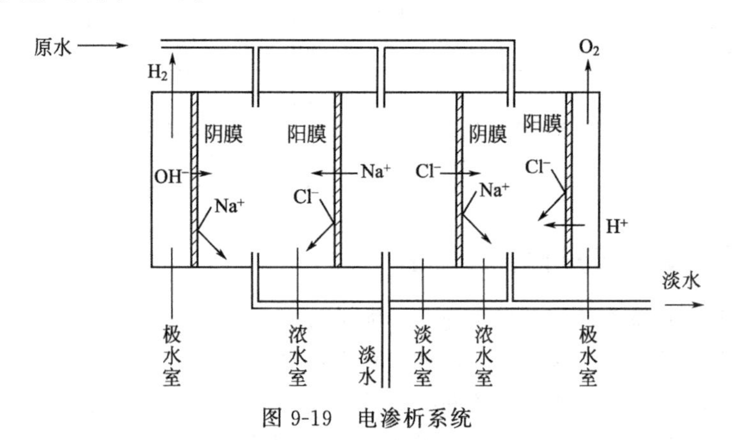

图 9-19　电渗析系统

当原水进入这些小室时，在直流电场的作用下，溶液中的离子做定向迁移。阳离子向阴极迁移，阴离子向阳极迁移。但由于离子交换膜具有选择透过性，结果使一些小室离子浓度降低成为淡水室，与淡水室相邻的小室则因富集了大量离子而成为浓水室。从淡水室和浓水室分别得到淡水和浓水。原水中的离子得到了分离和浓缩，水得到净化。

9.7.5 电渗析器的构造是什么?

利用电渗析原理进行脱盐或处理废水的装置，称为电渗析器。

(1) 电渗析器的构造

电渗析器由膜堆、极区和压紧装置三部分构成。

① 膜堆　其结构单元包括阳膜、隔板、阴膜，一个结构单元也叫一个膜对。一台电渗析器由许多膜对组成，这些膜对总称为膜堆。隔板常用 1～2mm 的硬聚氯乙烯板制成，板上开有配水孔、布水槽、流水道、集水槽和集水孔。隔板的作用是使两层膜间形成水室，构成流水通道，并起配水和集水的作用。

② 极区　极区的主要作用是给电渗析器供给直流电，将原水导入膜堆的配水孔，将淡水和浓水排出电渗析器，并通入和排出极水。极区由托板、电极、极框和弹性垫板组成。电极托板的作用是加固极板和安装进出水接管，常用厚的硬聚氯乙烯板制成。电极的作用是接通内外电路，在电渗析器内造成均匀的直流电场。阳极常用石墨、铅、铁丝涂钌等材料，阴极可用不锈钢等材料制成。极框用来在极板和膜堆之间保持一定的距离，构成极室，也是极水的通道。极框常用厚 5～7mm 的粗网多水道式塑料板制成。垫板起防止漏水和调整厚度不均的作用，常用橡胶或软聚氯乙烯板制成。

③ 压紧装置　其作用是把极区和膜堆组成不漏水的电渗析器整体，可采用压板和螺栓拉紧，也可采用液压压紧。

(2) 电渗析器的组装

电渗析器的基本组装形式如图 9-20 所示。在实践电通常用“级”“段”“系列”等术语来区别各种组装形式。电渗析器内电极对的数目称为“级”，凡是设置一对电极的叫做一级，两对电极的叫二级，依此类推。电渗析器内，进水和出水方向一致的膜堆部分称为“一段”，凡是水流方向每改变一次，“段”的数目就增加一。

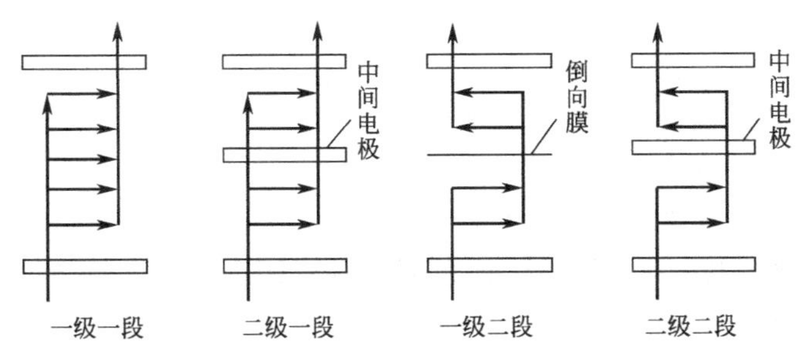

图 9-20　电渗析器的基本组装形式

9.7.6 什么是电渗析膜垢？如何解决电渗析膜膜垢污染问题?

电渗析脱盐过程中因为电极反应、浓差极化、浓水室过饱和等原因，不可避免地产生污垢，如 $Ca(OH)_2$、$Mg(OH)_2$、$CaCO_3$、$MgCO_3$、$CaSO_4$。同时，天然水中的腐殖酸盐、木质素、藻酸盐等容易在阴膜上形成污染层，水中的其他游离悬浮物也易产生污染物。上述污垢及污染物即形成了电渗析膜垢。定期倒换电极极性、水中加酸、控制操作电流密度可以防止电渗析膜垢的形成。

当电渗析处理原水硬度较大时，上述方法并不能防止污染物的形成，沉淀会越来越多，甚至会形成水垢，污染物和水垢达到一定量时，会严重影响电渗析设备的运行。此时需要对膜垢进行清洗。通常可以用质量分数1%～2%的盐酸进行循环清洗。盐酸可以溶解酸溶性物质，而且能够去除部分有机物和使水垢变得疏松，便于冲去硫酸钙和污染物。近年来，研究人员采用氢氧化钠进行清洗、磁化处理除垢，也取得了良好的效果。

如果酸洗不能使电渗析设备性能复原，一般要将电渗析设备拆开，取出膜、隔板、电极等进行机械洗涮和化学酸洗，进行拆槽清洗非常麻烦，一般不常用。

9.7.7 什么是电渗析的极化现象？如何防止极化现象发生？

电渗析工作中电流的传导是靠水中的阴、阳离子的迁移来完成的，当电流提高到相当程度，由于离子扩散不及，在膜界面处就会发生水分子的电离（$H_2O \longrightarrow H^+ + OH^-$），由 H^+ 和 OH^- 的迁移来补充传递电流，这种现象称为极化现象。

极化现象出现的结果是极化发生后阳膜淡室的一侧富集着过量的氢氧根离子，阳膜浓室的一侧富集着过量的氢离子；而在阴膜淡室的一侧富集着过量的氢离子，阴膜浓室的一侧富集着过量的氢氧根离子。由于浓室中离子浓度高，则在浓室阴膜的一侧发生碳酸钙、氢氧化镁沉淀。从而增加膜电阻，加大电能消耗，减小膜的有效面积，缩短寿命，降低出水水质，影响正常运行。

防止极化现象最有效的方法是控制电渗析器在极限电流密度以下运行。另外，可定期进行倒换电极运行，将膜上积聚的沉淀溶解下来。

9.7.8 电渗析法在废水处理中是如何应用的？

① 处理碱法造纸废液，从浓液中回收碱，从淡液中回收木质素。

② 从含金属离子的废水中分离和浓缩金属离子，然后对浓缩液进一步处理或回收利用。

③ 从放射性废水中分离放射性元素。

④ 从芒硝废液中制取硫酸和氢氧化钠。

⑤ 从酸洗废液中制取硫酸及沉积重金属离子。

⑥ 处理电镀废水和废液等。含 Cu^{2+}、Zn^{2+}、Cr^{6+}、Ni^{2+} 等金属离子的废水都适宜用电渗析法处理，其中应用较广泛的是从镀镍废液中回收镍。许多工厂实践表明，用这种方法可以实现闭路循环。

9.7.9 电渗析法在水处理中的优缺点是什么？

电渗析法具有工艺简单、除盐率高、制水成本低、操作方便、不污染环境等主要优点，广泛应用于水的除盐，缺点是消耗电能。

9.7.10 电渗析器在运行过程中应注意哪些问题？

电渗析器在运行过程中，同时发生多种复杂过程。主要过程是有利于电渗析处理的，而次要过程对处理不利，如降低除盐效果、降低淡水产量、浓缩效果等。因此在电渗析器的设计和操作中，必须设法消除或改善这些次要过程的不利影响。所以需控制电渗压、水的电离电解质浓差等。

9.7.11 电渗析的分类和特点有哪些?

(1) 倒极电渗析 (EDR)

倒极电渗析就是根据电渗析原理，每隔特定时间（一般为15～20min），正负电极极性相互倒换，自动清洗离子交换膜和电极表面形成的污垢，以确保离子交换膜工作效率的长期稳定和淡化水的水质水量。EDR优点是大大提高了水回收率，延长了运行周期；缺点是结构较为复杂，故障排除较困难，抗干扰性差，对安装地点环境要求较高。

(2) 填充床电渗析 (EDI)

填充床电渗析是将电渗析与离子交换法结合起来的一种方法，通常是在电渗析器的淡室隔板中填充阴阳离子交换树脂，结合离子交换膜，在直流电场的作用下实现去离子的水处理技术。EDI的最大特点是利用水解离产生的H^+和OH^-自动再生填充在电渗析器淡水室中的混床离子交换树脂上，从而实现了持续深度脱盐。EDI集中了电渗析和离子交换法的优点，提高了极限电流密度和电流效率，可用于去除废水中的金属离子。

(3) 液膜电渗析器 (EDLM)

液膜电渗析器中的固态离子交换膜用相同功能的液膜来代替。

(4) 双极膜电渗析器 (EDMB)

双极膜电渗析器是一种新型离子交换复合膜，在直流电场的作用下，双极膜可将水离解，在膜两侧分别得到氢离子和氢氧根离子，能够在不引入新组分的情况下将水中的盐转化为相应的酸和碱。利用双极膜电渗析进行水解离比直接电解水经济得多，其优点是过程简单，能效高，废物排放少。

9.7.12 电渗析除盐工艺与特点有哪些?

电渗析除盐工艺系统可分为两种，一种是电渗析器本体的除盐工艺系统；另一种是电渗析器和其他水处理设备的组合除盐系统。

(1) 电渗析器本体的除盐工艺系统

常用的有直流式、循环式和部分循环式3种。

① 直流式　原水流经一台或多台串联的电渗析器后，即能达到要求的水质。直流式的优点是可连续制水，管道简单；缺点是定型设备的出水水质随原水含盐量而改变。

② 循环式　循环式将原水在水箱和电渗析器之间多次循环，以达到出水水质。缺点是需要设置循环水泵和水箱，并且只能间歇供水。

③ 部分循环式　部分循环式是直流式和循环式结合的一种除盐方式。电渗析器的出口淡水分两路，一路连续出水供用户使用；另一路返回电渗析器与水箱中水相混，继续进行除盐。其特点是可适用于不同水质和水量要求，在原水含盐量变化时，可调节循环量保持出水水质稳定，但系统较复杂。

(2) 电渗析器和其他水处理设备的组合除盐系统

电渗析一般用于含盐量较高的苦咸水、高硬度水的部分除盐，做深度除盐的预处理。在应用中应该根据原水含盐量和除盐水水质要求，与离子交换等水处理技术相结合，发挥各自优势，以达到合理技术经济效果，并能稳定运行。常用的有：预处理-电渗析-离子交换树脂工艺、预处理-电渗析-离子交换工艺、预处理-离子交换（软化）-电渗析工艺等。

9.7.13 电渗析浓缩工艺与特点有哪些？

电渗析浓缩工艺的原理是在正、负两个电极之间平行、交替放置若干个阴、阳离子交换膜，阴、阳离子交换膜之间形成若干个平行的水室，接通直流电源后，阳离子向阴极运动，阴离子向阳极运动，由于阴、阳离子交换膜的存在，阻碍了阳、阴离子的运动，这样就形成了相间分布的浓水室和淡水室，浓水和淡水通过不同通道流出，实现了含盐溶液的浓缩处理。其优点为除盐率高、无需酸碱再生、工艺简单，易实现自动化，占地面积较小，但废水中不带电荷的胶体、有机物、悬浮物等无法去除且容易发生浓差极化现象。

9.7.14 什么是双极膜？特点有哪些？

双极膜是由阴离子交换膜、阳离子交换膜和具有水解催化作用的中间过渡层所组成的三层结构的膜（见图 9-21）。它在直流电场反向偏压下可以将水以最低的理论电压解离成氢离子和氢氧根离子，可以使盐生成相应的酸和碱。

双极膜电渗解离器（见图 9-22）水解离时发生反应：$2H_2O \longrightarrow 2H^+ + 2OH^-$，反应理论电位为 0.828V。需要的电压作用于双极膜两侧，才能使水离解成 H^+ 和 OH^-，但实际上由于膜电阻、界面层电阻的存在，电位比理论值高。

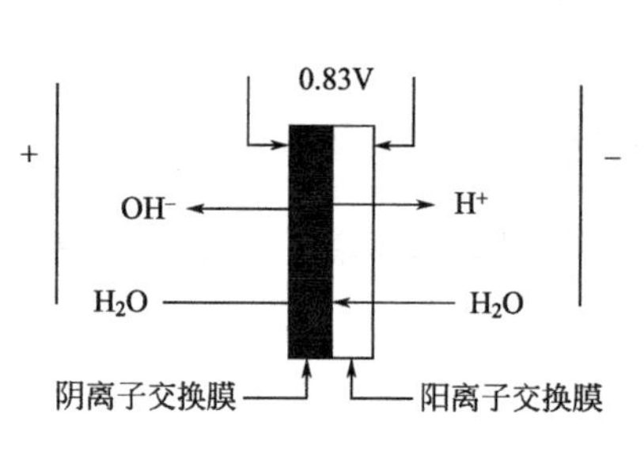

图 9-21 双极膜结构

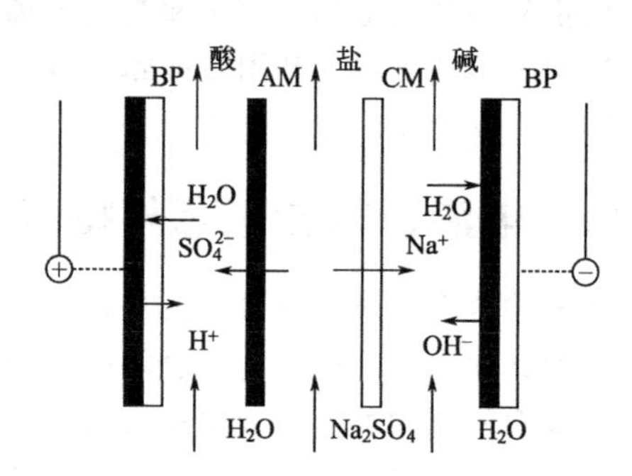

图 9-22 双极膜电渗解离器结构

BP—双极膜；CM—阳膜；AM—阴膜

双极膜水解离法生产酸碱有明显的优点：

① 能耗低，例如生产 1t NaOH 能耗约为 1500～2300kW·h，而电解方法需要 2800～3500kW·h；

② 过程无氧化和还原反应；

③ 无副产物生成；

④ 仅需一对电极，节约投资；

⑤ 不需要在每个隔室中设置电极，装置体积小。

9.7.15 双极膜在污水处理中是如何应用的？

双极膜水解离技术已经在化工及回收利用方面得到了应用，可对有害酸碱进行回收，且再生的酸碱等可回到前面的工序中再利用。如不锈钢酸洗液的回收再生，双极膜处理回收洗液中的氢氟酸和硝酸的混合物，该技术已在实际工程中得到应用。图 9-23 为某厂利用双极膜处理废酸的工艺流程。

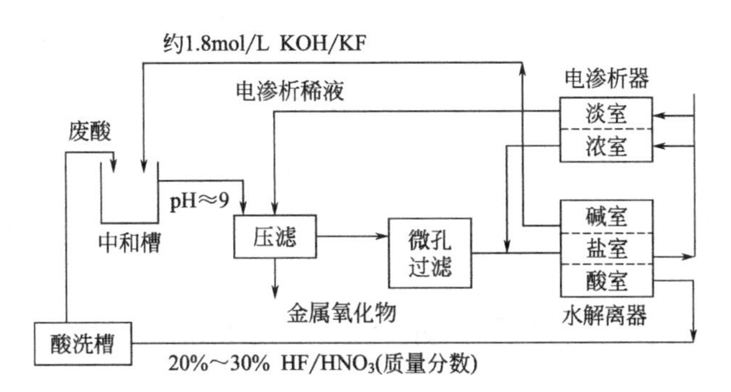

图 9-23　利用双极膜处理废酸的工艺流程

在氟碳工业及铀工业（UF_6 生产）中，排放的废气废水中含有部分氟和有机酸，传统的处理方法用 KOH 作中和剂，生成的溶液含有许多重金属和微量放射性物质，还需要用 $Ca(OH)_2$ 与之反应再生 KOH 及生成不溶的废料。这种方法导致有价值的氟的损失，且用户处理 CaF_2 中含放射性废料比较困难。采用双极膜电渗水解离技术，可直接将 KF 转化为 HF 和 KOH，从含氟废水中回收氢氟酸流程如图 9-24 所示。此方法不仅能回收高价值的 HF，而且可减少石灰的费用，同时减少了废渣的处理量。

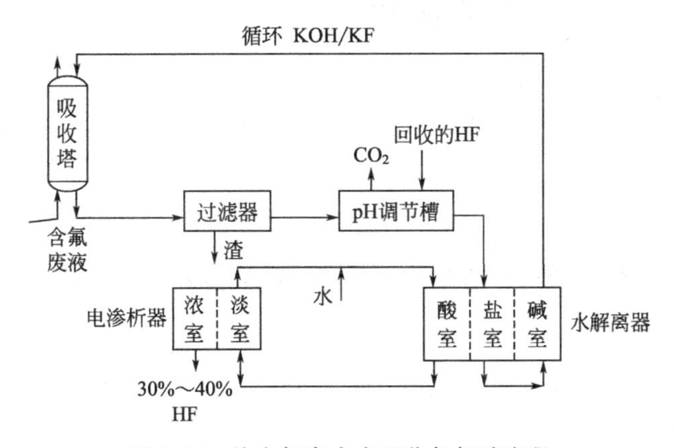

图 9-24　从含氟废水中回收氢氟酸流程

除上述应用外，双极膜电渗析法还应用于再生脱硫、处理冶金碱性废水、处理乳酸三甲胺反萃液等，在此不再详述。

9.8　超滤、微滤和纳滤

9.8.1　超滤的概念、原理及其特点是什么?

超滤膜是一种孔径规格一致，额定孔径范围为 0.001～0.02μm 的微孔过滤膜。采用超滤膜以压力差为推动力的膜过滤方法称为超滤膜过滤（UF)。超滤膜大多由醋酯纤维或与其性能类似的高分子材料制得。超滤膜最适于处理溶液中溶质的分离和增浓，也常用于其他分离技术难以完成的胶状悬浮液的分离，其应用领域正不断扩大。

超滤过程在本质上是一个筛滤过程，膜表面的孔隙大小是主要的控制因素，溶质能否被膜孔截留取决于溶质粒子的大小、形状、柔韧性以及操作条件等，而与膜的化学性质关系不大。

与传统的预处理工艺相比，超滤系统简单、操作方便、占地小、投资省且水质极优，超滤适于分离分子量大于500，直径为0.005～10μm的大分子和胶体，如细菌、病毒、淀粉、树胶、蛋白质、黏土和涂料色料等，这类液体在中等浓度时渗透压很小。

9.8.2 超滤膜有什么特性？如何评价超滤膜？

大多数超滤膜都是聚合物或共聚物的合成膜，主要有醋酸纤维超滤膜、聚砜类超滤膜和聚砜酰胺超滤膜。此外，聚丙烯脂也是一种很好的超滤膜材料。

一般商用超滤膜的透过能力以纯水的透过速率表示，并标明测定条件。通常用分子量代表分子大小以表示超滤膜的截留特性，即膜的截留能力以切割分子量表示。切割分子量的定义和测定条件不很严格，一般用分子量差异不大的溶质在不易形成浓差极化的操作条件下测定脱除率，将表现脱除率为90%～95%的溶质的分子量定义为切割分子量。另外，要求超滤膜能耐高温，pH值适用范围要大，对有机溶剂具有化学稳定性，以及具有足够的机械强度。

9.8.3 影响超滤的因素有哪些？

超滤过程在本质上是一种筛滤过程，膜表面的孔隙大小是主要的控制因素，这样溶质粒子的大小、形状、柔韧性以及操作条件等都会对溶质能否被膜孔截留产生影响。在超滤过程中，浓差极化是一个影响更大的因素，超滤中的界面层影响类似于反渗透中的界面层影响。

9.8.4 什么是浓差极化现象？超滤中克服浓差极化的方法有哪些？

由于水透过膜而使膜表面的溶质浓度增加，在浓度梯度作用下，溶质与水以相反方向向本体溶液扩散。在达到平衡状态时，膜表面形成一溶质浓度分布边界层，它对水的透过起着阻碍作用。

在超滤运行中克服浓差极化的常用方法有：加快平行于膜面的进水流速；尽量降低进水渠道深度；尽量提高操作温度，高温下运行有利于降低溶剂黏度，能提高凝胶物质的扩散速度，还能提高积聚物质的临界凝胶浓度。

9.8.5 什么是超滤膜污染？如何解决膜污染问题？

膜污染是指被处理液体中的微粒、胶体粒子、有机物和微生物等大分子溶质与膜表面产生物理化学作用或机械作用而引起膜表面或膜孔内吸附、沉淀使膜孔变小堵塞，导致膜的透水量或分离能力下降的现象。

通常需要对超滤膜进行清洗来解决膜污染问题。超滤膜的清洗方法分为物理法和化学法。

(1) 物理法清洗超滤膜

在物理清洗法方面用得最多的就是水力冲洗法。水力冲洗法可因水力冲洗方向的不同，分为等压冲洗法和压差冲洗法（或叫反冲洗法）。反冲洗法由于能把膜表面被微粒堵塞的微孔冲开，并能有效地破坏凝胶层的结构，所以对恢复膜的透水通量往往比等压冲洗法有效。冲洗用的水完全可以利用超滤生产的产品水，这样既可避免污染膜表面，又比较经济。此外，在用管式超滤膜的情况下，可采用直径稍大于管径的软质海绵小球，在水力驱动下擦洗管壁膜表面，也能取得满意的效果。

(2) 化学法清洗超滤膜

化学清洗法通常所采用的化学清洗剂，按其作用性质的不同，可分为酸性清洗剂、碱性清洗剂、氧化还原清洗剂和生物酶清洗剂 4 类。

① 酸性清洗剂　常用的有 0.1mol/L 盐酸溶液、0.1mol/L 草酸溶液、1%～3%柠檬酸、柠檬酸胺、EDTA 等。这类清洗剂在去除钙离子、镁离子、氟离子等金属离子及其氢氧化物、无机盐凝胶层时是较为有效的。

② 碱性清洗剂　主要是 0.1%～0.5%的 NaOH 水溶液，对去除蛋白质、油脂类的污染具有良好的效果。

③ 氧化还原清洗剂　如 1%～1.5%双氧水、0.5%～1% NaClO、0.05%～0.1%叠氮酸钠等，对去除有机物质的污染有显著效果。

④ 生物酶清洗剂　如 1%胃蛋白酶、胰蛋白酶等，对去除蛋白质、多糖、油脂类的污染是有效的，对去除有机物污染也有一定效果。应用酶清洗剂时，如能在 55～60℃下清洗效果更佳。清洗时间的长短与酶浓度的高低有关。

针对超滤膜使用中出现的一些污染问题，需要对污染物进行正确的化学分析，选择最佳的清洗剂及清洗方法。另外，超滤膜在特定条件下采用化学清洗方法虽是必要，但使用时须慎重。清洗时不应使化学清洗剂破坏膜的分离性能；不应使污染物发生变形，加重膜的污染；不应破坏污染物的胶体性质，使它变硬僵化。在食品工业、医药工业生产中，不能让清洗剂的残留物影响产品质量。

9.8.6 什么是超滤的清洗系统?

超滤的清洗系统主要由配药箱、净水箱、循环泵组成，采用气水混合清洗的还包括空压机。一般物理清洗分为等压冲洗和反冲洗。等压冲洗是关闭产水阀，全开浓水阀，使原水以快于正常工作状态时的流速冲刷膜内表面，去除污垢。反冲洗是关闭原水阀采用循环泵，将净水箱中的水从产水口打入膜组件。使净水按正常过滤的反方向透过膜，冲刷掉膜表面的污染物，并使其从浓水口排出，反冲洗后马上进行等压冲洗，能更有效地将被截留的污染物排出。为了加强清洗效果，顺冲时可采用气水混合液进行冲洗。

化学清洗系统是用循环泵将配药箱内的清洗液送入超滤系统，进行循环清洗和浸泡，靠化学药品的作用去除膜表面的污垢，以恢复膜的产水能力，维持设计流量要求。

9.8.7 超滤在废水处理中是如何应用的?

超滤在工业废水处理方面的应用很广，如用于电泳涂漆废水、含油废水、含聚乙烯醇废水、纸浆废水、颜料和染色废水、放射性废水等处理以及食品工业废水中回收蛋白质、淀粉等。国外早已大规模用于实际生产中，近年来，国内外已将超滤用于生活饮用水制备，推出了多种超滤膜家用净水器。

9.8.8 超滤工艺设备的分类与特点有哪些?

(1) 板框式膜组件

优点是组装简单、坚固，对压力的变动稳定性好；可通过简单增加膜的层数增加产量；可关闭部分单元而不影响其他单元。缺点是需要的密封要求高，装填密度小，使用成本高。

(2) 卷式膜组件

在分离过程中原料溶液从端面流入，轴向流过膜组件，而渗透液在多孔支撑层中，沿螺旋路线进入收集管，盐水隔网不仅提供原水通道，而且兼有湍流促进器的作用。其优点是结构简单，装填密度高。缺点是不易清洗。

(3) 管式膜组件

优点是对料液中杂质的含量要求不高，清洗简单。缺点是压力损失大，装填密度小。

(4) 中空纤维膜组件

大多数中空纤维膜组件的中空纤维呈 U 形，一端密封置于加压容器中，壳侧为加压侧，渗透物进入纤维管内，从纤维开端流出。优点是装填密度高。缺点是清洗困难，中空纤维膜一旦损坏，无法更换，压力损失大。

9.8.9 微滤的基本原理及工艺过程是什么?

(1) 微滤的截留机理

微滤的截留机理因其结构上的差异而不尽相同。微滤膜的截留作用大致可分为机械截留、吸附截留和架桥截留。机械截留是指膜具有截留比其孔径大或与其孔径相当的微粒等杂质的作用，即筛分作用。除了膜孔径截留作用外，膜孔表面吸附也起一定的作用。在孔的入口处，微粒因架桥作用同样可被截留。微滤膜的截留作用中筛分作用仍是主要的，但微粒等杂质与孔壁之间的相互作用有时是不可忽略的。

(2) 微滤的工艺过程

微滤（MF）操作工艺中，错流操作应用较多，其工艺过程如下：原料液以切线方向流过膜表面，在压力作用下通过膜，料液中的颗粒则被膜截留而停留在膜表面，形成一层污染层。料液流经膜表面时，产生的高剪切力可使沉积在膜表面的颗粒扩散返回主流体，从而以浓缩液形式被带出微滤组件。由于过滤时颗粒在膜表面的沉积速度与流体流经膜表面时的剪切力引发的颗粒返回主体流的速度达到平衡，可使该污染层不再增厚，而保持在一个较薄的水平。因此一旦污染层达到稳定，膜渗透流率就将在较长一段时间内保持在一个确定的水平上。

9.8.10 纳滤的基本概念和分离原理是什么?

纳滤（NF）分离所需要的压力一般为 0.5～2.0MPa，比用反渗透膜达到同样的渗透通量所必须施加的压差低 1～5MPa。根据操作压力和分离界限，可以定性地将纳滤排在超滤和反渗透之间，有时也把纳滤称为低压反渗透。纳滤膜孔径处于纳米级，具有两个显著的特征：其截留的分子量为200～500；纳滤膜对无机盐有一定的截留率。

纳滤的分离机理目前还处于研究阶段。大致来说纳滤分离以毛细管渗透筛分机理为主，某些情况下膜电荷对电解质分离起到很大的辅助作用。目前用于描述纳滤膜分离机理的模型主要有立体阻碍-细孔模型和电荷模型，后者又包括空间电荷模型和固定电荷模型。

9.8.11 纳滤工程应用有哪些?

(1) 染料废水处理及染料回收

染料废水水量大，色度深（500～50 万倍），浓度高（COD 1000～10000mg/L），含盐量高（有时高达 10%～25%），成分复杂，具有毒性大、难降解、难生化等特点。目前生化处理常需要稀释，即使如此，处理仍难达标。纳滤技术可用于染料工业废水的处理和回用。只要选择合适的纳滤膜，控制好操作条件，可将染料截留并回收。透过水可以排放或进一步简单处理回用，实现对高浓度难降解染料废水的资源化回收。

(2) 中药提取液回收

中草药有效成分的提取浓缩一般都采用水提醇沉法，即用水作溶剂获得中药提取液，再用不同浓度（50%～70%）的乙醇沉淀分离，这需要消耗大量的能量。有试验研究纳滤法，直接从提取液中分离提取中草药以替代醇沉法（药液采用牛黄清心丸提取液）。结果表明，纳滤膜对 COD 的去除率为 47.3%，而对乙醇几乎不截留，仅为 2.05%，由于提取液中药的有效成分呈直链环烷等结构，对提取液中有效成分完全截留（出水 COD 几乎全由乙醇组成）。因此采用纳滤膜分离牛黄清心丸提取液，既可以获得牛黄清心丸有效成分（浓液），又可以分离出乙醇（膜的产水）。

9.9 反渗透与除盐

9.9.1 什么是渗透现象与渗透压?

渗透现象指的是当利用半透膜把两种不同浓度的溶液隔开时，理想半透膜只允许水通过而阻止盐通过，浓度较低的溶液中的溶剂（如水）自动地透过半透膜流向浓度较高的溶液，直到化学位平衡为止的现象。

渗透压指用半透膜把两种不同浓度的溶液隔开时发生渗透现象，到达平衡时半透膜两侧溶液产生的位能差，如图 9-25(a)、图 9-25(b) 所示。

9.9.2 反渗透法的概念及其原理是什么?

反渗透（RO）指的是一种以高于渗透压的压力作为推动力，利用选择性膜只能透过水而不能透过溶质的选择透过性，从水体中提取淡水的膜分离过程。

当纯水和盐水被理想半透膜隔开，如前所述，此时会发生渗透现象。若在膜的盐水侧施加压力，那么水的自发流动将受到抑制而减慢，当施加的压力达到某一数值时，水通过膜的净流量等于零，这个压力称为渗透压力，当施加在膜盐水侧的压力大于渗透压力时，水的流向就会逆转，此时，盐水中的水将流入纯水侧，上述现象就是水的反渗透（RO）处理的基本原理，如图 9-25(c) 所示。

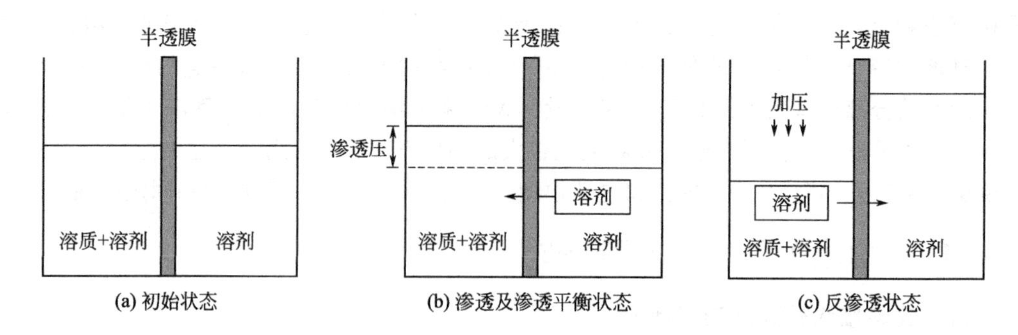

图 9-25 渗透压及水的反渗透处理原理

9.9.3 什么是污染指数？

污染指数（FI）是用来衡量反渗透进水的综合指标。用有效直径 42.7mm，平均孔径 0.45μm 的微孔滤膜，在 0.21MPa 压力下，测定最初 500mL 的进料液的过滤时间（t_1），在加压 15min 后，再次测定 500mL 的进料液的过滤时间（t_2），则

$$FI=\frac{t_1-t_2}{15t_2}\times 100\% \tag{9-3}$$

不同膜组件要求进水有不同的 FI 值。中空纤维式组件 FI 值为 3 左右，卷式组件 FI 值为 5 左右。管式组件 FI 值为 15 左右。

9.9.4 反渗透法有什么特点？

反渗透一般用来分离分子量低于 500，直径为 0.0004～0.06μm 的糖、盐等渗透压较高的体系，能除去极小的细菌、病毒和热原细菌。反渗透法具有设备构型紧凑，占地面积小、单位体积产水量及能量消耗少等优点，已应用于几乎所有行业。

9.9.5 反渗透处理性能的影响因素有哪些？

反渗透性能降低的主要因素有：

① 膜发生化学降解，如芳香族聚酰胺受氯等氧化剂及强酸强碱的破坏。

② 膜表面难溶盐结垢。

③ 膜受进水悬浮物、胶体污堵。

④ 膜受微生物、菌藻等黏附和侵蚀后造成污堵与膜降解。

⑤ 大分子有机物对膜的污堵以及小分子有机物被膜的吸附。

9.9.6 反渗透装置类型有哪些？

目前反渗透装置有板框式、管式、卷式、中空纤维式 4 种。原水含盐浓度 5000mg/L，要求脱盐率 92%～96%时，各种反渗透装置性能比较见表 9-5。

9.9.7 反渗透有哪些工艺组合方式？

在膜分离工艺中可采用组件的多种组合方式，以满足不同水处理对象对溶液分离技术的要求。组件的组合方式有一级和多级。在各个级别中又分为一段和多段。一级是指一次加压的膜分离过程，多级是指进料必须经过多次加压的分离过程。

表 9-5 各种反渗透装置性能比较

类型	膜填装密度 /(m^2/m^3)	操作压力/MPa	透水率 /[$m^3/(m^2 \cdot d)$]	单位体积透水量 /[$m^3/(m^3 \cdot d)$]
板框式	492	5.5	1.02	501
管式	328	5.5	1.02	334
卷式	656	5.5	1.02	668
中空纤维式	9180	2.8	0.073	668

反渗透常用工艺组合方式如图 9-26 所示。

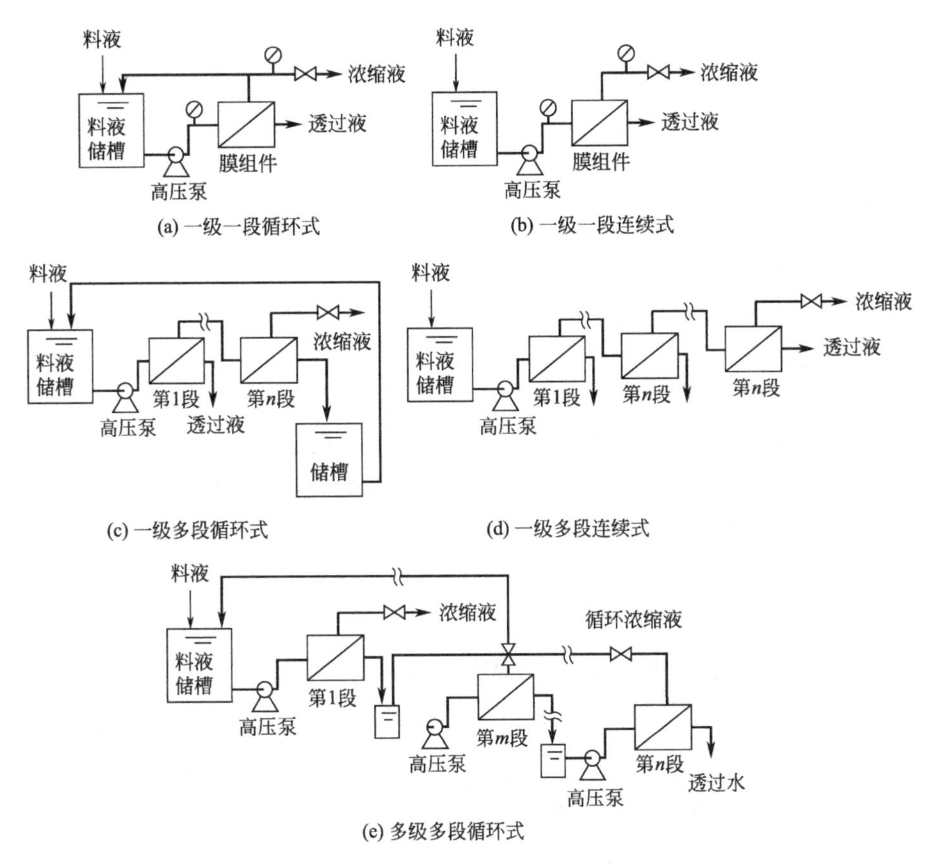

图 9-26 反渗透常用工艺组合方式

在连续式系统中，水的回收率较低。循环式系统有一部分浓水回流重新处理，可提高水的回收率，但淡水水质有所下降。多段式系统可充分提高水的回收率，用于产水量较大的场合。

9.9.8 反渗透法在污水处理中的优缺点有哪些?

(1) 反渗透法的优点

反渗透法的优点之一是容易实现自动化，减轻劳动强度。反渗透可以配合离子交换续混床，使后者再生周期较单独采用离子交换工艺大大延长，同样大幅度减轻了人力消耗。

反渗透法最大的优点是其良好的环境性，与单纯的树脂工艺相比，其酸碱的消耗量将减少 20 倍以上（以自来水估算），这将大大减少含酸碱废水的排放，进而降低污染治理费用。反渗透排放的废水不含酸碱，只是含盐高，可直接用于生活杂用水。

（2）反渗透法的缺点

反渗透法的缺点就是会产生膜污染。膜处理技术在长期的运转过程中，会引起膜的污染，导致过滤通量随运行时间而逐渐下降。膜污染是膜滤应用的主要制约因素，既能引起过滤通量的下降，又能影响处理效果。

反渗透法的另一个缺点是费用高。运行费用包括运行电费、阻垢剂消耗费用、更换反渗透膜的费用等。该工艺除盐制水需投加阻垢剂，要想提高综合效益，可以提高原水回收率，及时进行膜清洗来提高反渗透膜的使用寿命。

9.9.9 如何解决反渗透膜污染问题?

解决反渗透膜污染一般应考虑以下几方面：

（1）膜组件

材料的选择、孔径的确定及膜面亲疏水性的选择都在一定程度上影响了膜污染。

（2）料液性质

料液浓度越高，污泥越容易在膜表面形成污泥层，导致膜污染。

（3）处理工艺

合理的工艺选择、适当的预处理都对膜污染有一定程度的影响。

对已污染的膜进行处理，使其恢复膜通量，目前归纳起来主要有三种方法：一是反冲洗；二是水力冲洗；三是在线药洗。可采用拆卸膜组件，用药水浸泡，通常采用的化学药剂有次氯酸钠、稀碱、稀酸、酶、表面活性剂、络合剂和氧化剂等。至于对于不同的膜采用什么药剂，用量是多少，配成什么浓度，清洗或浸泡多长时间有待于做优化的研究。但针对不同的膜污染形成原因，应采取不同的措施。

9.9.10 反渗透预处理的目的和常用方法有哪些?

反渗透效率与寿命与原水预处理效果密切相关，预处理的目的就是要把进水对膜的污染、结垢、损伤等降到最低，从而使系统产水量、脱盐率、回收率及运行成本最优化。因此，良好的预处理对 RO 装置长期安全运行是十分重要的。其目的细分为：

① 除去悬浮固体，降低浊度；

② 控制微生物的生长；

③ 抑制与控制微溶盐的沉积；

④ 进水温度和 pH 值的调整；

⑤ 有机物的去除；

⑥ 金属氧化物和硅的沉淀控制。

常见的预处理方法有：化学氧化、药剂软化、离子交换软化、混凝絮凝、介质过滤、超滤纳滤、盘式过滤、保安过滤等。

9.9.11 反渗透系统如何进行清洗？清洗步骤是什么？

在清洗之前确定膜表面污垢的类型是非常重要的。进行污垢类型确定的最好方法是对反渗透测试膜片上所收集的残留物进行化学分析，以确定污染物的主要类型，以便进行针对性的化学清洗。在不能采用化学分析的情况下，可以根据测定情况，测试膜片上残留物的颜色、密度，然后对污垢进行分类。比如，呈褐色的残留物可能为铁污垢；白色残留物则可能是硅、砂质黏土、钙垢等；晶状体外形是无机胶体、钙垢的一个特征；生物污垢或者有机污垢一般呈现黏稠状，还可以从气味上进行分析判断。确定了膜表面的污染物后，就必须选择正确的清洗程序。如果污垢为金属氢氧化物，比如：含铁的氢氧化物或者钙垢可以采用柠檬酸清洗；如果确定主要污垢为有机物或者微生物，那么建议使用碱性清洗方法。

为了使清洗工作取得最好的效果，膜元件必须在产生大量污垢前进行清洗。如果清洗工作延误太晚将非常困难，或者难以从膜表面上彻底清除污垢并重新恢复膜性能至初始状态。当进水和浓水之间的标准化压差上升了15%，或标准化的产水量降低了10%，或标准化的盐透率增加了5%时，应该对膜系统进行清洗。

反渗透系统清洗的步骤如下：

(1) 低压冲洗

最好使用反渗透产品水冲洗，也可以用预处理出水。原水中若含有特殊化学物质，如能与清洗液发生反应的不能使用。

(2) 配置清洗液

用反渗透产品水配置清洗液，准确称量药剂并混合均匀，检查清洗液的pH值、温度（温度不低于25℃）及药剂含量等条件是否符合要求。

(3) 低压低流量输入清洗液并循环

用正常清洗流量的1/3流量及20～40psi（1psi＝6894.757Pa）的压力向反渗透系统输入清洗液，刚开始的回水排掉，防止清洗液被稀释。让清洗液在管路循环5～10min。观察回流液的浊度和pH值，若明显变浊或者pH值变化超过0.5，可加入适量药剂或重新配置清洗液再进行上述操作。

(4) 浸泡及间歇循环

停止清洗泵循环，防止清洗液流出压力容器，可关闭清洗液进水阀、清洗液浓水回流阀、清洗液产水回流阀。视组件污染情况，膜组件全部浸泡在清洗液中1h左右或更长时间（10～15h或过夜）。期间可以间歇地开启循环泵保持恒定的清洗液温度(25～30℃)。

(5) 大流量循环

加大清洗液流量到正常清洗流量的1.5倍进行清洗，循环30～60min。此时压力不能太高，以系统没有或稍有产水的压力为限，注意膜元件压差和压力容器的压差不能超过极限值。

(6) 冲洗

先用产品水（最低冲洗温度为20℃）冲洗系统约5min，然后用预处理合格产水冲洗系统20～30min。为防止沉淀，最低冲洗温度为20℃，将清洗液完全冲出无残留。开启系统运行，检查清洗效果，产水排掉不用。若要停机不用的要按相关方法保存好组件。

9.9.12 反渗透膜元件应如何保存？

新的反渗透膜元件通常浸润1% $NaHSO_3$ 和18%的甘油水溶液后贮存在密封的塑

料袋中。在塑料袋不破的情况下，贮存1年左右也不会影响反渗透膜寿命和性能。当塑料袋开口后，应尽快使用，以免因 $NaHSO_3$ 在空气中氧化，对元件产生不良影响。因此膜应尽量在使用前开封。

设备试机完后，可采取两种方法保护反渗透膜。设备试机运行2d（15～24h），然后采用2%的甲醛溶液保养；或运行2～6h后，用1%的 $NaHSO_3$ 的水溶液进行保养反渗透膜，应排尽设备管路中的空气，保证设备不漏，关闭所有的进出口阀。这两种方法均可得到满意的效果，第一种方法成本高些，在闲置时间较长时使用；第二种保养反渗透膜的方法在闲置时间较短时使用。如果反渗透膜长期停用，则应先对膜元件进行清洗，再用保存液冲洗反渗透系统，保存液的选用及配制方法可参见膜公司相应技术文件，然后采用甲醛溶液保养。如果系统温度较高，则应缩短保存液更换时间。在反渗透系统重新投入使用前，用低压给水冲洗系统，然后再用高压给水冲洗系统。无论低压冲洗还是高压冲洗时，系统的产水排放阀均应全部打开。在恢复系统至正常操作前，应检查并确认产品水中不含有任何保存液。

不管采用什么保存方法，务必做到膜元件必须一直保持在阴暗的场所，保存温度切勿过高，并要避免直射阳光；温度为0℃以下时有冻结的可能，要采取防冻措施；无论在任何情况下进行保存时，都不能使膜处于干燥状态；保存液的浓度及pH值都要保持在规定范围，需要定期检查，如果可能发生偏离时，要再次调制保存液。

9.9.13 反渗透法在水处理中是如何应用的?

随着反渗透膜材料的发展，高效膜组件的出现，反渗透的应用领域不断扩大。在海水和苦咸水的脱盐、锅炉给水和纯水制备、废水处理与再生、有用物质的分离和浓缩等方面，反渗透都发挥了重要的作用。在污废水处理中具体有以下几方面的应用：电镀废水的处理、照相洗印废水的处理、酸性尾矿水的处理，其他如造纸废水、印染废水、石化废水、医院污水和城市污水的深度处理等。

(1) 反渗透用于钢铁废水回用

钢铁企业的污废水由于污染成分复杂，在进行反渗透脱盐处理时，若只采用常规水处理工艺（如中和、生化处理、混凝、澄清、介质过滤等）作为反渗透的预处理，往往无法满足反渗透系统的进水水质要求，造成反渗透装置的快速污堵及频繁清洗。在常规处理工艺的基础上结合超滤处理工艺作为反渗透的预处理，则能够大大降低反渗透装置的污堵速度及清洗频率，保证反渗透系统的长期、稳定运行，为钢铁企业提供可替代新鲜水、锅炉用水、工业工艺用水的高品质回用水。

(2) 反渗透处理电镀废水

反渗透处理镀镍废水在我国已被广泛采用，目前已经有几十套装置在运行。组件多采用内压管式或卷式。采用内压管式组件，操作压力为2.7MPa左右时，Ni^{2+} 分离率为97.2%～97.7%，水通量为0.4$m^3/(m^2 \cdot d)$，镍回收率大于99%。根据电镀槽规模不同，反渗透装置的投资可在7～20个月收回。

反渗透处理镀铬废水在我国也被广泛采用。反渗透膜多采用我国自己研制的具有优秀耐酸耐氧化性能的聚砜酰胺膜，组件为压管式。当含铬废水酪酐浓度为5000mg/L，操作压力为4MPa时，水通量为0.16～0.2$m^3/(m^2 \cdot d)$，铬去除率为93%～97%。当含铬废水酪酐浓缩至15000mg/L时，可回用于镀槽，最终实现镀铬废水的闭路循环。

9.9.14 什么是蒸发？蒸发法的常见类型有哪些？

蒸发法是使海水受热汽化，再使蒸汽冷凝而得到淡水的一种淡化方法。蒸发法又分为多效蒸发、多级闪蒸、压气式蒸发以及太阳能蒸发等方法，其中以多效蒸发应用最为广泛。

在密闭的容器内装有纯水，当容器内压力等于或低于与水温相应的蒸汽压时，水即沸腾而汽化。在同一温度下，海水的蒸汽压比纯水低1.8%。为提高效能，将多个蒸发器串联操作，称为多效蒸发（MED）。串联个数称为效数。图9-27所示为三效蒸发流程。

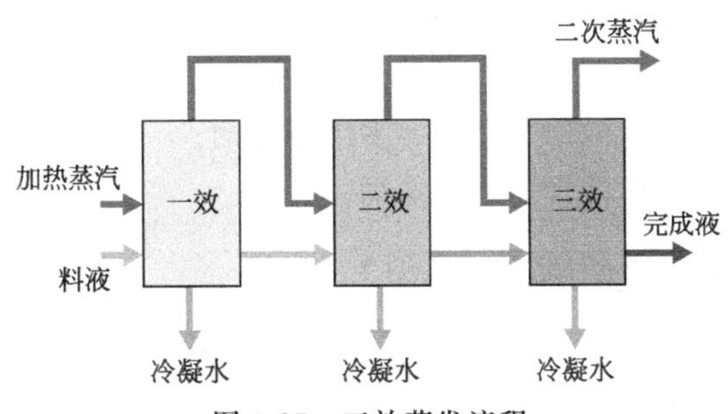

图9-27 三效蒸发流程

实现多效蒸发必须是后一效蒸发器的操作压力低于前一效，否则不存在传热温度差，蒸发无法进行。为此，需要配备一套减压装置。多效蒸发的优点主要是不受水的含盐量限制，适于有废热利用的场合。缺点是设备费用高，防腐要求高，结垢危害较严重。

多级闪蒸（MSF）是针对多效蒸发结垢较严重而改进的一种新的蒸馏方法（见图9-28）。

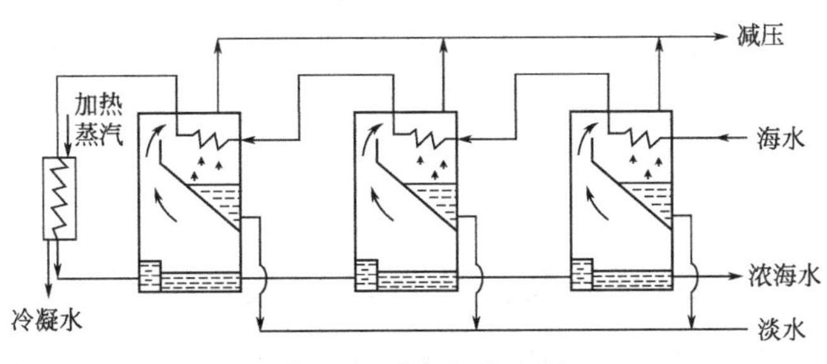

图9-28 多级闪蒸流程

多级闪蒸过程的原理如下：将原料海水加热到一定温度后引入闪蒸室，由于该闪蒸室中的压力控制在低于热盐水温度所对应的饱和蒸汽压的条件下，故热盐水进入闪蒸室后即成为过热水而急速地部分汽化，从而使热盐水自身的温度降低，所产生的蒸汽冷凝后即为所需的淡水。多级闪蒸就是以此原理为基础，使热盐水依次流经若干个压力逐渐降低的闪蒸室，逐级蒸发降温，同时盐水也逐级增浓，直到其温度接近但高于天然海水温度。

多级闪蒸具有可靠性高、防垢性能好、易于大型化等优点，适合于大型和超大型淡化装置。缺点是海水循环量大，浓缩比较低。

9.9.15　蒸馏法原理是什么？分类有哪些？

蒸馏是一种热力学的分离工艺，利用混合液体或液-固体系中各组分沸点不同，使低沸点组分蒸发再冷凝以分离整个组分的单元操作过程，是蒸发和冷凝两种单元操作的联合。与其他的分离手段相比，蒸馏的优点在于不需使用系统组分以外的其他溶剂，也就保证了不会引入新的杂质。

蒸馏可以使海水淡化，获得较高纯度的蒸馏水，也可以用于高含盐或其他物质的废水的处理，最终得到含有固体物浓度较小或很小的蒸馏水，同时也使原废水的盐分得到浓缩。

蒸馏按照不同的操作和方式，大致可以分为以下几类：

① 按方式分　简单蒸馏、平衡蒸馏、精馏、特殊精馏。

② 按操作压强分　常压、加压、减压。

③ 按混合物中组分分　双组分蒸馏、多组分蒸馏。

④ 按操作方式分　间歇蒸馏、连续蒸馏。

9.9.16　蒸馏法应注意哪些问题？

在蒸馏操作中，应根据不同蒸馏对象，如分离有机物质、分离盐分、分离无机物质等，分别注意不同点。对于废水蒸馏要特别小心的是由于废水中有机物质的存在，沸腾是经常会发生的。总体来讲，可以从以下几点考虑。

① 控制好加热温度。如果采用加热浴，加热浴的温度应当比蒸馏液体的沸点高出若干度，否则难以将被蒸馏物蒸馏出来。加热浴温度比蒸馏液体沸点高出的越多，蒸馏速度越快。但是，加热浴的温度也不能过高，否则会导致蒸馏塔和冷凝器上部的蒸气压超过大气压，有可能产生事故，特别是在蒸馏低沸点物质时尤其需注意。一般来说，加热浴的温度不高于蒸馏物质的沸点 30℃。

② 蒸馏高沸点物质时，由于易被冷凝，往往蒸气未到达蒸馏塔的侧管处即已经被冷凝而滴回蒸馏塔中，因此，应选用蒸馏短管或采取保温措施等，保证蒸馏顺利进行。

③ 蒸馏之前，必须了解被蒸馏的物质及其杂质的沸点和饱和蒸气压，以决定收集馏分的温度。

④ 蒸馏塔应当采用圆底。

9.9.17　减压蒸馏的原理及其特点是什么？

减压蒸馏是指蒸馏过程中压力低于大气压时，采用的蒸馏方法。液体的沸点是指液体的蒸气压等于外界压力时的温度，因此液体的沸点是随外界压力的变化而变化的。沸点随压力的降低而降低。如果借助于真空泵降低系统内压力，就可以降低液体的沸点，这是减压蒸馏操作的基本原理。

减压蒸馏是分离可提纯有机化合物的常用方法之一，特别适用于那些在常压蒸馏时未达沸点即已受热分解、氧化或聚合的物质。减压精馏的特点：

① 在减压情况下，物系的相对挥发度减小；

② 在减压情况下，气体的体积加大，单位塔的处理能力下降；

③ 在减压情况下，物质的泡点下降，易于用低压气生产；

④ 减少热消耗。

9.9.18 膜蒸馏的原理及其特点是什么?

膜蒸馏（MD）是膜技术与蒸馏过程相结合的膜分离过程，以疏水微孔膜为介质，在膜两侧蒸汽压差的作用下，料液中挥发性组分以蒸气形式透过膜孔，从而实现物料分离的目的。与其他常用分离过程相比，膜蒸馏具有分离效率高、操作条件温和、对膜与原料液间相互作用及膜的机械性能要求低等优点。膜蒸馏可用于水的蒸馏淡化、废水脱盐，对水溶液去除挥发性物质。

膜蒸馏一般可分为：直接接触膜蒸馏、空气隙膜蒸馏、吹扫气膜蒸馏、真空膜蒸馏。

(1) 膜蒸馏的优点

① 膜蒸馏过程几乎是在常压下进行，设备简单、操作容易。

② 可望成为大规模、低成本制备超纯水的有效手段。在非挥发性溶质水溶液的膜蒸馏过程中，因为只有水蒸气能透过膜孔，所以蒸馏液十分纯净。

③ 可以处理极高浓度的水溶液。如果溶质是容易结晶的物质，可以把溶液浓缩到过饱和状态而出现膜蒸馏结晶现象。

④ 膜蒸馏组件很容易设计成潜热回收形式，并具有以高效的小型膜组件构成大规模生产体系的灵活性。

⑤ 可以利用清洁或低位能源，无需把溶液加热到沸点，只要膜两侧维持适当的温差，该过程就可以进行。

⑥ 膜蒸馏耐腐蚀、抗辐射，能处理酸性、碱性和有放射性的液体或废水。

(2) 膜蒸馏的缺点

① 膜成本高，蒸馏通量小。

② 由于温度极化和浓度极化的影响，运行状态不稳定。

③ 目前多处于实验阶段，对传质和传热机理及参数影响的定量分析还很不够，工业废水的应用很少。

第10章 消毒处理

10.1 消毒概述

10.1.1 什么是消毒?

在污水处理过程中，通过采用物理、化学、机械、辐射等方法将水中的对人体有害的微生物杀死的过程叫做消毒。消毒和灭菌不同。消毒并非杀灭水中的一切微生物，而只要求将水中的病原微生物去除。

10.1.2 污水为什么进行消毒?

生活污水和某些工业废水中含有大量的细菌、寄生虫、病原细菌和病毒，这些微生物有时会导致疾病的传播。消毒的目的是杀死水中的病原微生物，因此为了避免疾病的进一步传播，在污水处理过程中要进行消毒。

10.1.3 影响消毒的因素有哪些?

影响消毒的因素有接触时间、温度、消毒剂的浓度、物理介质的性质及其强度、微生物的类型、废水的性质等。

10.1.4 常用的消毒方式有哪些?

消毒方式主要分为：物理消毒法、化学消毒法。

(1) 物理消毒法

物理消毒法主要分为：辐射消毒、热力消毒。

① 辐射消毒　分为辐射与非电离辐射。前者包括紫外线、红外线和微波，后者有两种射线的高能电子束（阴极射线）。其中红外线和微波主要依靠产热杀菌，而目前应

用最多为紫外线。紫外线消毒可引起细胞成分、特别是核酸发生变化，导致微生物死亡。紫外线波长范围为210～328nm，杀灭微生物波长为200～300nm，以250～265nm作用最强。电离辐射设备昂贵，对物品及人体有一定伤害，故使用较少。

② 热力消毒　主要作用原理为能使病原体蛋白凝固变性，失去正常代谢机能。热力消毒包括火烧、煮沸、流动蒸汽、高热蒸汽和干热灭菌等。

(2) 化学消毒法

化学消毒是指用化学消毒药物作用于微生物和病原体，使其蛋白质变性，失去正常功能而死亡。目前常用的有含氯消毒剂和氧化消毒剂等。

10.2 常见的消毒方法

10.2.1 氯气的基本特性有哪些？

常温常压下，氯气是一种黄绿色的气体，能强烈刺激黏膜，具有一定的毒性，其密度为空气的2.48倍，干燥时对金属无害，但在潮湿条件下对金属有强烈的腐蚀性。液氯一般的液化温度为－34.0℃，液化温度下液氯的密度为1.57g/cm^3，而在0℃时为1.47g/cm^3，氯气易溶于水，在20℃、1atm下的溶解度为7300mg/L(1atm＝101325Pa)。

Cl_2有强烈的从氧化级为0还原到氧化级为－1的趋向，即还原到稳定性最大或能量最低的状态。在水溶液中Cl_2迅速水解生成Cl^-和HClO，它们是一种热力学上更稳定的体系。

$$Cl_2 + H_2O \rightleftharpoons Cl^- + H^+ + HClO \quad (10\text{-}1)$$

次氯酸是一种弱酸，能在水中电离。由于HClO是中性分子，易接触细菌而进行氧化消毒作用，而Cl^-带有负电，难以靠近带负电的细菌，其氧化能力难起作用，因而低pH值条件有利于发挥氯气消毒的效果。

10.2.2 氯气消毒的优缺点有哪些？

优点：价格便宜，成本低；有保护性余氯，有持续消毒杀菌能力；技术较为成熟，应用范围较广。

缺点：对病毒无效，有刺激性气味，对人体有损害，容易产生二次污染。

10.2.3 次氯酸钠的基本特性有哪些？

次氯酸钠英文名称为Sodium Hypochlorite，化学分子式为NaClO，苍黄色极不稳定固体，与有机物或还原剂相混易爆炸，水溶液碱性，并缓慢分解为NaCl、$NaClO_3$和O_2，受热受光快速分解，强氧化性，具有腐蚀性，可致人体灼伤。次氯酸钠与二氧化碳反应产生的次氯酸具有消毒漂白的功效。

10.2.4 次氯酸钠消毒的优缺点有哪些？

次氯酸在杀菌、杀病毒过程中，不仅可作用于细胞壁、病毒外壳，而且因次氯酸分子小，不带电荷，可渗透入菌（病毒）体内与菌（病毒）体蛋白、核酸和酶等发生氧化反应，从而导致病原微生物死亡。因此次氯酸具有消毒效果好，操作安全，使用方便，价格低廉，对环境无毒害，不存在跑气泄漏，可以任意环境工作状况下投加等优点。

电解食盐水可以得到次氯酸钠，然后将次氯酸钠加入污水后与水反应产生次氯酸，所以说次氯酸钠的消毒作用靠次氯酸，但其消毒作用不及氯强。

次氯酸钠溶液易分解，所以通常采用次氯酸钠发生器现场制取，就地投加，不宜贮运。次氯酸钠一般适用于小型工厂。

10.2.5 氯胺的基本特性有哪些？

氯胺是重要的水消毒剂，其原因是氯胺在中性、酸性环境中会发生水解，生成具有强烈杀菌作用的次氯酸。

氯气加到水中，生成次氯酸，次氯酸可以与氨气反应生成氯胺，反应如下：

$$Cl_2+H_2O \rightleftharpoons HClO+HCl \tag{10-2}$$

$$NH_3+HClO \rightleftharpoons NH_2Cl+H_2O \tag{10-3}$$

$$NH_2Cl+HClO \rightleftharpoons NHCl_2+H_2O \tag{10-4}$$

$$NHCl_2+HClO \rightleftharpoons NCl_3+H_2O \tag{10-5}$$

由上面的反应式可以看出，这些反应均存在一个动态平衡。氯胺起消毒作用是其缓慢释放的 HClO，因消耗而减少时，$NHCl_2$ 按逆反应方向生成 HClO，从而实现消毒的目的，当 Cl_2 和 NH_3 的物质量化为（15～20）∶1 时，才有显著的 NH_3 存在。NH_3 存在和含量在消毒中的影响不大，并且有明显的气味，一般不希望其生成。在实际生产中，将 Cl_2 和 NH_3 的物质的量比控制在 3～5 之间，以保证在正常 pH 值下 NH_2Cl 是主要生成物。当 pH 值太低，Cl_2 和 NH_3 的比值越高，对生成较不稳定的氯胺有利。当 pH＝5～8 时，NH_2Cl 和 $NHCl_2$ 共存，是一种比 NH_2Cl 更强的消毒剂，但稳定性较差。

10.2.6 氯胺消毒的优缺点有哪些？

（1）氯胺消毒的优点

① 由于氯胺可以避免或减缓水中一些有机污染物发生氯化反应，因此氯胺消毒一般很少产生三卤甲烷（THMS）和卤乙酸（HAAs），产生致癌致突变的化合物也比较少。

② 氯胺的稳定性好，在管网中的持续时间长，可以有效控制管网中的有害微生物的繁殖和生物膜的形成，杀菌持久性强，更可以保证管网余氯量的要求。

③ 氯氨消毒是由缓慢释放出的 HClO 发生作用，故氧化能力相对比较弱，可以大大减缓液氯消毒残留的臭味。

④ 氯胺消毒对供水管网的腐蚀性比较小。

（2）氯胺消毒的缺点

① 氯胺消毒是通过缓慢释放的 HClO 作用的，其消毒的持久力比较强，但是消毒能力比较弱，杀菌作用相对自由氯较弱。

② 投加量控制非常重要，如果控制不好投加量，氨在微生物的作用下会转化成亚硝酸盐和硝酸盐，从而使出水中亚硝酸盐和硝酸盐的浓度增高。

③ 需要较高的安全措施。氯氨消毒需要专门设加氨间和加氯间，氨气泄漏事件的防治目前还没有比较完善的措施。

10.2.7 二氧化氯的性质有哪些？

二氧化氯英文名称为Chlorine Dioxide，化学分子式为ClO_2，分子量67.452。二氧化氯在常温下是一种黄绿色到橙色的气体，颜色变化取决于其浓度，具有刺激性气味。二氧化氯的挥发性较强，稍微曝气即从溶液中逸出。二氧化氯具有明显的双键特征，几乎全部以单体自由基的形式存在，其晶体的红外光谱和拉曼光谱均表明，即使在固态形式下也不会形成二聚物。

二氧化氯是一种易爆气体。当空气中的二氧化氯含量大于10%或水溶液含量大于30%时都易于发生爆炸。受热和受光照或遇有机物等能促进氧化作用的物质时，也能加速分解并易引起爆炸。工业上经常使用空气和惰性气体冲淡二氧化氯，使其含量小于8%～10%。二氧化氯易溶于水，溶于碱溶液、硫酸。溶于水时易挥发，遇热则分解成次氯酸、氯气、氧气，受光也易分解。二氧化氯在微酸化条件下可抑制自身的歧化，从而加强其稳定性。二氧化氯溶液须置于阴凉处，严格密封，于避光的条件下才能稳定。

目前，二氧化氯已大量用作纸浆漂白剂，用于饮用水、工业废水、医院污水和循环冷却水的处理和蔬菜、水果保鲜剂等。二氧化氯已被世界卫生组织列为AI级高效安全消毒剂。

10.2.8 二氧化氯的使用方法有哪些？

(1) 制备稳定的ClO_2溶液

使用Na_2CO_3、过碳酸盐、Na_2BO_3、过硼酸盐或其他碱金属，碱土金属及过氧化物水溶液吸收ClO_2气体，浓度一般为5%～7%，使用时加活化剂酸（硫酸、柠檬酸、盐酸）、$FeCl_3$、$AlCl_3$等使其释放ClO_2。该溶液在－5～95℃下稳定存在，不易分解，其二氧化氯浓度在2%以上。

(2) 制备固体ClO_2使用

先制成稳定ClO_2溶液，然后加粉剂（如硅胶、分子筛等多孔性物质）作为吸附剂吸附二氧化氯之后脱水。固体ClO_2运输方便，使用时也要加活化剂，放出ClO_2；也有用琼脂、明胶等为基质，制成缓释型二氧化氯，用于除臭、保鲜等。

(3) 现场制备ClO_2

用化学法或电解法现场制备ClO_2。

10.2.9 影响二氧化氯消毒效果的因素有哪些？

影响二氧化氯效果的主要因素有环境条件和二氧化氯消毒条件。前者包括体系温度、pH值、悬浮物含量等，后者包括二氧化氯投加量、接触时间等。

温度越高，二氧化氯的灭活效力越大。一般二氧化氯对微生物的灭活效率随体系温度的上升而提高。体系pH值对二氧化氯灭活微生物效果的影响机理较为复杂。有观点认为，体系pH值可能超过改变二氧化氯对其他物质的反应速率，而间接影响其灭活微生物的效果。虽然体系pH值对二氧化氯灭活微生物效果的影响因微生物种类不同而异，但相对液氯而言，在pH值为6.0～8.5范围内，一般二氧化氯对病毒和孢子等多数微生物的灭活效果受体系pH值的影响较小。对于稳定性二氧化氯消毒而言，pH值越低，其活化率越高，灭活能力越强。通常情况下，在pH值为6.0～10.0范围内，二氧化氯对多数细菌的灭活效果不受 pH 值的影响，但人们发现二氧化氯对埃希大肠杆菌的灭活效果随 pH 值的上升而提高。

悬浮物被认为是影响二氧化氯效果的重要因素之一。因为悬浮物能阻碍二氧化氯直接与细菌等微生物相接触，从而不利于二氧化氯对微生物的灭活。当微生物聚集成群时，二氧化氯对它们的灭活效果也大大降低。

二氧化氯对微生物的灭活效果随其投加量的增加而提高。消毒剂对微生物的总体灭活效果取决于残余消毒剂浓度与接触时间的乘积，因此延长接触时间也有助于提高消毒剂的灭菌效果。

10.2.10 紫外消毒原理及其优缺点是什么？

紫外线是波长介于可见光短波极限与 X 射线长波段之间的电磁辐射，波长范围约为400～10nm。根据波长将紫外线分为 4 个部分：

A 波段（UV-A），波长范围为 320～400nm，又称为长波紫外线；

B 波段（UV-B），波长范围为 275～320nm，又称为中波紫外线；

C 波段（UV-C），波长范围为 200～275nm，又称为短波紫外线；

D 波段（UV-D），波长范围为 10～200nm，又称为真空紫外线。

研究表明：微生物受到紫外线辐射，吸收了紫外线的能量，实际上是核酸吸收了紫外线的能量。DNA 和 RNA 对波长在 240～280nm 的紫外线吸收较多，对波长 260nm 的吸收达到最大值。经过紫外线照射后，DNA 链上的相邻胸腺嘧啶形成二聚物，阻碍 RNA 链上正确的 DNA 遗传代码复制，从而起到杀菌作用。如果紫外线强度不够，未被彻底杀死的细胞在光复活酶的作用下，连接在一起的胸腺嘧啶二聚体解聚而形成单体，会使 DNA 恢复正常功能，或者用未损伤的核苷酸来代替，使 DNA 恢复正常的功能和结构，实现切割修复和重组修复，称为光复活。因此，经过紫外消毒的水，应该避免与光长时间的接触。普通玻璃对紫外线有较强吸收，所以紫外消毒灯使用的光学元件必须采用能透过紫外线的材料，例如石英。

因为紫外光需照透水层才能起消毒作用，污水中的悬浮物、浊度、有机物和氨氮都会干扰紫外线的传播，因此处理水水质光传播系数越高，紫外线消毒的效果也越好。

(1) 紫外消毒的优点

① 消毒速度快，效率高。紫外消毒能够非常有效地杀死细菌、病毒、孢子等有害物质，杀菌具有广谱性，能去除液氯法难以杀死的芽孢和病毒。

② 紫外消毒是一个物理过程，同化学消毒相比较，避免了产生、处理、运输中存在的危险性和腐蚀性，相对来说较为安全。

③ 不产生对人类和水生生命有害的残留影响。不像氯气消毒后会产生二次污染，对水中的生物和环境也不会造成危害。

④ 紫外消毒操作简便，对周围环境和操作人员相对安全可靠，便于管理，易于实现自动化。

⑤ 紫外消毒同其他消毒方式相比接触时间很短，通常在 0.5min 以内，所需空间更小，可以节省大量土地和土建投资，对于处在市区的污水处理厂的消毒是非常有利的。据试验结果证实，经紫外线照射几十秒钟即能杀菌，一般大肠菌群的平均去除率可达 98%，细菌总数的平均去除率为 96.6%。

⑥ 不影响水的物理性质和化学成分。

（2）紫外消毒的缺点

① 紫外线剂量不足时将不能有效地杀灭病原体，病原体在光合作用或者暗修复的机制下可能会自我修复。

② 水中的生物、矿物质、悬浮物等会沉积在紫外灯罩表面，影响杀菌效果，应该采取预防措施防止紫外灯管结垢，并且进行定期清洗。

③ 浊度和 TSS 对紫外消毒的影响较大，在低压紫外灯的应用中，进水的 TSS 最高限制为 30mg/L，当 TSS 不高于 20mg/L，或小于 10mg/L 时将能达到好的杀菌效果。

④ 消毒后不能保持持续杀菌能力，同时能耗较大，因此消毒费相对较高。

10.2.11 臭氧消毒原理及其优缺点是什么？

（1）消毒机理

臭氧分解时产生生态氧

$$O_3 \longrightarrow O_2 + [O]$$

[O] 具有极强的氧化能力，是氟以外最活泼的氧化剂，对具有顽强抵抗能力的微生物如病毒、芽孢等都有极大的杀伤力。[O] 除具有很强的杀伤力外，还具有很强的渗入细胞壁的能力，从而破坏细菌有机体链状结构导致细菌的死亡。

（2）优缺点

臭氧消毒主要优点是不会产生三卤甲烷等副产物，杀菌和氧化能力均比氯强，但臭氧在水中不稳定、易消失，不具有持续杀菌能力，因此不能作为最终消毒剂。往往在臭氧消毒之后，需要投加少量的氯以维持水中剩余消毒剂。

11.1 自动控制概述

11.1.1 什么是自动控制系统？

自动控制系统是在生产过程中，当某种设备受到外界干扰，工艺条件发生变化，引起整个工艺设备的波动，偏离了正常的工艺条件范围时，自动控制装置对其进行相关参数的修正，使它们能够自动地回到正常的波动范围，从而实现正常生产的系统。其中生产过程的自动控制简称过程控制，是自动控制技术在生产过程中的具体应用。

11.1.2 生产过程的自动控制系统的特点有哪些？

过程控制系统与其他的自动控制系统相比，有以下特点：

① 生产过程的连续性在过程控制系统中，大多数被控过程都是以长期的或间歇的形式运行。过程控制的主要目的是消除或减少扰动对被控变量的影响，使被控变量稳定在工艺要求的数值上，从而实现生产过程的优质、高产和低耗。

② 被控对象的复杂性。过程控制涉及范围广，被控对象相对较大，比较复杂，其动态特性多为大惯性、大滞后形式，且具有非线性和时变特性，甚至有些过程特性至今未被人们所认识。

③ 控制方案的多样性。由于被控对象各异，工艺条件和要求也不相同，因此，过程控制系统的控制方案非常丰富。有常规的PID控制、串级控制、前馈-反馈控制等，还有许多新型的控制系统，如模糊控制、预测控制和最优控制等。

11.1.3 自动控制系统的作用是什么？

自动控制系统就是利用机械、电气、光学的装置代替人工控制的作用，在不用人工直接参与的情况下，可以自动地实现预定控制的工程。

自动控制系统应用自动控制技术可以解脱繁重、单调、低效的人力劳动以便提高生产效率和提高生活水平。在现代生产中很复杂的或极精密的工作用人力不能胜任时，应用自动控制技术可以保证高质量地完成任务。

（1）确保生产过程的连续性

在自动控制系统中，大多数被控制工程都是以长期或间歇的形式运行，而通过过程控制可以消除或减少扰动对被控变量的影响，使被控变量稳定在工艺要求的数值上，从而实现工程的优质、高产和低耗。

（2）精确被控对象，稳定系统运行

自动控制系统涉及范围广，控制对象相对较大，比较复杂。自动控制系统的应用便于对被控制对象具体精确地控制，同时自动控制系统针对被控对象各异，工艺条件要求的不同，采取不同的控制方案，从而使系统运行更加稳定。

11.1.4 自动控制系统由哪几部分组成?

（1）分散过程控制装置

分散过程控制装置是生产过程的各种过程变量通过它转化为操作监视的数据，而操作的各种信息也通过它送到执行机构。

（2）操作管理装置

操作管理装置是操作人员与集散控制系统间的界面，操作人员通过操作装置了解生产过程的运行状态，并通过它发指令给生产过程。

（3）通信系统

通信系统是分散控制装置与操作管理装置之间的桥梁，实现数据之间的传递和交换。

11.1.5 自动控制系统常用的典型测试信号是什么?

自动控制系统常用的典型测试信号有阶跃信号、速度信号、加速度信号、脉冲信号和正弦信号。

（1）阶跃信号

阶跃信号是最常用的测试信号。其跃变特性可用来测试系统对输入突变响应的快速性、振荡程度和稳定误差。

（2）速度信号（斜坡信号）

可用来测试系统对匀速变化的参考输入信号的跟踪能力。

（3）加速度信号（抛物线信号）

可用来测试系统对加速度的参考输入信号的跟踪能力。

（4）脉冲信号

它是一种离散信号，形状多种多样，与普通模拟信号（如正弦波）相比，波形之间在时间轴不连续（波形与波形之间有明显的间隔）但具有一定的周期性的特点。

（5）正弦信号

频率成分最为单一的一种信号，因这种信号的波形是数学上的正弦曲线而得名。

11.1.6 自动控制系统是如何分类的？

（1）线性控制系统和非线性控制系统

① 若组成控制系统的元件都具有线性特性，则称这种系统为线性控制系统。这种系统的输入与输出间的关系，一般用微分方程、传递函数来描述，也可以用状态空间表达式来表示。线性系统的主要特点是具有齐次性和适用叠加原理。如果线性系统中的参数不随时间而变化，则称为线性定常系统；反之，则称为线性时变系统。

② 在控制系统中，至少要一个元件具有非线性特性，则称该系统为非线性控制系统。非线性系统一般不具有齐次性，也不适用叠加原理，而且它的输出响应和稳定性与其初始态有很大关系。

（2）连续系统和离散系统

① 连续系统　系统中各元件的输入量和输出量均为时间的连续函数。连续系统的运动规律可用微分方程描述，系统中各部分信号都是模拟量。

② 离散系统　系统中某一处或几处的信号是以脉冲系列或数码形式传递的系统。离散系统的运动规律可以用差分方程来描述。计算机控制系统就是典型的离散系统。

（3）恒值控制系统、随动系统和程序控制系统

① 恒值控制系统的参考输入为常量，要求系统的被控制量在任何扰动的作用下能尽快地恢复（或接近）到原有的稳态值。由于这类系统能自动地消除各种扰动对被控制量的影响，故又名为自镇定系统。

② 随动系统的参考输入是一个变化的量，一般是随机的，要求系统的被控制量能快速、准确地跟踪参考输入信号的变化而变化。

③ 程序控制系统的给定值按一定时间函数变化。

11.2 自动控制技术

11.2.1 PLC控制系统的原理是什么？

PLC（Programmable Logic Controller）控制系统是一类专门为工业环境下应用而设计的数字式电子系统。它采用了可编程的存储器，用来在其内部存储执行逻辑运算、顺序控制、定时、计数和算术运算等功能的面向用户的指令，并通过数字式或模拟式的输入和输出，控制各种类型的机械或生产过程。可编程序控制器及其相关外部设备，都应按照易于与工业控制系统连成一个整体，易于扩展其功能的原则而设计。

11.2.2 PLC控制系统的特点是什么？

（1）应用灵活，安装简便

标准的积木式硬件结构与模块化的软件设计，使PLC不仅适应大小不同、功能不同的控制要求，而且适应工艺流程变更较多的场所。它的安装和现场接线简单方便，可按照积木方式扩充和删减其系统规模，组成灵活的控制系统。由于其控制功能通过软件实现，因此允许工作人员在未购买硬件设备前就进行软布线工作，从而缩短了整个设计生产、调试周期。从硬件的连接方面，PLC 对现场环境的要求不高，使用螺丝刀就能完成全部的接线工作。

（2）编程简化

PLC 采用电器操作人员习惯的梯形图形式编程，直观易懂。因此，不仅程序开发速度快，而且程序的可读性强，软件维护方便。

（3）操作方便、维护容易

工程师编好的程序清晰直观，根据操作说明书，操作人员经短期培训就会使用。另外，PLC 具有完善的监视和诊断功能，对其内部工作状态、通信状态、I/O 点状态等都有醒目的显示。因此，操作、维护人员可以及时、准确地了解设备的故障点，迅速替换故障单元或插件，恢复生产。

（4）可靠性高

硬件设计方面，首先选用优质器件，其次是合理的系统结构，加固简化安装，使它易于抗振动冲击。软件设计方面采用了许多特殊措施，设置警戒时钟。系统运行对警戒时钟定时刷新，一旦出现死循环，系统立即跳出，重新启动并发出报警信号。上述措施保证了 PLC 的高可靠性，它的平均无故障时间超过 4 万～5 万小时，某些优秀品牌更高达 10 万小时以上。

抗电磁干扰性能好，适应性强。可直接安装在工业现场，不必采取其他特殊措施，由于其结构精巧，耐热、防潮、抗震等性能都很好。

（5）功能完善

PLC 可连成功能很强的网络系统。网络分两类：一类是低速网络，采用主从通信方式，传输速率从每秒几万字节到几兆字节，传输距离为 500～2500m；另一类是高速网络，采用令牌传送方式通信，传输速率为 1～10MB/s，传输距离为 500～1000m。这两类网络可以级联，网上可兼容不同类型的 PLC 和计算机，从而组成控制范围很大的局部管控网络。

11.2.3　DCS 控制系统的原理是什么？

DCS 控制系统即集散控制系统。DCS 控制系统是 20 世纪 70 年代中期发展起来的以处理器为基础的分散型计算机控制系统。它是控制技术、计算机技术、通信技术、图形显示技术和网络技术相结合的产物。DCS 控制系统是对生产过程进行集中监视、操作、管理和分散控制的一种分布式计算机控制系统。

11.2.4　DCS 控制系统的特点是什么？

（1）分级递阶控制

在垂直方向或水平方向都是分级的。各个分级有各自的功能，完成各自的操作。它们之间既有分工又有联系，在各自的工作中完成各自的工作，同时它们相互协调、相互制约，使整个系统在优化的操作条件下运行。

（2）分散控制

分散的目的是为了使危险分散，提高设备的可利用率及控制系统的可靠性。分散控制系统是解决集中计算机控制系统不足的较好途径，并已成为过程控制领域的一支主流。

(3) 自治及协调性好

集散控制系统中的分散过程控制装置、操作管理装置和通信系统是各自为主的自治系统，它们完成各自的独立功能，但是相互之间又有联系，数据信息相互交换，各种条件相互制约，在系统的协调下各司其职。

11.2.5 FCS控制系统的原理是什么?

FCS是现场总线控制系统，核心是总线协议、总线标准。它的本质是信息处理现场化，通过使用现场总线，可大大减少现场接线。

传统的DCS系统从每个现场装置到控制室都需要使用一对专用的双绞线，以传送4～20mA的信号，在FCS仅使用一根双绞线将中央控制室与各个现场接线盒串联，每个现场装置用双绞线连接到附近的接线盒上完成数字通信。用单个现场仪表可实现多变量通信。

11.2.6 FCS控制系统的特点是什么?

FCS与DCS相比较有以下特点：

(1) DCS是个大系统，必须整体投资一次到位，事后扩容难度较大。而FCS投资起点低，可以边用边扩边投运。

(2) DCS是封闭的系统。各公司的产品不兼容，而FCS是开放式系统，用户可以选择不同的厂商、不同品牌的各种设备连入现场总线，达到最佳的系统集成。

(3) DCS的信息全都是开关信号和模拟信号，而FCS是全数字化，各种信号转换在现场设备中完成，高集成化高性能，使精度可以从±0.5%提高到±0.1%。

(4) DCS可以将PID闭环控制功能装入变送器或执行器中，缩短了控制周期，改善了调节性能。

(5) DCS可以控制和监视工艺全过程，对自身进行诊断、维护和组态，但无法在DCS工程师站上对仪表进行远程诊断、维护和组态。

(6) FCS可以减少大量的电缆与敷设电缆所使用的桥架，节省了设计、安装和维护费用。

(7) FCS相对DCS组态简单，方法统一，便于安装和运行、维护。

11.2.7 流量测定仪的分类有哪些? 性能特点是什么?

(1) 差压式流量计

差压式流量计又称节流式流量计，利用流体流经节流装置时产生的压力差实现流量测量。差压式流量计主要特点是结构简单，安装方便，工作可靠，成本低廉，中等精度，管径从小到大系列齐全，标准化程度高；但大部分差压式流量计精确度不高（中等精度)，测量范围窄，压损大（指孔板、喷嘴等)。

(2) 可变面积式流量计

可变面积式流量计又叫转子流量计，在一根由下向上扩大的垂直锥管中，圆形横截面的浮子的重力是由液体动力承受的，从而使浮子可以在锥管内自由地上升和下降，通过浮子在锥管中的位置可以直接读出流量值，或者将浮子的位置转换成标准电流信号。可变面积式流量计主要特点是结构简单，使用方便，价格便宜，适用于小管径和低流速，压力损失较低；但不能测量悬浮物较高的污水，容易堵塞，浮子容易被卡住需设置旁路，而且耐压低，玻璃管结构有破碎的风险。

(3) 速度式流量计

速度式流量计是以测量管道内平均流体速度，进而求出单位时间内流过流体的体积流量，主要包括涡街流量计、涡轮流量计、电磁流量计等。

① 涡街流量计　在流体中安装一根非流线型漩涡发生体，流体在发生体两侧交替地分离释放出两串规则的、交错排列的旋涡的流量计。当通流截面一定时，流速与容积流量成正比，因此测量振荡频率即可得测量流量。主要特点是测量原件结构简单，可靠性高，精度较高，使用寿命长，测量范围宽，应用范围广，可测量气体、蒸汽、液体介质；但安装条件苛刻，抗震性能差，直管段要求非常高，不适合含杂质的脏污流体。

② 涡轮流量计　采用多叶片的转子（涡轮）感受流体平均流速，从而可推导出流量或总量。主要特点是精度特别高，重复性好，抗干扰性好，量程范围宽；但不能长期保持校准特性，流体物性对流量特性有较大影响。

③ 电磁流量计　根据法拉第电磁感应定律制成的一种测量导电性液体的仪表，根据测出的感应电动势求出流体的流速，进而计算出体积流量。主要特点是测量管段是光滑直管，无节流件，堵塞可能性小，适用于测量含固体颗粒的液固二相流体，如纸浆、泥浆、污水等，流量范围大，不产生流量检测所产生的压力损失；但无法测量气体以及含气泡的液体，无法测量低电导介质如有机物等，且价格贵。

(4) 容积式流量计

容积式流量计又称定容量流量计，利用机械测量元件把流体连续不断地分割成单个已知的体积部分，根据测量室逐次重复地充满和排放该体积部分流体的次数来测量流体体积总量。

11.2.8 压力监测仪的分类有哪些？性能特点是什么？

压力监测仪可以分为液柱式压力计、活塞式压力计、弹性压力计和压力传感器。每种分类又可以进一步细分多种型式，一般液柱式压力计和活塞式压力计的精度高，可以测量压差和负压。目前，随着智能控制的不断发展，压力传感器越来越受到欢迎和重视，应用越来越多，精度也较高。从结构上看，液柱式压力计、活塞式压力计结构简单，弹性压力计结构相对复杂，压力传感器超出了完全的机械结构型式，融合了电学专业内容。压力监测仪的分类与用途见表11-1。

表 11-1　压力监测仪的分类与用途

仪表型式		常用测量范围/Pa	精度等级	用途
液柱式压力计	U形管压力计	0～10^5或压差、负压	高	基准器、标准器、工程测量仪表只能进行现场指示
	单管压力计	0～10^5或压差、负压	高	基准器、标准器、工程测量仪表只能进行现场指示
	斜管压力计	0～2×10^3或压差、负压	高	基准器、标准器、工程测量仪表只能进行现场指示
活塞式压力计		0～5×10^5或负压	很高	基准器、标准器
弹性压力计	弹簧管压力计	0～10^9	较高	工程测量仪表、精密测量仪表
	膜片式压力计	0～2×10^6或压差、负压	一般	工程测量仪表、精密测量仪表
	膜盒式压力计	0～4×10^4或压差、负压	一般	工程测量仪表、精密测量仪表
	波纹管压力计	0～4×10^6或压差、负压	一般	工程测量仪表、精密测量仪表

续表

仪表型式		常用测量范围/Pa	精度等级	用途
压力传感器	电位计式	0～6×10^{7}	一般	工程测量仪表
	电容式	0～10^{7}或压差	较高	工程测量仪表
	电感式	0～6×10^{7}	一般	工程测量仪表
	霍尔式	0～6×10^{7}	一般	工程测量仪表
	振频式	0～10^{7}或压差、负压	较高	工程测量仪表
	应变式	0～10^{7}或压差、负压	较高	工程测量仪表
	压电式	0～10^{7}或压差、负压	较高	工程测量仪表

11.2.9 温度监测仪的分类有哪些？性能特点是什么？

温度监测仪主要分为接触式和非接触式两大类。接触式又分为膨胀式、压力式、热电阻式和热电效应四类。不同种类呈现出来的测定范围和精度是不一样的，结构越简单监测的范围越大，但精度相对较低。热电阻式监测精度高，但对于高温不太适合。非接触式适合监测更高的温度。温度监测仪的分类与特点见表 11-2。

表 11-2 温度监测仪的分类与特点

测温方式	测温仪表种类		测温范围/℃	性能特点
接触式	膨胀式	玻璃液体	−100～600	优点：结构简单、使用方便、测量精度较高、价格低廉 缺点：测量精度和上限受玻璃质量的限制、易碎、不能远传
		双金属	−80～600	优点：结构紧凑、牢固、可靠 缺点：测量精度较低、量程和使用范围有限
	压力式	液体	−40～200	优点：耐震、坚固、防爆、价格低廉 缺点：工业用压力式温度计精度较低、测温距离短、滞后大 主要用于温度的连续测量
		气体	−100～500	
	热电阻式	铂电阻	−260～850	优点：测量精度高，便于远距离、多点测量，便于集中检测和自动控制 缺点：不能测高温，须注意环境温度的影响 主要用于温度的连续测量
		铜电阻	−50～150	
		半导体热敏电阻	−50～300	优点：灵敏度高、体积小、结构简单、使用方便 缺点：互换性较差、测量范围有一定的限制 主要用于温度开关及温度补偿
	热电效应	热电偶	−200～1800	优点：测量范围广、测量精度高、便于远距离、多点、集中检测和自动控制 缺点：需自由端温度补偿、在低温段测量精度较低 主要用于温度的连续测量
非接触式	辐射式		0～3500	优点：不破坏温度场、测量范围大、可测运动物体的温度 缺点：易受外界环境的影响，标定较困难

11.2.10 液位计的分类和特点有哪些？应用场合有哪些？

（1）玻璃管液位计

玻璃管液位计是一种直读式液位测量仪表，根据流体的连通性原理来测量液位。适用于工业生产过程中一般贮液设备液体位置的现场检测，其结构简单，测量准确，是传统的现场液位测量工具，一般用于直接检测。

(2) 浮标液位计

浮标液位计以浮标为测量元件，液位变化时，浮标随之上下浮动，通过与浮标软连接的牵引索带动主体立管内重锤（内含磁钢）做反向同步移动，利用磁钢与磁翻板的磁耦合作用，驱使磁翻板翻转 180°，显示器顶端为液位下限（即零位）底端为液位上限（即满量程）液位上升时，显示器以红色指示液位高度，红色下部为白色，显示无液部分（即液红气白）。随着液位的不断上升，红色不断增加由上向下移，白色不断下移减少，从而显示器以红色连续地显示出液位的高度。

浮标液位计适用于石油化工系统中贮有腐蚀性介质的槽、罐、油田、油库等的平底锥盖及拱顶容器以及一般企业、民用建筑的水塔（水箱）所需价格低廉的液位测量，以解决人工测液位的困难。

(3) 浮筒液位计

浮筒液位计是根据阿基米德定律和磁耦合原理设计而成的液位测量仪表。浸在液体中的浮筒受到向下的重力、向上的浮力和弹簧弹力的复合作用。当这三个力达到平衡时，浮筒就静止在某一位置。当液位发生变化时，浮筒所受浮力相应改变，平衡状态被打破，从而引起弹力变化即弹簧的伸缩，以达到新的平衡。弹簧的伸缩使其与刚性连接的磁钢产生位移，这样通过指示器内磁感应元件和传动装置使其指示出液位。限位开关的仪表即可实现液位信号的报警功能。

浮筒液位计适合工艺流程中敞口或带压容器内的液位、界位、密度的测量。

(4) 磁致伸缩液位计

磁致伸缩液位计的传感器工作时，传感器的电路部分将在波导丝上激励出脉冲电流，该电流沿波导丝传播时会在波导丝的周围产生脉冲电流磁场。在磁致伸缩液位计的传感器测杆外配有一浮子，此浮子可以沿测杆随液位的变化而上下移动。在浮子内部有一组永久磁环，当脉冲电流磁场与浮子产生的磁环磁场相遇时，浮子周围的磁场发生改变从而使得由磁致伸缩材料做成的波导丝在浮子所在的位置产生一个扭转波脉冲，这个脉冲以固定的速度沿波导丝传回并由检出机构检出。通过测量脉冲电流与扭转波的时间差可以精确地确定浮子所在的位置，即液面的位置。

磁致伸缩液位计适合于高精度要求的清洁液位的液位测量，用于石油、化工原料储存、工业流程、生化、医药、食品饮料、罐区管理和加油站地下库存等各种液罐的液位工业计量和控制，大坝水位、水库水位监测与污水处理等。

(5) 雷达液位计

雷达液位计是基于时间行程原理的测量仪表，雷达波以光速运行，运行时间可以通过电子部件被转换成物位信号。探头发出高频脉冲并沿缆式探头传播，当脉冲遇到物料表面时反射回来被仪表内的接收器接收，并将距离信号转化为物位信号。

智能雷达物位计适用于对液体、浆料及颗粒料的物位进行非接触式连续测量，适用于温度、压力变化大、有惰性气体及挥发物质存在的场合。

(6) 差压式液位计

差压式液位计是通过测量容器两个不同点处的压力差来计算容器内物体液位（差压）的仪表，即利用液柱产生的压力来测量液位的高度。主要应用于精馏塔、化工储罐、硫酸盐制浆容器、酶发酵、烷基化反应、啤酒发酵等领域的差压或液位测量。

11.2.11 在线水质监测仪有哪些？性能特点是什么？

(1) COD 在线自动监测仪

COD 化学需氧量是在一定的条件下用强氧化剂氧化水中的还原物质时所消耗氧化剂中的氧量。COD 在线自动监测仪测量水质常用的有间歇比色法和恒定电流库伦滴定法自动监测仪。前者基于在酸性介质中，用过量的重铬酸钾氧化水样中的有机物和无机还原性物质，用比色法测定剩余重铬酸钾量，计算出水样消耗重铬酸钾量，从而得知 COD；仪器利用微机或程序控制器将量取水样、加液、加热氧化、测定及数据处理等操作自动进行。后者是将氧化水样后剩余的重铬酸钾用库伦滴定法测定，根据其消耗电量与加入的重铬酸钾总量所消耗的电量之差，计算出水样的 COD。

(2) BOD 监测仪

BOD 生化需氧量表示水中有机物由于微生物的生化作用进行氧化分解，使之无机化或气体化时所消耗水中溶解氧的总数量。为了使检测资料有可比性，一般规定一个时间周期，在这段时间内，在一定温度下用水样培养微生物，并测定水中溶解氧消耗情况，一般采用 5d 时间，称为五日生化需氧量，记做 BOD_5。

(3) TOC 监测仪

TOC 总有机碳是水中有机物所含碳的总质量浓度，所以能完全反映有机物对水体的污染水平。TOC 监测仪是将水溶液中的总有机碳氧化为二氧化碳，并且测定其质量浓度，利用二氧化碳与总有机碳之间碳质量浓度的对应关系，从而对水溶液中总有机碳进行定量测定。其主要技术方法有 4 种：

① (催化) 燃烧氧化-非分散红外光度法 (NDIR)；

② UV 催化-过硫酸盐氧化-NDIR 法；

③ UV-过硫酸盐氧化-离子选择电极法 (ISE)；

④ 加热-过硫酸盐氧化-NDIR 法。

(4) 水温检测仪

测量水温一般用感温元件如铂电阻或热敏电阻做传感器。将感温元件浸入被测水中并接入平衡电桥的一个臂上，当水温变化时，感温元件的电阻随之变化，则电桥平衡状态被破坏，有电压讯号输出。根据感温元件电阻变化值与电桥输出电压变化值的定量关系实现对水温的测量。

(5) 电导率检测仪

水的电导率与其所含无机酸、碱、盐的量有一定的关系。当它们的浓度较低时，电导率随浓度的增大而增加，因此，该指标常用于推测水中离子的总浓度或含盐量。在连续自动监测中，常用自动平衡电桥法电导率仪和电流测量法电导率仪。早期的电导率仪大多是自动平衡电桥法电导率仪，测量精度高，但操作较繁琐。电流测量法电导率仪采用了运算放大电路，可使读数和电导率呈线性关系。

(6) pH 监测仪

pH 监测仪由复合式 pH 玻璃测量电极、温度自动补偿电极、电极夹、电线连接箱、专用电缆、放大指示系统及小型计算机等组成。测量电极上有特殊的对 pH 值反应灵敏的玻璃探头。它是由能导电、能渗透氢离子的特殊玻璃制成，具有测量精度高、抗干扰性好等特点。当玻璃探头和氢离子接触时，就产生电位。电位是通过悬吊在氯化银溶液中的银丝对照参比电极测到的。pH 值不同，对应产生的电位也不一样，通过变送器将其转换成标准 4～20mA 输出。

(7) 溶解氧检测仪

溶解于水中的分子态氧称为溶解氧。水中溶解氧的含量与大气压力、水温及含盐量等因素有关。测定溶解氧的方法有碘量法及其修正法和氧电极法。在水污染连续自动监测系统中，广泛采用隔膜电极法测定水中溶解氧。隔膜电极宜选用极谱式隔膜电极，因为其使用中性内充溶液，维护较简便，使用于自动监测系统中。电极可安装在流通式发送池中，也可浸入于搅动的水样（如曝气池）中。其电极由阴极（常用金和铂制成）和带电流的反电极（银）、无电流的参比电极（银）组成，电极浸没在电解质如 KCl、KOH 中，传感器由隔膜覆盖，隔膜将电极和电解质与被测量的液体分开，因此保护了传感器，既能防止电解质逸出，又可防止外来物质的侵入而导致污染和毒化。参比电极的功能是确定阴极电位。

(8) 高锰酸盐指数监测仪

在一定条件下，以高锰酸钾（$KMnO_4$）为氧化剂，处理水样时所消耗的氧化剂的氧量，称为高锰酸盐指数。高锰酸盐指数在以往的水质监测分析中，亦被称为化学需氧量的高锰酸钾法。但是，由于这种方法在规定条件下，水中有机物只能部分被氧化，并不是理论上的需氧量，也不能反映水体中总有机物含量，因此，用高锰酸盐指数这一术语作为水质的一项指标，以有别于重铬酸钾法的化学需氧量。高锰酸盐指数监测仪有比色式和电位式两种。

(9) UV（紫外）吸收监测仪

UV（紫外）吸收监测仪是应用紫外线吸光度原理，用双波长吸光度测定法测量水中的有机污染物质量浓度的一种自动监测仪器。通常，波长越短吸收越强，但实际应用的是在 254nm 波长下测定吸光度的方法。由于各种有机物质对紫外 254nm 大多有吸收，通过测定污水对 UV254 的吸收程度得到 UV 吸收值，通过 UV 值与 COD 值之间的线性关系式可以标定有机污染物的质量浓度，仪表可以自动换算出所测水样的 COD 值并在液晶显示器（LCD）上显示出来。

11.3 自动控制技术应用

11.3.1 格栅自动控制系统的原理是什么？

在格栅前后设超声波液位差仪表，测量格栅前后水位的差值，以此自动控制格栅的运行，即水位差达到设定值时自动启动格栅清污。PLC 系统将根据软件程序自动控制格栅的顺序启停、运行以及安全连锁保护。在格栅的启动同时，自动启动栅渣压实机和栅渣输送机。

格栅按预定时间周期可自动开启，并按设定时间运行；或根据格栅前后的设定直接反映格栅堵塞情况的水位差自动开启，以保证格栅正常工作，中心控制室可以设定为远程手动或自动控制模式。在自动控制模式下，格栅将根据预定的时间周期及设定的水位差进行工作，自动清污，螺旋输送器将一起联动，将污物排除。

11.3.2 自动加药控制系统的原理是什么？

自动加药控制系统工作原理如图 11-1 所示。

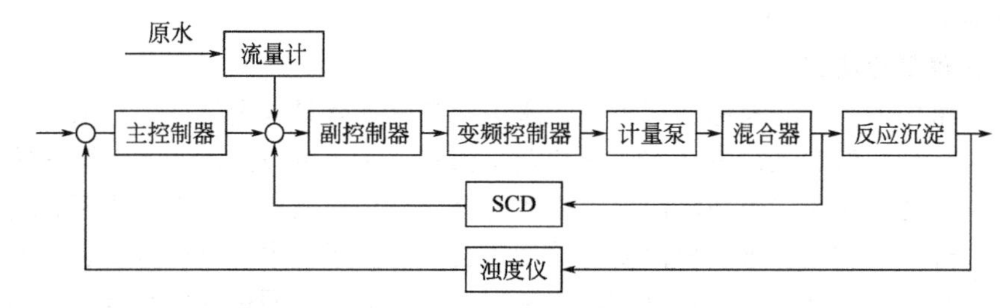

图 11-1 自动加药控制系统工作原理

加药工作原理：主控制器通过浊度仪所发出的信号，从而调节加药量，同时通过流动电流仪（SCD）了解药物的混合程度，副控制器向变频控制器发出信号，从而控制计量泵达到控制药量的目的。其中加药量按进水比例控制，SCD 取值比较，取沉淀的出水浊度调整控制比例（微调）。

11.3.3 自动加药控制系统的特点及注意事项有哪些？

自动加药装置的特点：加药量精确、恒定；加药能力大，适用范围广；操作简便、管理简单；药剂投加量易于调节。

为了保证处理效果，不论使用何种混凝药剂或投药设备，加药设备操作时应注意做到以下几点：

① 保证各设备运行完好，各药剂充足。

② 定量校正投药设备的计量装置，以保证药剂投加量符合工艺要求。

③ 保证药剂符合工艺要求的质量标准。

④ 定期检验原污水水质，保证投药量适应水质变化和出水要求。

⑤ 交接班时需交代清楚储药池、投药池浓度。

⑥ 经常检查投药管路，防止管道堵塞或断裂，保证抽升系统正常运行。

⑦ 出现断流现象时，应尽快检查维修。

11.3.4 自动加氯控制系统的原理是什么？

加氯控制分两种：前加氯和后加氯。前加氯的目的为了氧化降解原水中的有机物；后加氯用以对过滤后水的消毒和维持出厂水有一定的余氯。前加氯通常都采用原水流量的比例控制，即比例开环控制（SCU）；后加氯采用带有流量前馈的余氯反馈控制，即 PCU。后加氯也是滞后的余氯目标控制，设定余氯目标值，根据出厂水流量比例和出厂游离氯复合环路控制加氯量。

自动加氯控制系统原理流程如图 11-2 所示，自动加氯控制系统流程如图 11-3 所示。水流经水射器喉管形成一个真空，从而开启水射器中的单向阀。真空通过负压管路传至真空调节器，负压使真空调节器上的进气阀打开，压力气源的气体流入。真空调节器中弹簧作用的膜片调节真空度。气体在负压抽吸下经过流量计和调节阀。差压调节器控制流过调节阀的压差，在一定范围内保持稳定。通过负压管路，气体被送至水射器，与水完全混合后形成氯水溶液。

从水射器到真空调节器上的进气阀整个系统完全处于负压状态。如果水射器的给水停止或负压条件被破坏，真空调节器中弹簧支承的进气阀就会立刻关闭，隔断压力气体供给。

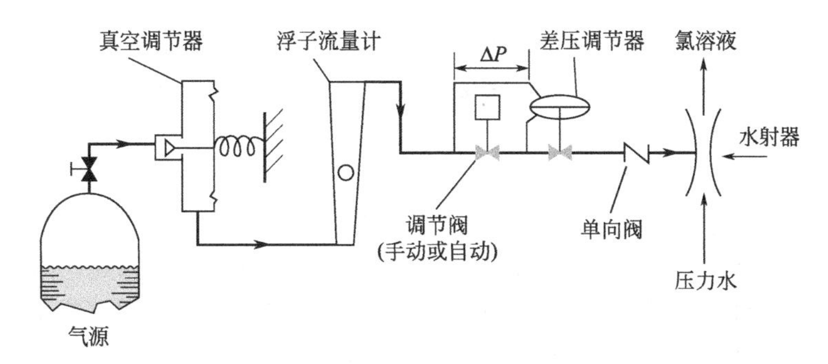

图 11-2　自动加氯控制系统原理流程

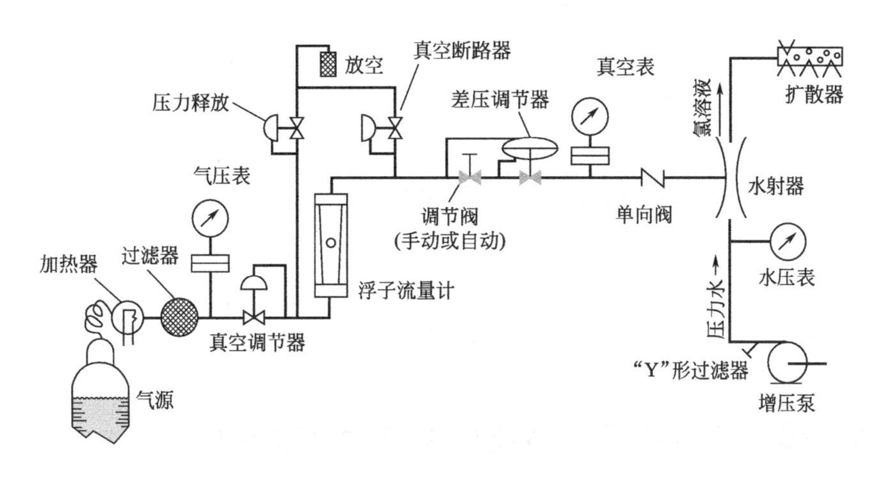

图 11-3　自动加氯控制系统流程

为了确保安全生产，漏氯吸收中和装置和自动启动控制由就地电器控制盘自成系统完成，但也可以由运行人员通过操作计算机控制中和装置的启停。但无论是在计算机侧操作，还是在现场电器盘控制，只要发生漏氯事故，中和装置均能由现场电控盘控制自动启动。

漏氯检测装置的报警信号和中和装置启动的信号同时送计算机监视。在发生漏氯事故时，无论中和装置是否自动启动，计算机系统均紧急报警。在发生漏氯事故时，由计算机自动关闭正在运行的氯库换气扇，防止未经中和装置处理的漏氯排入大气。当工作氯瓶发出"空瓶信号"（氯瓶低重信号）时，通过压力开关电触点信号传至氯瓶自动切换控制装置完成氯瓶切换。

11.3.5　沉淀池排泥自动控制系统的原理是什么?

吸泥机运行控制采用两种方式：定时启动、污泥浓度探测器（污泥界面探测器）控制启动。

(1) 定时启动

可根据原水浊度、流量、加药量等条件计算沉淀池污泥量，调试沉淀池 5min 沉降比控制为 10%～15%，并通过试运行摸索确定吸泥机自动间隔时间和每次启动运行次数。启动间隔时间和运行次数均可调整和设定。

(2) 污泥浓度探测器（污泥界面探测器）**控制启动**

当沉淀池底部污泥浓度达到某一高度时，信号传给控制器，控制器控制吸泥机操作。

控制器为吸泥机配套的现场控制设备。控制器的控制功能除了能够独立完成吸泥机现场控制功能（现场操作功能）外，也能够接受PLC系统的监控。设定4种工作方式：

① 连续往返运行；

② 运行到全程，返回原处，停桁车；

③ 运行到全程的1/3处，返回原处，停桁车；

④ 运行到全程的1/3处，返回原处，继续运行全行程，返回原处，停桁车。

现场控制器提供下列供PLC系统的监视信号：现场/远方、运行/停止、池端位置、虹吸状态、排泥阀门状态、综合故障等信号，现场控制器能够接受PLC系统的控制信号：开/停。

此外，通常平流池池底积泥高度不超过0.5m。加药后混合反应絮凝后的絮体（矾花）颗粒密度大，不易碎散，则沉淀效果好，污泥界面比较容易分得清。反之，使用污泥浓度探测器不十分理想。故使用污泥浓度探测器控制吸泥机，亦需要通过现场调试后确定控制软件。

11.3.6 鼓风机自动控制系统的原理是什么?

鼓风机系统的主要任务是为反应池曝气提供充足、稳定的气量。鼓风机控制系统根据设定的总管参数、自动测量鼓风机房总管压力实际值，通过PLC中的PID控制器进行计算、比较，并输出一定的参数，再通过开（停）鼓风机或调节鼓风机的开度，控制鼓风机出风量。

11.3.7 曝气池自动控制系统控制模式有哪些?

曝气池自动控制系统是在曝气池内设在线式溶解氧仪，由PLC按照溶解氧仪测定值来完成曝气生物处理系统中各种设备的启停。

曝气池自动控制系统主要为曝气量调节，应根据曝气池设定的溶解氧值调节风机的转速和空气管上的电动调节阀，控制空气量。其次根据风机空气总管的压力控制风机的运转台数。在保证满足池内空气量需求量的前提下，尽可能地节省能耗，上述各调节相互关联、相互影响，最终达到最佳状态。曝气池有两种控制模式。

(1) 固定运行方式

以固定运行时段的运行方式为基础，各段运行时间可调，实际运行时刻灵活调节。该方式为主要运行方式。

(2) 仪表参数控制运行方式

主要利用氧化还原电位、溶解氧的变化来确定和调节生物反应的时间。该方式工艺运行较为精确，但对仪表的可靠性和稳定性要求很高。该方式为补充运行方式。

11.3.8 水泵自动控制系统的原理是什么?

以滤池的生产废水回收泵房为例。

设液位开关控制。当回收池液位达到低限（LL1）时，泵停止工作，在回收池的液位达到一设定高度（LH1）时，泵启动，当水位达到更高的高度（LH1），备用泵启动。设置回收池高低水位报警，当液位达到最高（LH2）时，对滤池反冲洗发出暂停信号，并在水位恢复正常时发出滤池允许反冲洗信号。

11.3.9 水泵自动控制系统使用过程中应注意哪些问题？

水泵的自动控制系统是在泵吸水池设超声波液位计或液位传感器，根据水位测量仪测得的水池水位值，控制多台水泵的启停运行。

该系统应达到要求和注意问题：水池水位高至某一设定的水位值时，PLC系统可按软件程序自动增加水泵运行的台数；相反，当水池水位降至某一设定水位时，PLC系统自动按软件程序减少水泵运行的台数。同时，系统能够积累各个水泵的运行时间，自动轮换水泵，保证各水泵积累的运行时间相等，使其保持最佳的运行状态。当水位降至最低水位时，自动控制全部水泵停止运行。通过监控管理系统和就地控制系统的操作，可以设定水位值。

11.3.10 滤池自动控制系统的原理是什么？

（1）滤池水位控制

为了保持滤池滤水量和滤速的稳定，保证滤池的过滤效果，滤池为恒水位控制。控制方法：根据每格滤池上的液位信号来控制清水阀的开启度。

（2）滤池反冲洗控制

净水厂的反冲洗一般采用气水联合反冲洗控制工艺。启动反冲洗控制条件：滤池滤程与季节、原水水质和进入滤池过滤水的浊度有关。一般夏季短，冬季长。这是由于夏季细菌容易滋生以及原水浊度高的原因。为了控制滤池出水浊度，控制好沉淀池出水浊度变得十分重要，当沉淀池出水浊度低于5NTU时，选择适当的滤程，可以保证滤池出水浊度控制在1NTU以下。如何选择滤程，需在运行后实验确定。

① 定时冲洗法　按照滤池滤程和滤池编号顺序，排队定时启动滤池反冲洗程序，控制滤池反冲洗，这是在正常情况下滤池运行主要方式之一。滤池滤程可以设定为24h、48h。24h滤程时，每间隔3h冲洗一格。48h滤程时，每间隔6h冲洗一格。

② 根据水头损失反冲洗　当某格滤池的水头损失（根据工艺提供的数值）达到设定值时，负责该池控制的现场PLC站向主控PLC发出冲洗申请，PLC根据申请顺序依次启动反冲洗程序，对申请的滤池进行冲洗。

③ 人工强制法　由运行人员判断需要进行冲洗的滤池，在现场PLC站、PLC或中控室操作站任一地方均可对某滤池进行强制冲洗操作。

11.3.11 水解酸化池自动控制系统的原理是什么？

水解酸化池的自动控制系统是根据运行需要，在水解酸化池设置在线酸碱度计、污泥浓度计、泥位计，实现水解酸化池的自动控制。自动控制系统包括泥位控制和污泥浓度控制。

① 泥位控制通过泥位液面检测仪控制水解酸化池污泥区污泥的浓度。当泥位达到设定值时启动排泥阀，排除多余污泥。

② 污泥浓度控制通过污泥浓度计控制水解酸化池污泥区污泥的浓度。当污泥浓度低于设定值时，可减少排泥次数，或补充新鲜污泥；当污泥浓度高于设定值时，可及时排泥。

11.3.12 曝气生物滤池运行是如何控制的？

（1）曝气生物滤池（BAF）的启动

BAF运行的关键的部分在于BAF的启动。BAF的启动就是使滤池内的微生物达到一定浓度，无论是自然启动还是依靠投加污泥或是菌液的快速启动，其实质是利用BAF内滤料的载体作用，使微生物在滤池内逐步适用新环境，并随着微生物种群及特性的变化而建立起稳定的生态环境。启动时，成功接种在很大程度上取决于菌种与污水的适用性及驯化的方法。启动的常用方式主要有自然富集培养启动和人工接种启动两种，人工启动又分为活性污泥接种启动及投菌启动。

(2) 滤速对BAF运行效果的影响

过高或过低的滤速条件下SS去除效果都不是最好的。有机负荷低，滤池中的微生物会出现营养不足的情况，微生物容易处于内源代谢阶段，微生物的增殖受到限制；另外滤速过小，溶解氧含量也较低，不利于微生物生长繁殖。随着滤速的不断加大，滤池中的传质条件改善，有机负荷随之增加，这样微生物得到了丰富的营养物质和溶解氧，促进了生物膜的生长；同时，较大的滤速也加强了水力冲刷力对填料表面生物膜的冲刷，促进了生物膜的更新，生物活性增强，因此各项指标的去除率得到了提高。但滤速超过一定限度时，其水力冲刷作用会对填料面的生物膜造成很大的冲击力，生物膜容易脱落，同时水流容易将截流在滤料生物膜中的悬浮物以及脱落的生物膜带出滤池，造成出水浑浊，出水水质恶化。因此，BAF运行时应根据实际条件控制适宜滤速。

(3) 容积负荷

曝气生物滤池的容积负荷应通过试验确定，无条件试验时，曝气生物滤池的五日生化需氧量容积负荷宜为3～6kg BOD_5/(m^3·d)，硝化容积负荷宜为0.1～0.5kg NH_3-N/(m^3·d)，反硝化容积负荷（以NO_3-N计）宜为0.8～4.0kg NO_3-N/(m^3·d)。

(4) 气水比

BAF的气水比一般采用（1～3）：1，但也有高达10：1。气水比低，一方面容易使截留在滤料中的悬浮物在短时间内穿透滤料层，影响出水水质；另一方面由于生物滤池氧的利用率低，将增加能耗。气水比太低，水中溶解氧不足，微生物丧失活性，增殖也受到限制，生物膜内部出现大量厌氧区，甚至出现生物膜脱落，会使水中微生物数量不足，难以达到理想去除效果。

(5) 反冲洗

曝气生物滤池的反冲洗系统宜采用气水联合反冲，通过长柄滤头实现。反冲洗空气强度宜为10～15L/(m^2·s)，反冲洗水强度不应超过8L/(m^2·s)。

(6) 水温

一般来说可将细菌分为嗜冷菌、适温菌和嗜热菌三类。嗜冷菌可在－10～30℃条件下生存，最适宜温度为12～18℃；适温菌可在20～50℃条件下生存，最适宜温度为25～40℃；嗜热菌可在37～75℃条件下生存，最适宜温度为55～65℃。在温度较高的夏季，曝气生物滤池处理效果好，而在冬季水温低，微生物活性受限制，处理效果受到影响。

(7) pH值和碱度

对好氧微生物来说，进水的pH值在6.5～8.5之间比较适宜；对于硝化细菌，适宜pH值范围为7.0～8.5。

参 考 文 献

[1] 赵庆祥．污泥资源化技术［M］．北京：化学工业出版社，2002.

[2] 张辰主．污泥处理处置技术与工程实例［M］．北京：化学工业出版社，2006.

[3] 高廷耀，顾国维．水污染控制工程［M］．北京：高等教育出版社，1999.

[4] 给水排水设计手册：第3册城镇给水［M］．2版．北京：中国建筑工业出版社，2004.

[5] 给水排水设计手册：第5册城镇排水［M］．2版．北京：中国建筑工业出版社，2004.

[6] 谢经良，沈晓南，彭忠．污水处理设备操作维护问答［M］．北京：化学工业出版社，2006.

[7] 任南琪，马放．污染控制微生物学［M］．哈尔滨：哈尔滨工业大学出版社，2002.

[8] 陈峰，杨总．乳状液破乳方法综述［J］．石油化工应用．2009，28（2）：1-3.

[9] 佟立华，王基成，鲁军，李玉道．二沉池污泥上浮原因分析及处理对策［J］．炼油技术与工程，2007，37（1）：55-58.

[10] 吴成强，杨金翠，杨敏，吕文洲．运行温度对活性污泥特性的影响［J］．中国给水排水，2003，19（9）：5-7.

[11] 朱哲，李涛，王东升，姚重华．pH对活性污泥表面特性和形态结构的影响［J］．环境工程学报，2008.2（12）：1599-1604.

[12] 高洪涛，周晶，戴冬梅，等．光催化氧化技术研究进展［J］．山东化工，2007，36（5）：14-18.

[13] 任南琪，王爱杰，等．厌氧生物技术原理与应用［M］．北京：化学工业出版社，2004.

[14] 马溪平等．厌氧微生物学与污水处理［M］．北京：化学工业出版社，2005.

[15] 高廷耀，顾国维，周琪．水污染控制工程［M］．北京：高等教育出版社，2007.

[16] 张自杰，林荣忱，金儒霖．排水工程［M］．北京：中国建筑工业出版社，2000.

[17] 佟玉衡．废水处理［M］．北京：化学工业出版社，2004.

[18] 张艳萍．污水深度处理与回用［M］．北京：化学工业出版社，2007.

[19] 王宝贞、王琳．污水与废水深度氧化技术［M］．南京：河海大学出版社，2006.

[20] 薛罡，何圣兵．刘亚男．膜法单元水处理技术［M］．北京：中国建筑工业出版社，2008.

[21] 郑铭，陈万金．环保设备原理、设计、应用［M］．北京：化学工业出版社，2001.

[22] 韩魁声，齐杰，白春学，等．污水生物处理工艺技术［M］．大连：大连理工大学出版社，2008.

[23] 娄金生，谢水波，等．生物脱氮除磷原理与应用［M］．北京：国防科技大学出版，2002.

[24] 张维润．电渗析工程学［M］．北京：科学出版社，1995.

[25] 张怀明，孙立成，等．电渗析和反渗透［M］．上海：上海科技出版社，1980.

[26] 孙慧修．排水工程：上册［M］．3版．北京：中国建筑工业出版社，1996.

[27] 金兆丰，徐竟成．城市污水回用技术手册［M］．北京：化学工业出版社，2004.

[28] 张自杰．环境工程手册：水污染防治卷［M］．北京：高等教育出版社，1996.

[29] 钟琼．废水处理技术及设施运行［M］．北京：中国环境科学出版社，2008.

[30] 韩剑宏．中水回用技术及工程实例［M］．北京：化学工业出版社，2004.

[31] 郑俊，吴浩汀．曝气生物滤池工艺的理论与工程应用［M］．北京：化学工业出版社，2005.

[32] 田冬梅，臧树良．我国城市污泥的污染特征和资源化现状与可持续发展［A］．见：中国环境保护优秀论文集（2005）（上册）［C］，2005.

[33] 石吉，邵青，米晓．城市污水污泥的处理利用及发展［J］．中国资源综合利用，2004，（02）．

[34] 王星，赵学义，吴淼．城市污泥管道输送与处置结合的新技术［J］．环境科学与技术，2007，（07）．

[35] 王昭君，闫洪坤．我国城市污水处理厂污泥处理工艺及现状［J］．辽宁工程技术大学学报（自然科学版），2009，（S2）．

[36] 缪应祺．水污染控制工程［M］．南京：东南大学出版社，2002，12.

[37] 赵庆良，任南琪．水污染控制工程［M］．北京：化学工业出版社，2005，3.

[38] 金兆丰，徐竟成．城市污水回用技术手册［M］．北京：化学工业出版社，2004.

[39] 冯生华．城市中小型污水处理厂的建设与管理［M］．北京：化学工业出版社，2001.

[40] 张自杰，钱易，章非娟，等．环境工程手册：水污染防治卷［M］．北京：高等教育出版社，1996.

［41］ 国家环境保护总局．水和废水监测分析方法［M］．4版．北京：中国环境科学出版社，2002.
［42］ 王郁．水污染控制工程［M］．北京：化学工业出版社，2008.
［43］ 郭正，张宝军．水污染控制与设备运行［M］．北京：高等教育出版社，2007.
［44］ 厉玉鸣，王建林．化工仪表及自动化［M］．北京：化学工业出版社，2009.
［45］ 周发武，鲍建国，等．环境自动监控系统——技术与管理［M］．北京：中国环境科学出版社，2007.
［46］ 蒋展鹏．环境工程学［M］．北京：高等教育出版社，2005.
［47］ 刘兆民，展宗城．自氯胺消毒在给水中的应用［J］．西北民族大学学报（自然科学版），2006.
［48］ 伊学农，李荣，耿为民．城市给水与自动化控制工程［M］．北京：化学工业出版社，2008.
［49］ 谢经良，沈晓南，彭忠．污水处理设备操作维护问答［M］．北京：化学工业出版社，2006.
［50］ 崔福义，彭永臻，南军．给排水工程仪表与控制［M］．2版．北京：中国建筑工业出版社，2006.
［51］ G. T. Daigger，E. Bailey. Improving aerobic digestion by prethickening，staged operation，and aerobic-anoxic operation：four full-scale demonstrations［J］. Wat. Environ. Res.，2000，72（3）：260-270.
［52］ Aerobic digestion of pharmaceutical and domestic wastewater sludge at ambient temperature［J］. Wat. Res.，2000，34（3）：725-734.
［53］ K. Deeny，H. Hahn. Autoheated thermophilic aerobic digestion［J］. Wat. Environ. Tech.，1991，3（10）：65-72.